深入理解
Spring Cloud 与微服务构建
（第2版）

方志朋◎著

人民邮电出版社

北京

图书在版编目（ＣＩＰ）数据

深入理解Spring Cloud与微服务构建 / 方志朋著. -- 2版. -- 北京：人民邮电出版社，2019.9（2023.3重印）
ISBN 978-7-115-51488-2

Ⅰ．①深… Ⅱ．①方… Ⅲ．①互联网络－网络服务器 Ⅳ．①TP368.5

中国版本图书馆CIP数据核字(2019)第117816号

内 容 提 要

本书共分为18章，全面涵盖了通过Spring Cloud构建微服务的相关知识点。第1、2章详细介绍了微服务架构和Spring Cloud。第3、4章讲解了通过Spring Cloud构建微服务的准备工作。第5～14章以案例为切入点，讲解了通过Spring Cloud构建微服务的基础组件，包括Eureka、Ribbon、Feign、Hystrix、Zuul、Gateway、Consul、Config、Sleuth、Admin等组件。第15～17章讲述了使用Spring Cloud OAuth2来保护微服务系统的相关知识。第18章用一个综合案例全面讲解了如何使用Spring Cloud构建微服务，可用于实际开发中。

本书既适合Spring Cloud初学者使用，也适合正在做微服务实践的架构师或将要实施微服务的团队参考，同时也可作为高等院校计算机相关专业的师生用书和培训学校的教材。

◆ 著　　　方志朋
责任编辑　张　爽
责任印制　焦志炜

◆ 人民邮电出版社出版发行　北京市丰台区成寿寺路11号
邮编　100164　电子邮件　315@ptpress.com.cn
网址　https://www.ptpress.com.cn
北京天宇星印刷厂印刷

◆ 开本：800×1000　1/16
印张：19.75　　　　　　　2019年9月第2版
字数：431千字　　　　　　2023年3月北京第9次印刷

定价：79.00元

读者服务热线：(010)81055410　印装质量热线：(010)81055316
反盗版热线：(010)81055315
广告经营许可证：京东市监广登字 20170147 号

序

在业务驱动的时代,企业大多急于解决效率、成本和质量的问题,开发团队的不稳定,导致业务设计、技术架构和代码脉络的不连续性。企业领导对技术储备的不重视,导致企业内部重业务、轻技术,很多研发人员缺乏设计意识。各个行业对软件系统的诉求越来越多,导致软件系统规模不断增大、复杂度不断增加,最终的结果是系统难以扩展、维护、重构、跟踪、评估工期。软件在发展过程中会面临遗留系统的种种问题,但"外科手术"治不好遗留系统复杂的病症,这是架构需要演进的根源之一。

复杂系统的各个组成部分自然趋向于混乱无序,越混乱,越稳定。如果要打破混乱、建立秩序,根据熵增定律,就要赋予系统一定的力量或者能量。混乱是事物最自然的状态,秩序却不是,但是人们希望有秩序,所以要付出代价建立制度,并维护秩序。

在这个背景下,软件系统的架构一步步演进和发展,经历了单体架构、分布式应用架构、微服务架构、服务网格架构、Serverless 架构……其中,单体架构经历了简单单体时期(例如经典的 JSP)、MVC 分层时期(各种 MVC 框架受到追捧)、前后端分离时期。从整体上看,这一次次的演进是软件垂直和水平方向上的拆分,屏蔽了底层与重新定位。在演进过程中,软件开发人员的关注点越来越远离底层的部分,更多地关注上层简单的架构,技术团队的职能划分也越来越清晰。这使得软件的研发过程更高效,质量更可控,工期也更易评估。从这个角度来看,作为技术人员,我们都需要用历史的眼光去看技术的发展,拥抱变化。

微服务架构不是银弹,就像最近不断被提起的中台不能解决所有企业的问题。我们有时会存在某种认知的误区,对成功案例方法本身的关注甚于对问题本身的关注。企业的健康发展在于发现、分析和解决自身的问题,而不是盲目模仿成功的企业。

基于以上的警示,是否要在团队内部进行微服务实践?微服务落地该如何选型呢?作为一个技术人员,选择需要慎重。希望 Spring Cloud 能够帮你解决当前的问题,而不只是做一个简单的门户或者网站,因为没有必要为一两个简单的管理系统来维护 Spring Cloud 的一整套组件。在为新系统和遗留系统选择使用 Spring Cloud 前,我们需要分析当前面临的问题。

我见过一些团队对选型的背景、原因和目的并不是十分了解,就在新项目中直接使用 Spring Cloud,只是为了不让自己与当前服务化阶段受追捧的微服务架构潮流脱节。很少有人在选型前对自己软件系统的规模、所在企业的底层资源自动化的程度、技术团队的组织形式、当前业务所面临的问题、团队的技术栈,以及引入 Spring Cloud 的成本等进行关注和研究。

我也见过一些团队在遗留系统复杂度高、业务耦合严重、模块划分不清晰,甚至模块拆分在垂直和水平层面都不彻底时,整个系统臃肿不堪,团队迫不得已用 Spring Cloud 将遗留系统强势进行拆分,在将复杂系统迁移到 Spring Cloud 的过程中遇到了很多问题。

《深入理解 Spring Cloud 与微服务构建（第 2 版）》深入浅出地讲解了 Spring Cloud 生态组件，包括服务注册发现组件 Eureka、配置中心 Spring Cloud Config、容错组件 Hystrix、接入赋能组件 Zuul、路由负载均衡组件（高可用性和稳定性）Ribbon 等，使读者能够熟悉 Spring Cloud 各组件的作用和使用方法。

此外，本书还对一些技术点举一反三，例如在讲解 RestTemplate 作为网络请求时，提到其他 Spring Template，包括 JdbcTemplate 和 JmsTemplate 等。本书实用性强，代码示例全面，能够使读者在技术学习方法与认知上有一定的转变和提升。

我相信无论是正在学习 Spring Cloud 的朋友，还是正在推进或选型 Spring Cloud 落地的团队，都能从本书中有所收获。

中国的近现代史是一段"师夷长技以制夷"的历史，在如今信息技术和互联网技术快速发展的时代，我们不能只停留于学习和模仿，更要发现、耕耘、创新。在此与大家共勉！

徐凌云 高级架构师

2019 年夏 于湖北

前　言

作为 Java 语言的落地微服务框架，Spring Cloud 已经在各大企业普遍应用，各大云厂商也支持 Spring Cloud 微服务框架的云产品。可以说，Spring Cloud 微服务框架已经应用到了各大行业之中，并成为 Java 开发者的必备技能之一，熟练掌握 Spring Cloud 是面试者的加分项。

Spring Cloud 由 Spring Cloud 社区维护，并且在 Pivatol 和 Netflix 两大公司的推动下飞速发展。随着 Eureka 的闭源，虽然 Netflix OSS 等组件进入维护期，不再提供新功能，但 Spring Cloud 微服务框架并没有受到显著影响，而是被越来越多的企业和开发者所接受。阿里巴巴推出的 Nacos 和 Sentinel 等组件已经加入 Spring Cloud 孵化器项目，未来极有可能替代 Netflix OSS，因此 Spring Cloud 是一个极具生命力的微服务框架。

在本书第 1 版出版后不到一年的时间，我便开始着手准备第 2 版，在短时间内更新第 1 版的原因有以下几点。

第一，为了快速跟进 Spring Cloud 新版本。本书使用的 Spring Cloud 版本为 Greenwich，Spring Boot 版本为 2.1.0。众所周知，Spring Cloud 最大的特色是开源，它是由众多优秀的开源组件封装、集成的。比如，它集成了 Netflix OSS 组件和 Nacos 组件等；Spring Cloud 社区十分活跃，吸引了众多优秀的开发者加入其项目开发中，因此 Spring Cloud 的版本迭代非常快。本书第 1 版使用的 Spring Cloud 版本为 Dalston，Spring Boot 版本为 1.5.3。在短短一年多的时间内，Spring Cloud 已经迭代了 Edgware、Finchley 和 Greenwich 三大版本，对应的 Spring Boot 版本分别为 1.5.x、2.0.x 和 2.1.x。2.0.x 版本的 Spring Boot 更新幅度较大，支持 Webflux 响应式编程和 Http2 等新特性。Spring Cloud 基于 Spring Boot，所以 Spring Cloud 的 Finchley 版本是一个变动较大的版本。本书使用的 Greenwich 版本是基于 Finchley 的一个小迭代。

第二，使用 Spring Cloud 作为微服务框架的大多数企业都使用 Consul 作为服务注册组件。Consul 为微服务的元数据提供了强一致性的保障，支持多个数据中心，这是它相对于 Eureka 1.0 的优点。此外，Eureka 的闭源使得作为注册中心的 Consul 越来越重要，所以本书第 2 版详细介绍了 Consul。

第三，Spring Cloud 的第一代网关 Zuul 是一个阻塞式网关，在性能方面有诸多不足。Spring Cloud 在 Finchley 版本中推出了新一代网关 Spring Cloud Gateway。Spring Cloud Gateway 是非阻塞式网关，与 Zuul 相比，性能有较大提升。

第四，很多组件在新版本中的变动较大，如 Sleuth、Admin 和 Security 等。部分读者反馈，第 1 版中的源码在更新版本后出现了无法运行的现象，因此内容更新和升级迫在眉睫。

本书内容

本书共分为 18 章，各章主要内容如下。

第 1 章介绍了什么是微服务、为什么需要微服务、微服务的优缺点和面临的挑战，并且将单体架构的系统和微服务架构的系统进行了比较。

第 2 章主要介绍微服务应该具备的功能以及 Spring Cloud 的基本组件，最后介绍了 Spring Cloud 与 Dubbo、Kubernetes 之间的差异。

第 3、4 章介绍了构建微服务的准备工作：开发环境的构建和 Spring Boot 的使用。其中，第 3 章介绍了开发环境的构建，包括 JDK 的安装、IDEA 和 Maven 的使用等；第 4 章介绍了 Spring Boot 的基本使用方法，包括 Spring Boot 的特点、用 IDEA 创建一个 Spring Boot 项目、Spring Boot 配置文件详情、Spring Boot 的 Actuator 模块，以及 Spring Boot 集成 JPA、Redis 和 Swagger2 等。

第 5~9 章介绍了 Spring Cloud 框架的基础模块——Spring Cloud Netflix 模块，涵盖了 Spring Cloud 构建微服务的基础组件。诸如 Eureka、Ribbon、Feign、Hystrix 和 Zuul 等组件为微服务系统提供了基本的服务治理能力。这些章以案例为切入点，由浅入深介绍这些组件，并从源码的角度分析这些组件的工作原理。

第 10 章介绍了 Spring Cloud 的第二代网关 Gateway。Gateway 在性能上比 Zuul 要优异很多，是 Spring Cloud 的新一代网关。

第 11 章介绍了服务注册中心 Consul，详细讲解了如何使用 Consul 进行服务注册和发现，以及如何使用 Consul 作为分布式配置中心。

第 12 章介绍了分布式配置中心 Spring Cloud Config，详细讲解了 Config Server 如何从本地仓库和远程 Git 仓库读取配置文件，以及如何构建高可用的分布式配置中心和使用消息总线刷新配置文件。

第 13 章介绍了链路追踪组件 Spring Cloud Sleuth，包括微服务系统为什么需要链路追踪组件，并以案例的形式详细介绍了如何在 Spring Cloud 微服务系统中使用链路追踪，以及如何传输、存储和展示链路数据。

第 14 章以案例的形式介绍了 Spring Boot Admin，包括 Spring Boot Admin 在微服务系统中的应用、在 Spring Boot Admin 中集成安全组件。

第 15~17 章介绍了 Spring Cloud 微服务系统的安全验证模块，包括 Spring Boot Security 组件和 Spring Cloud OAuth2 模块。第 15 章详细介绍了如何在 Spring Boot 应用中使用 Spring Boot Security；第 16 章介绍了如何在 Spring Cloud 微服务系统中使用 Spring Cloud OAuth2 来保障微服务系统的安全；第 17 章介绍了如何在 Spring Cloud 微服务系统中使用 Spring Cloud OAuth2 和 JWT 来保护微服务的系统安全。

第 18 章以一个综合案例介绍了使用 Spring Cloud 构建微服务系统的全过程，该案例是对全书内容的总结和提炼。

本书特色

- 案例丰富，通俗易懂

本书的写作目标之一就是将复杂问题简单化，从而让读者轻松地学习到技术。本书用丰富的案例循序渐进地讲解了如何使用 Spring Cloud 构建微服务。

- 深入浅出，透析本质

以案例为切入点，基于代码对 Spring Cloud 关键组件进行解读，深入讲解原理，并在案例中使用大量图片（包括展示图和架构图等），帮助读者深入理解。最后以一个综合案例完整讲解如何使用 Spring Cloud 构建微服务，达到学以致用的目的。

- 网络资源，技术支持

本书中所有的源码按章节划分，每章都有独立的源码，便于读者使用和理解。读者可以到异步社区或扫描下方二维码到我的微信公众号（walkingstory）中下载源码。打开源码即可轻松运行。为了快速学习和掌握 Spring Cloud，建议对照源码阅读本书。

致谢

感谢我的家人在我写作本书过程中给予我的支持和鼓励。

感谢我的大学导师王为民教授对我的指导和培养。

感谢编辑张爽在本书写作和出版过程中所做的工作。

感谢各位读者和朋友的厚爱！

方志朋
2019 年夏

资源与支持

本书由异步社区出品,社区(https://www.epubit.com/)为您提供相关资源和后续服务。

配套资源

本书提供源代码文件,请在异步社区本书页面中点击 配套资源 ,跳转到下载界面,按提示进行操作即可。注意:为保证购书读者的权益,该操作会给出相关提示,要求输入提取码进行验证。

如果您是教师,希望获得教学配套资源,请在社区本书页面中直接联系本书的责任编辑。

提交勘误

作者和编辑尽最大努力来确保书中内容的准确性,但难免会存在疏漏。欢迎您将发现的问题反馈给我们,帮助我们提升图书的质量。

当您发现错误时,请登录异步社区,按书名搜索,进入本书页面,点击"提交勘误",输入勘误信息,点击"提交"按钮即可。本书的作者和编辑会对您提交的勘误进行审核,确认并接受后,您将获赠异步社区的 100 积分。积分可用于在异步社区兑换优惠券、样书或奖品。

扫码关注本书

扫描下方二维码,您将会在异步社区微信服务号中看到本书信息及相关的服务提示。

与我们联系

我们的联系邮箱是 contact@epubit.com.cn。

如果您对本书有任何疑问或建议,请您发邮件给我们,并请在邮件标题中注明本书书名,以便我们更高效地做出反馈。

如果您有兴趣出版图书、录制教学视频,或者参与图书翻译、技术审校等工作,可以发邮件给我们;有意出版图书的作者也可以到异步社区在线提交投稿(直接访问 www.epubit.com/selfpublish/submission 即可)。

如果您是学校、培训机构或企业,想批量购买本书或异步社区出版的其他图书,也可以发邮件给我们。

如果您在网上发现有针对异步社区出品图书的各种形式的盗版行为,包括对图书全部或部分内容的非授权传播,请您将怀疑有侵权行为的链接发邮件给我们。您的这一举动是对作者权益的保护,也是我们持续为您提供有价值的内容的动力之源。

关于异步社区和异步图书

"异步社区"是人民邮电出版社旗下 IT 专业图书社区,致力于出版精品 IT 技术图书和相关学习产品,为作译者提供优质出版服务。异步社区创办于 2015 年 8 月,提供大量精品 IT 技术图书和电子书,以及高品质技术文章和视频课程。更多详情请访问异步社区官网 https://www.epubit.com。

"异步图书"是由异步社区编辑团队策划出版的精品 IT 专业图书的品牌,依托于人民邮电出版社近 30 年的计算机图书出版积累和专业编辑团队,相关图书在封面上印有异步图书的 LOGO。异步图书的出版领域包括软件开发、大数据、AI、测试、前端、网络技术等。

异步社区

微信服务号

目　录

第1章　微服务简介 ···1
1.1 单体架构及其存在的不足 ···1
1.1.1 单体架构简介 ··1
1.1.2 单体架构存在的不足 ··2
1.1.3 单体架构使用服务器集群及存在的不足 ······································2
1.2 微服务 ···3
1.2.1 什么是微服务 ··4
1.2.2 微服务的优势 ··8
1.3 微服务的不足 ···9
1.3.1 微服务的复杂度 ···9
1.3.2 分布式事务 ···9
1.3.3 服务的划分 ···11
1.3.4 服务的部署 ···11
1.4 微服务和 SOA 的关系 ···12
1.5 微服务的设计原则 ···12

第2章　Spring Cloud 简介 ··14
2.1 微服务应该具备的功能 ···14
2.1.1 服务的注册与发现 ··15
2.1.2 服务的负载均衡 ···15
2.1.3 服务的容错 ···16
2.1.4 服务网关 ··18
2.1.5 服务配置的统一管理 ··19
2.1.6 服务链路追踪 ··20
2.2 Spring Cloud ··20
2.2.1 简介 ··20
2.2.2 常用组件 ··21
2.2.3 项目一览 ··22
2.3 Dubbo 简介 ··23
2.4 Spring Cloud 与 Dubbo 比较 ···24
2.5 Kubernetes 简介 ··25
2.6 Spring Could 与 Kubernetes 比较 ···27

2.7 总结 ··· 28

第 3 章 构建微服务的准备 ··· 29

3.1 JDK 的安装 ··· 29
3.1.1 JDK 的下载和安装 ··· 29
3.1.2 环境变量的配置 ··· 29

3.2 IDEA 的安装 ·· 30
3.2.1 IDEA 的下载 ·· 30
3.2.2 用 IDEA 创建一个 Spring Boot 工程 ··· 31
3.2.3 用 IDEA 启动多个 Spring Boot 工程实例 ··· 33

3.3 构建工具 Maven 的使用 ··· 34
3.3.1 Maven 简介 ·· 34
3.3.2 Maven 的安装 ·· 34
3.3.3 Maven 的核心概念 ··· 36
3.3.4 编写 Pom 文件 ··· 36
3.3.5 Maven 构建项目的生命周期 ··· 38
3.3.6 常用的 Maven 命令 ··· 39

第 4 章 开发框架 Spring Boot ··· 41

4.1 Spring Boot 简介 ·· 41
4.1.1 Spring Boot 的特点 ··· 41
4.1.2 Spring Boot 的优点 ··· 42

4.2 用 IDEA 构建 Spring Boot 工程 ·· 42
4.2.1 项目结构 ·· 42
4.2.2 在 Spring Boot 工程中构建 Web 程序 ·· 43
4.2.3 Spring Boot 的测试 ··· 44

4.3 Spring Boot 配置文件详解 ·· 45
4.3.1 自定义属性 ··· 45
4.3.2 将配置文件的属性赋给实体类 ··· 46
4.3.3 自定义配置文件 ··· 47
4.3.4 多个环境的配置文件 ··· 48

4.4 运行状态监控 Actuator ·· 48
4.4.1 查看运行程序的健康状态 ·· 50
4.4.2 查看运行程序的 Bean ·· 51
4.4.3 使用 Actuator 关闭应用程序 ··· 53
4.4.4 使用 shell 连接 Actuator ·· 54

4.5 Spring Boot 整合 JPA ··· 55

4.6 Spring Boot 整合 Redis ·· 58

        4.6.1　Redis 简介 58
        4.6.2　Redis 的安装 58
        4.6.3　在 Spring Boot 中使用 Redis 58
    4.7　Spring Boot 整合 Swagger2，搭建 Restful API 在线文档 60

第 5 章　服务注册和发现 Eureka 64

    5.1　Eureka 简介 64
        5.1.1　什么是 Eureka 64
        5.1.2　为什么选择 Eureka 64
        5.1.3　Eureka 的基本架构 65
    5.2　编写 Eureka Server 65
    5.3　编写 Eureka Client 68
    5.4　源码解析 Eureka 71
        5.4.1　Eureka 的一些概念 71
        5.4.2　Eureka 的高可用架构 72
        5.4.3　Register 服务注册 72
        5.4.4　Renew 服务续约 76
        5.4.5　为什么 Eureka Client 获取服务实例这么慢 77
        5.4.6　Eureka 的自我保护模式 78
    5.5　构建高可用的 Eureka Server 集群 79
    5.6　总结 81

第 6 章　负载均衡 Ribbon 82

    6.1　RestTemplate 简介 82
    6.2　Ribbon 简介 83
    6.3　使用 RestTemplate 和 Ribbon 来消费服务 83
    6.4　LoadBalancerClient 简介 86
    6.5　源码解析 Ribbon 88

第 7 章　声明式调用 Feign 99

    7.1　写一个 Feign 客户端 99
    7.2　FeignClient 详解 103
    7.3　FeignClient 的配置 104
    7.4　从源码的角度讲解 Feign 的工作原理 105
    7.5　在 Feign 中使用 HttpClient 和 OkHttp 108
    7.6　Feign 是如何实现负载均衡的 110
    7.7　总结 112

第 8 章　熔断器 Hystrix ... 113

8.1　Hystrix 简介 ... 113
8.2　Hystrix 解决的问题 ... 113
8.3　Hystrix 的设计原则 ... 115
8.4　Hystrix 的工作机制 ... 115
8.5　在 RestTemplate 和 Ribbon 上使用熔断器 ... 116
8.6　在 Feign 上使用熔断器 ... 117
8.7　使用 Hystrix Dashboard 监控熔断器的状态 ... 118
8.7.1　在 RestTemplate 中使用 Hystrix Dashboard ... 118
8.7.2　在 Feign 中使用 Hystrix Dashboard ... 121
8.8　使用 Turbine 聚合监控 ... 122

第 9 章　路由网关 Spring Cloud Zuul ... 124

9.1　为什么需要 Zuul ... 124
9.2　Zuul 的工作原理 ... 124
9.3　案例实战 ... 126
9.3.1　搭建 Zuul 服务 ... 126
9.3.2　在 Zuul 上配置 API 接口的版本号 ... 129
9.3.3　在 Zuul 上配置熔断器 ... 130
9.3.4　在 Zuul 中使用过滤器 ... 131
9.3.5　Zuul 的常见使用方式 ... 133

第 10 章　服务网关 ... 135

10.1　服务网关的实现原理 ... 135
10.2　断言工厂 ... 136
10.2.1　After 路由断言工厂 ... 136
10.2.2　Header 断言工厂 ... 138
10.2.3　Cookie 路由断言工厂 ... 139
10.2.4　Host 路由断言工厂 ... 140
10.2.5　Method 路由断言工厂 ... 140
10.2.6　Path 路由断言工厂 ... 141
10.2.7　Query 路由断言工厂 ... 141
10.3　过滤器 ... 142
10.3.1　过滤器的作用 ... 143
10.3.2　过滤器的生命周期 ... 144
10.3.3　网关过滤器 ... 144
10.3.4　全局过滤器 ... 151

10.4 限流··153
   10.4.1 常见的限流算法··153
   10.4.2 服务网关的限流··154
10.5 服务化··156
   10.5.1 工程介绍··156
   10.5.2 service-gateway 工程详细介绍·······························157
10.6 总结··159

第 11 章 服务注册和发现 Consul··160

11.1 什么是 Consul··160
   11.1.1 基本术语··160
   11.1.2 Consul 的特点和功能··161
   11.1.3 Consul 的原理··161
   11.1.4 Consul 的基本架构··161
   11.1.5 Consul 服务注册发现流程··163
11.2 Consul 与 Eureka 比较··163
11.3 下载和安装 Consul··164
11.4 使用 Spring Cloud Consul 进行服务注册和发现···········165
   11.4.1 服务提供者 consul-provider······································165
   11.4.2 服务消费者 consul-provider······································167
11.5 使用 Spring Cloud Consul Config 做服务配置中心·······168
11.6 动态刷新配置··170
11.7 总结··171

第 12 章 配置中心 Spring Cloud Config···172

12.1 Config Server 从本地读取配置文件································172
   12.1.1 构建 Config Server···172
   12.1.2 构建 Config Client··174
12.2 Config Server 从远程 Git 仓库读取配置文件················175
12.3 构建高可用的 Config Server··176
   12.3.1 构建 Eureka Server···177
   12.3.2 改造 Config Server···178
   12.3.3 改造 Config Client··178
12.4 使用 Spring Cloud Bus 刷新配置·····································180
12.5 将配置存储在 MySQL 数据库中····································182
   12.5.1 改造 config-server 工程···182
   12.5.2 初始化数据库··183

第 13 章　服务链路追踪 Spring Cloud Sleuth……184

13.1　为什么需要 Spring Cloud Sleuth……184
13.2　基本术语……184
13.3　案例讲解……186
13.3.1　启动 Zipkin Server……187
13.3.2　构建服务提供者……187
13.3.3　构建服务消费者……189
13.3.4　项目演示……191
13.4　在链路数据中添加自定义数据……192
13.5　使用 RabbitMQ 传输链路数据……192
13.6　在 MySQL 数据库中存储链路数据……194
13.7　在 ElasticSearch 中存储链路数据……195
13.8　用 Kibana 展示链路数据……196

第 14 章　微服务监控 Spring Boot Admin……198

14.1　使用 Spring Boot Admin 监控 Spring Boot 应用程序……199
14.1.1　创建 Spring Boot Admin Server……199
14.1.2　创建 Spring Boot Admin Client……200
14.2　使用 Spring Boot Admin 监控 Spring Cloud 微服务……202
14.2.1　构建 Admin Server……202
14.2.2　构建 Admin Client……204
14.3　在 Spring Boot Admin 中添加 Security 和 Mail 组件……205
14.3.1　Spring Boot Admin 集成 Security 组件……206
14.3.2　Spring Boot Admin 集成 Mail 组件……208

第 15 章　Spring Boot Security 详解……209

15.1　Spring Security 简介……209
15.1.1　什么是 Spring Security……209
15.1.2　为什么选择 Spring Security……209
15.1.3　Spring Security 提供的安全模块……210
15.2　Spring Boot Security 与 Spring Security 的关系……211
15.3　Spring Boot Security 案例详解……211
15.3.1　构建 Spring Boot Security 工程……211
15.3.2　配置 Spring Security……213
15.3.3　编写相关界面……215
15.3.4　Spring Security 方法级别上的保护……220
15.3.5　从数据库中读取用户的认证信息……223

15.4 总结 ... 228

第 16 章 使用 Spring Cloud OAuth2 保护微服务系统 ... 230

16.1 什么是 OAuth2 ... 230
16.2 如何使用 Spring OAuth2 ... 231
    16.2.1 OAuth2 Provider ... 231
    16.2.2 OAuth2 Client ... 235
16.3 案例分析 ... 236
    16.3.1 编写 Eureka Server ... 237
    16.3.2 编写 Uaa 授权服务 ... 237
    16.3.3 编写 service-hi 资源服务 ... 244
16.4 总结 ... 250

第 17 章 使用 Spring Security OAuth2 和 JWT 保护微服务系统 ... 251

17.1 JWT 简介 ... 251
    17.1.1 什么是 JWT ... 251
    17.1.2 JWT 的结构 ... 252
    17.1.3 JWT 的应用场景 ... 253
    17.1.4 如何使用 JWT ... 253
17.2 案例分析 ... 253
    17.2.1 案例架构设计 ... 253
    17.2.2 编写主 Maven 工程 ... 254
    17.2.3 编写 Eureka Server ... 256
    17.2.4 编写 Uaa 授权服务 ... 256
    17.2.5 编写 user-service 资源服务 ... 262
17.3 总结 ... 270

第 18 章 使用 Spring Cloud 构建微服务综合案例 ... 271

18.1 案例介绍 ... 271
    18.1.1 工程结构 ... 271
    18.1.2 使用的技术栈 ... 271
    18.1.3 工程架构 ... 272
    18.1.4 功能展示 ... 274
18.2 案例详解 ... 277
    18.2.1 准备工作 ... 278
    18.2.2 构建主 Maven 工程 ... 278
    18.2.3 构建 eureka-server 工程 ... 279
    18.2.4 构建 config-server 工程 ... 280

		18.2.5 构建 Zipkin 工程	281
		18.2.6 构建 monitoring-service 工程	282
		18.2.7 构建 uaa-service 工程	284
		18.2.8 构建 gateway-service 工程	286
		18.2.9 构建 admin-service 工程	287
		18.2.10 构建 user-service 工程	287
		18.2.11 构建 blog-service 工程	290
		18.2.12 构建 log-service 工程	291
	18.3	启动源码工程	294
	18.4	项目演示	295
	18.5	总结	296

第 1 章 微服务简介

随着互联网技术的飞速发展，目前全球超过一半的人口在使用互联网产品，人们的生活随着互联网的发展，发生了翻天覆地的变化。各行各业都在应用互联网，国家政策也在大力支持互联网的发展。随着越来越多的用户参与，业务场景越来越复杂，传统的单体架构已经很难满足互联网技术的发展要求。这主要体现在两方面，一是随着业务复杂度的提高，代码的可维护性、扩展性和可读性在降低；二是维护系统的成本、修改系统的成本在提高。所以，改变单体应用架构已经势在必行。另外，随着云计算、大数据、人工智能的飞速发展，对系统架构也提出了越来越高的要求。

微服务，是著名的 OO（面向对象，Object Oriented）专家 Martin Fowler 提出来的，用来描述将软件应用程序设计为独立部署的服务。最近两年，微服务在各大技术会议、文章、书籍上出现的频率，已经让人们意识到它对于软件领域所带来的影响力。微服务架构的系统是一个分布式系统，按业务领域划分为独立的服务单元，有自动化运维、容错、快速演进的特点，它能够解决传统单体架构系统的痛点，同时也能满足越来越复杂的业务需求。

1.1 单体架构及其存在的不足

1.1.1 单体架构简介

在软件设计中，经常提及和使用经典的 3 层模型，即表示层、业务逻辑层和数据访问层。
- 表示层：用于直接和用户交互，也称为交互层，通常是网页、UI 等。
- 业务逻辑层：即业务逻辑处理层，例如用户输入的信息要经过业务逻辑层的处理后，才能展现给用户。
- 数据访问层：用于操作数据库，用户在表示层会产生大量的数据，通过数据访问层对数据库进行读写操作。

虽然在软件设计中划分了经典的 3 层模型，但是对业务场景没有划分。一个典型的单体应用就是将所有的业务场景的表示层、业务逻辑层和数据访问层放在一个工程中，最终经过编译、打包，部署在一台服务器上。例如，典型的 J2EE 工程是将表示层的 JSP、业务逻辑层的 Service、

Controller 和数据访问层的 Dao，打成 war 包，部署在 Tomcat、Jetty 或者其他 Servlet 容器中运行。经典的单体应用如图 1-1 所示。

在一个小型应用的初始阶段，访问量较小，应用只需要一台服务器就能够部署所有的资源，例如将应用程序、数据库、文件资源等部署在同一台服务器上。最典型的就是 LAMP 系统，即服务器采用 Linux 系统，开发应用程序的语言为 PHP，部署在 Apache 服务器上，采用 MySQL 数据库。在应用程序的初始阶段，采用这种架构的性价比是非常高的，开发速度快，开发成本低，只需要一台廉价的服务器。此时的服务器架构如图 1-2 所示。

▲图 1-1　经典的单体应用架构

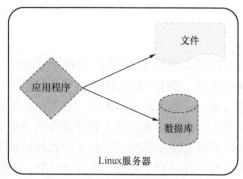

▲图 1-2　LAMP 应用服务器示意图

1.1.2　单体架构存在的不足

在应用的初始阶段，单体架构无论是在开发速度、运维难度，还是服务器的成本上都有着显著的优势。在一个产品的前景不明确的初始阶段，用单体架构是非常明智的选择。随着应用业务的发展和业务复杂度的提高，这种架构明显存在很多的不足，主要体现在以下 3 个方面。

- ❑ 业务越来越复杂，单体应用的代码量越来越大，代码的可读性、可维护性和可扩展性下降，新人接手代码所需的时间成倍增加，业务扩展带来的代价越来越大。
- ❑ 随着用户越来越多，程序承受的并发越来越高，单体应用的并发能力有限。
- ❑ 测试的难度越来越大，单体应用的业务都在同一个程序中，随着业务的扩张、复杂度的增加，单体应用修改业务或者增加业务或许会给其他业务带来一定的影响，导致测试难度增加。

1.1.3　单体架构使用服务器集群及存在的不足

随着业务的发展，大多数公司会将单体应用进行集群部署，并增加负载均衡服务器（例如 Nginx 等）。另外，还需要增加集群部署的缓存服务器和文件服务器，并将数据库读写分离，以应对用户量的增加而带来的高并发访问量。此时的系统架构如图 1-3 所示。

用负载均衡服务器分发高并发的网络请求，用户的访问被分派到不同的应用服务器，应用服务器的负载不再成为瓶颈，用户量增加时，添加应用服务器即可。通过添加缓存服务器来缓解数据库的数据以及数据库读取数据的压力。大多数的读取操作是由缓存完成的，但是仍然有少数读操作是从数据库读取的，例如缓存失效、实时数据等。当有大量的读写操作时，将数据库进行读写分离是一个不错的选择，例如 MySQL 的主从热备份，通过相关配置可以将主数据库服务器的数据同步到从数据库服务器，实现数据库的读写分离，读写分离能够改善数据库的负载能力。

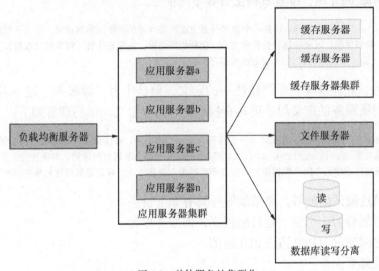

▲图 1-3　单体服务的集群化

这种架构有一定的处理高并发的能力，也能应对一定复杂的业务需求，改善了系统的性能，但是依然没有改变系统为单体架构的事实，此时存在的不足之处如下。

- 系统仍然为单体应用，大量的业务必然会有大量的代码，代码的可读性和可维护性依然很差。
- 面对海量的用户，数据库将会成为瓶颈，解决方案将使用分布式数据库，也就是将数据库进行分库分表。
- 持续交付能力差，业务越复杂，代码越多，修改代码和添加代码所需的时间越长。新人熟悉代码的时间长、成本高。

由此看见，在应用初期，单体应用在成本、开发时间和运维等方面都有明显的优势。但是随着业务量和用户量的增加，它所暴露出来的缺点也显而易见。单体架构已经不能满足复杂的业务和海量的用户系统，改变单体架构势在必行。

1.2　微服务

微服务是最近几年才出现的新名词，它在各大技术社区、博客、论坛和新闻报道中经常被提及，是程序员和架构师经常讨论的话题。的确，微服务已经是技术圈的热门话题，那么到底什么是微服务呢？微服务产生的意义又是什么呢？微服务有哪些优势和缺点？另外，微服务与

SOA 架构有什么关系？下面让我来为你逐一阐述。

1.2.1 什么是微服务

"微服务"最初是由 Martin Fowler 在 2014 年写的一篇文章《MicroServices》中提出来的。关于 Martin Fowler 的介绍，维基百科上有如下的描述。

> Martin Fowler，软件工程师，也是一个软件开发方面的著作者和国际知名演说家，专注于面向对象分析与设计、统一建模语言、领域建模，以及敏捷软件开发方法，包括极限编程。主要著作有《可重用对象模型》《重构——改善既有代码的设计》《企业应用架构模式》《规划极限编程》等。

对于微服务，业界没有一个严格统一的定义，但是作为"微服务"这一名词的发明人，Martin Fowler 对微服务的定义似乎更具有权威性和指导意义，他的理解如下。

> 简而言之，微服务架构的风格，就是将单一程序开发成一个微服务，每个微服务运行在自己的进程中，并使用轻量级机制通信，通常是 HTTP RESTFUL API。这些服务围绕业务能力来划分构建的，并通过完全自动化部署机制来独立部署。这些服务可以使用不同的编程语言，以及不同数据存储技术，以保证最低限度的集中式管理。

以我个人对这段话的理解，总结微服务具有如下特点。

- 按业务划分为一个独立运行的程序，即服务单元。
- 服务之间通过 HTTP 协议相互通信。
- 自动化部署。
- 可以用不同的编程语言。
- 可以用不同的存储技术。
- 服务集中化管理。
- 微服务是一个分布式系统。

根据这些特点，下面来进一步阐述微服务。

1. 微服务单元按业务来划分

微服务的"微"到底需要定义到什么样的程度，这是一个非常难以界定的概念，可以从以下 3 个方面来界定：一是根据代码量来定义，根据代码的多少来判断程序的大小；二是根据开发时间的长短来判断；三是根据业务的大小来划分。

根据 Martin Fowler 的定义，微服务的"微"是按照业务来划分的。一个大的业务可以拆分成若干小的业务，一个小的业务又可以拆分成若干更小的业务，业务到底怎么拆分才算合适，这需要开发人员自己去决定。例如微博最常见的功能是微博内容、关注和粉丝，而其中微博内容又有点赞、评论等，如何将微博这个复杂的程序划分为单个的服务，需要由开发团队去决定。

按业务划分的微服务单元独立部署，运行在独立的进程中。这些微服务单元是高度组件化的模块，并提供了稳定的模块边界，服务与服务之间没有任何的耦合，有非常好的扩展性和复用性。

传统的软件开发模式通常由 UI 团队、服务端团队、数据库和运维团队构成，相应地将软件按照职能划分为 UI、服务端、数据库和运维等模块。通常这些开发人员各司其职，很少有人跨职能去工作。如果按照业务来划分服务，每个服务都需要独立的 UI、服务端、数据库和运维。也就是说，一个小的业务的微服务需要动用一个团队的人去协作，这显然增加了团队与团队之间交流协作的成本。所以产生了跨职能团队，这个团队负责一个服务的所有工作，包括 UI、服务端和数据库。当这个团队只有 1~2 个人的时候，就对开发人员提出了更高的要求。

2. 微服务通过 HTTP 来互相通信

按照业务划分的微服务单元独立部署，并运行在各自的进程中。微服务单元之间的通信方式一般倾向于使用 HTTP 这种简单的通信机制，更多的时候是使用 RESTful API 的。这种接受请求、处理业务逻辑、返回数据的 HTTP 模式非常高效，并且这种通信机制与平台和语言无关。例如用 Java 写的服务可以消费用 Go 语言写的服务，用 Go 写的服务又可以消费用 Ruby 写的服务。不同的服务采用不同的语言去实现，不同的平台去部署，它们之间使用 HTTP 进行通信，如图 1-4 所示。

服务与服务之间也可以通过轻量级的消息总线来通信，例如 RabbitMQ 和 Kafka 等。通过发送消息或者订阅消息来达到服务与服务之间通信的目的。

服务与服务通信的数据格式，一般为 JSON、XML，这两种数据格式与语言、平台、通信协议无关。一般来说，JSON 格式的数据比 XML 轻量，并且可读性也比 XML 要好。另外一种就是用 Protobuf 进行数据序列化，经过序列化的数据为二进制数据，它比 JSON 更轻量。用 Protobuf 序列化的数据为二进制数据，可读性非常差，需要反序列化才能够读懂。由于用 Protobuf 序列化的数据更为轻量，所以 Protobuf 在通信协议和数据存储上十分受欢迎。

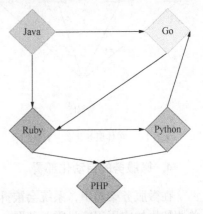

▲图 1-4　不同语言、不同的平台的微服务相互调用

服务与服务之间通过 HTTP 或者消息总线的方式进行通信，这种方式存在弊端，其通信机制是不可靠的，虽然成功率很高，但还是会有失败的时候。

3. 微服务的数据库独立

在单体架构中，所有的业务都共用一个数据库。随着业务量的增加，数据库的表的数量越来越多，难以管理和维护，并且数据量的增加会导致查询速度越来越慢。例如，一个应用有这样几个业务：用户的信息、用户的账户、用户的购物车、数据报表服务等。典型的单体架构如图 1-5 所示。

微服务的一个特点就是按业务划分服务，服务与服务之间无耦合，就连数据库也是独立的。一个典型的微服务的架构就是每个微服务都有自己独立的数据库，数据库之间没有任何联系。

这样做的好处在于，随着业务的不断扩张，服务与服务不需要提供数据库集成，而是提供 API 接口相互调用；还有一个好处是数据库独立，单业务的数据量少，易于维护，数据库性能有着明显的优势，数据库的迁移也很方便。

另外，随着存储技术的发展，数据库的存储方式不再仅仅是关系型数据库，非关系数据库的应用也非常广泛，例如 MongoDB、Redis，它们有着良好的读写性能，因此越来越受欢迎。一个典型的微服务的系统，可能每一个服务的数据库都不相同，每个服务所使用的数据存储技术需要根据业务需求来选择，如图 1-6 所示。

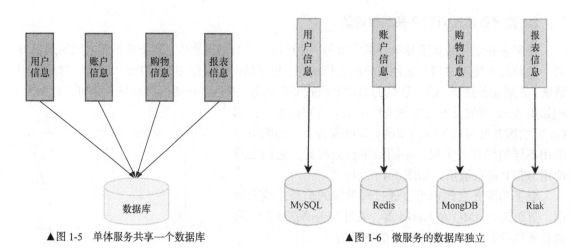

▲图 1-5　单体服务共享一个数据库　　　　▲图 1-6　微服务的数据库独立

4. 微服务的自动化部署

在微服务架构中，系统会被拆分为若干个微服务，每个微服务又是一个独立的应用程序。单体架构的应用程序只需要部署一次，而微服务架构有多少个服务就需要部署多少次。随着服务数量的增加，如果微服务按照单体架构的部署方式，部署的难度会呈指数增加。业务的粒度划分得越细，微服务的数量就越多，这时需要更稳定的部署机制。随着技术的发展，尤其是 Docker 容器技术的推进、Kubernetes 容器编排技术的发展，以及自动化部署工具（例如开源组件 Jenkins）的出现，自动化部署变得越来越简单。

自动化部署可以提高部署的效率，减少人为的控制，部署过程中出现错误的概率降低，部署过程的每一步自动化，提高软件的质量。构建一个自动化部署的系统，虽然在前期需要开发人员或者运维人员的学习，但是对于整个软件系统来说是一个全新的概念。在软件系统的整个生命周期之中，每一步是由程序控制的，而不是人为控制，软件的质量提高到了一个新的高度。随着 DevOps 这种全新概念的推进，自动化部署必然会成为微服务部署的一种方式。

5. 服务集中化管理

微服务系统是按业务单元来划分服务的，服务数量越多，管理起来就越复杂，因此微服务必须使用集中化管理。目前流行的微服务框架中，例如 Spring Cloud 支持使用 Eureka、

Zookeeper 和 Consul 来注册服务和发现服务，另外，Etcd 和 Nacos 等都是非常优秀的服务注册与发现组件。

6. 分布式架构

分布式系统是集群部署的，由很多计算机相互协作共同构成，它能够处理海量的用户请求。当分布式系统对外提供服务时，用户是毫不知情的，还以为是一台服务器在提供服务。

分布式系统的复杂任务通过计算机之间的相互协作来完成，当然简单的任务也可以在一台计算机上完成。

分布式系统通过网络协议来通信，所以分布式系统在空间上没有任何限制，即分布式服务器可以部署不同的机房和不同的地区。

微服务架构是分布式架构，分布式系统比单体系统更加复杂，主要体现在服务的独立性和服务相互调用的可靠性，以及分布式事务、全局锁、全局 Id 等，而单体系统不需要考虑这些复杂性。

另外，分布式系统的应用都是集群化部署，会给数据一致性带来困难。分布式系统中的服务通信依赖于网络，网络不好，必然会对分布式系统带来很大的影响。在分布式系统中，服务之间相互依赖，如果一个服务出现了故障或者是网络延迟，在高并发的情况下，会导致线程阻塞，在很短的时间内该服务的线程资源会消耗殆尽，最终使得该服务不可用。由于服务的相互依赖，可能会导致整个系统的不可用，这就是"雪崩效应"。为了防止此类事件的发生，分布式系统必然要采取相应的措施，例如"熔断机制"。

7. 熔断机制

为了防止"雪崩效应"事件的发生，分布式系统采用了熔断机制。在用 Spring Cloud 构建的微服务系统中，采用了熔断器（即 Hystrix 组件的 Circuit Breaker）去做熔断。

例如在微服务系统中，有 a、b、c、d、e、f、g、h 等多个服务，用户的请求通过网关后，再到具体的服务，服务之间相互依赖，例如服务 b 依赖于服务 f，一个对外暴露的 API 接口需要服务 b 和服务 f 相互协作才能完成。服务之间相互依赖的架构图如图 1-7 所示。

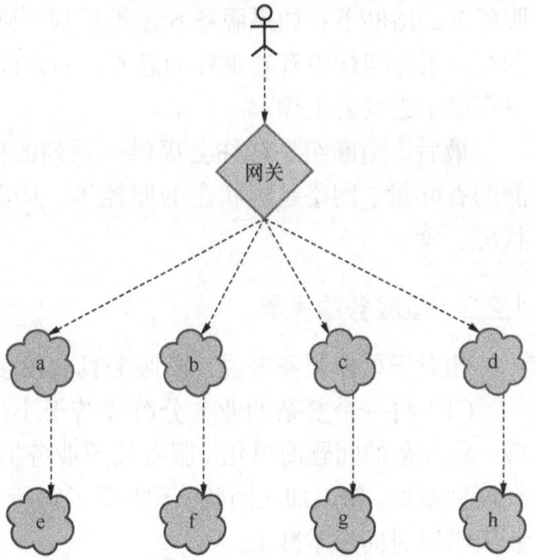

▲图 1-7 服务之间相互依赖

如果此时服务 b 出现故障或者网络延迟，在高并发的情况下，服务 b 会出现大量的线程阻塞，有可能在很短的时间内线程资源就被消耗完了，导致服务 b 的不可用。如果服务 b 为较底层的服务，会影响到其他服务，导致其他服务会一直等待服务 b 的处理。如果服务 b 迟迟不处理，大量的网络请求不仅仅堆积在服务 b，而且会堆积到依赖于服务 b 的其他服务。而因服务 b 出现故障影响的服务，也会影响到依赖于因服务 b 出现故障影响的服务的其他服务，从而由服务 b 开始，影响到整个系统，导致整个系统的不可用。这是一件非常可怕的事，因为服务器运营商的不可靠，必然会导致服务的不可靠，而网络服务商的不可靠性，也会导致服务的不可靠。在高并发的场景下，稍微有点不可靠，由于故障的传播性，会导致大量的服务不可用，甚至导致整个系统崩溃。

为了解决这一难题，微服务架构引入了熔断机制。当服务 b 出现故障，请求失败次数超过设定的阈值之后，服务 b 就会开启熔断器，之后服务 b 不进行任何的业务逻辑操作，执行快速失败，直接返回请求失败的信息。其他依赖于 b 的服务就不会因为得不到响应而线程阻塞，这时除了服务 b 和依赖于服务 b 的部分功能不可用外，其他功能正常。熔断服务 b 如图 1-8 所示。

熔断器还有另一个机制，即自我修复的机制。当服务 b 熔断后，经过一段时间，半打开熔断器。半打开的熔断器会检查一部分请求是否正

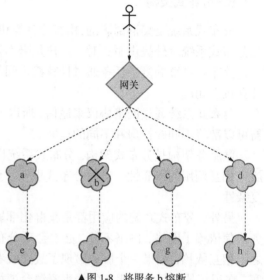

▲图 1-8　将服务 b 熔断

常，其他请求执行快速失败，检查的请求如果响应成功，则可以判定服务 b 正常了，就会关闭服务 b 的熔断器；如果服务 b 还不正常，则继续打开熔断器。这种自我熔断机制和自我修复机制在微服务架构中有着重要的意义，一方面，它使程序更加健壮；另一方面，为开发和运维减少很多不必要的工作。

最后，熔断组件往往会提供一系列的监控，例如服务可用与否、熔断器是否被打开、目前吞吐量、网络延迟状态的监控等，从而很容易让开发人员和运维人员实时地了解服务的状况。

1.2.2　微服务的优势

相对于单体服务来说，微服务具有很多的优势，主要体现在以下方面。

（1）将一个复杂的业务分解成若干小的业务，每个业务拆分成一个服务，服务的边界明确，将复杂的问题简单化。服务按照业务拆分，编码也是按照业务来拆分，代码的可读性和可扩展性增加。新人加入团队，不需要了解所有的业务代码，只需要了解他所接管的服务的代码，新人学习时间成本减少。

（2）由于微服务系统是分布式系统，服务与服务之间没有任何的耦合。随着业务的增加，可以根据业务再拆分服务，具有极强的横向扩展能力。随着应用的用户量的增加，并发量增加，可以将微服务集群化部署，从而增加系统的负载能力。简而言之，微服务系统的微服务单元具有很强的横向扩展能力。

（3）服务与服务之间通过 HTTP 网络通信协议来通信，单个微服务内部高度耦合，服务与

服务之间完全独立，无耦合。这使得微服务可以采用任何的开发语言和技术来实现。开发人员不再被强迫使用公司以前的技术或者已经过时的技术，而是可以自由选择最适合业务场景的或者最适合自己的开发语言和技术，提高开发效率、降低开发成本。

（4）如果是一个单体的应用，由于业务的复杂性、代码的耦合性，以及可能存在的历史问题。在重写一个单体应用时，要求重写的应用的人员了解所有的业务，所以重写单体应用是非常困难的，并且重写风险也较高。如果是微服务系统，由于微服务系统是按照业务的进行拆分的，并且有坚实的服务边界，所以重写某个服务就相当于重写某一个业务的代码，非常简单。

（5）微服务的每个服务单元都是独立部署的，即独立运行在某个进程里。微服务的修改和部署对其他服务没有影响。试想，假设一个应用只有一个简单的修改，如果是单体架构，需要测试和部署整个应用；而如果采用微服务架构，只需要测试并部署被修改的那个服务，这就大大减少了测试和部署的时间。

（6）微服务在 CAP 理论中采用的是 AP 架构，即具有高可用和分区容错的特点。高可用主要体现在系统 7×24 小时不间断的服务，它要求系统有大量的服务器集群，从而提高了系统的负载能力。另外，分区容错也使得系统更加健壮。

1.3 微服务的不足

凡事都有两面性，微服务也不例外，微服务相对于单体应用来说具有很多的优势，当然也有它的不足，主要体现在如下方面。

- 微服务的复杂度。
- 分布式事务。
- 服务的划分。
- 服务的部署。

1.3.1 微服务的复杂度

构建一个微服务系统并不是一件容易的事，微服务系统是分布式系统，构建的复杂度远远超过单体系统，开发人员需要付出一定的学习成本去掌握更多的架构知识和框架知识。服务与服务之间通过 HTTP 协议或者消息传递机制通信，开发者需要选出最佳的通信机制，并解决网络服务较差时带来的风险。

此外，服务与服务之间相互依赖，如果修改某一个服务，会对另一个服务产生影响，如果掌控不好，会产生不必要的麻烦。由于服务的依赖性，测试也会变得复杂，比如修改一个比较基础的服务，可能需要重启所有的服务才能完成测试。

1.3.2 分布式事务

微服务架构所设计的系统是分布式系统。分布式系统有一个著名的 CAP 理论，即同时满足"一致性""可用性"和"分区容错"是一件不可能的事。CAP 理论是由 Eric Brewer 在 2000 年 PODC 会议上提出的，该理论在两年后被证明成立。CAP 理论告诉架构师不要妄想设计出同时满足三者的系统，应该有所取舍，设计出适合业务的系统。CAP 理论如图 1-9 所示。

- Consistency：指数据的强一致性。如果写入某个数据成功，之后读取，读到的都是新写入的数据；如果写入失败，之后读取的都不是写入失败的数据。
- Availability：指服务的可用性。
- Partition-tolerance：指分区容错。

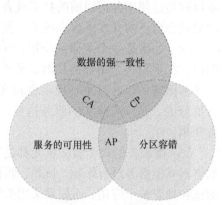

▲图 1-9　CAP 理论示意图

在分布式系统中，P 是基本要求，而单体服务是 CA 系统。微服务系统通常是一个 AP 系统，即同时满足了可用性和分区容错。这就有了一个难题：在分布式系统中如何保证数据的一致性？这就是大家经常讨论的分布式事务。

在微服务系统中，每个服务都是独立的进程单元，每个服务都有自己的数据库。通常情况下，只有关系型数据库在特定的数据引擎下才支持事务，而大多数非关系型数据库是不支持事务的，例如 MongDB 是不支持事务的，而 Redis 是支持事务的。在微服务架构中，分布式事务一直是一个难以解决的问题，业界给出了很多解决办法，比如两阶段提交、三阶段提交、TCC 等。本书将介绍两阶段提交。

网上购物在日常生活中是一个非常普通的场景，假设我在淘宝上购买了一部手机，需要从我的账户中扣除 1000 元钱，同时手机的库存数量需要减 1。当然需要在卖方的账户中加 1000 元钱，为了使案例简单化，暂时不用考虑。

如果这是一个单体应用，并且使用支持事务的 MySQL 数据库（InnoDB 数据库引擎才支持事务），我们可能这样写代码：

```
@Transactional
public void update() throws RuntimeException{
    updateAccountTable();  //更新账户表
    updateGoodsTable();    //更新商品表
}
```

如果是微服务架构，账户是一个服务，而商品是一个服务，这时不能用数据库自带的事务，因为这两个数据表不在一个数据库中。因此常常用到两阶段提交，两阶段提交的过程如图 1-10 所示。

第一阶段，service-account 发起一个分布式事务，交给事务协调器 TC 处理，事务协调器 TC 向所有参与的事务的节点发送处理事务操作的准备操作。所有的参与节点执行准备操作，将 Undo 和 Redo 信息写进日志，并向事务管理器返回准备操作是否成功。

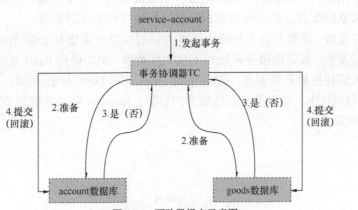

▲图 1-10 两阶段提交示意图

第二阶段，事务管理器收集所有节点的准备操作是否成功，如果都成功，则通知所有的节点执行提交操作；如果有一个失败，则执行回滚操作。

两阶段提交，将事务分成两部分能够大大提高分布式事务成功的概率。如果在第一阶段都成功了，而执行第二阶段的某一个节点失败，仍然导致数据的不准确，这时一般需要人工去处理，这就是当初在第一步记录日志的原因。另外，如果分布式事务涉及的节点很多，某一个节点的网络出现异常会导致整个事务处于阻塞状态，大大降低数据库的性能。所以一般情况下，尽量少用分布式事务。

1.3.3 服务的划分

将一个完整的系统拆分成很多个服务，是一件非常困难的事，因为这涉及了具体的业务场景，比命名一个类更加困难。对于微服务的拆分原则，Martin Fowler 给出的建议是：服务是可以被替换和更新的。也就是服务和服务之间无耦合，任何一个服务都可以被替换，服务有自己严格的边界。当然这个原则很抽象，根据具体的业务场景来拆分服务，需要依靠团队人员对业务的熟悉程度和理解程度，并考虑与已有架构的冲突、业务的扩展性、开发的风险和未来业务的发展等诸多因素。

领域驱动设计是一个全新的概念，也是一个比较理想的微服务拆分的理念。领域驱动设计通过代码和数据分析找到合理的切分点，并通过数据分析来判断服务的划分边界和划分粒度。过去，在中国很少有公司去落地领域驱动设计这个理念，随着微服务的发展，这一理念在以后有可能会更多地被接受。

1.3.4 服务的部署

一个简单的单体系统可能只需要将程序集群部署并配置负载均衡服务器即可，而部署一个复杂的微服务架构的系统就复杂得多。因为每一个微服务可能还涉及比较底层的组件，例如数据库、消息中间件等。微服务系统往往由数量众多的服务构成，例如 Netflix 公司有大约 600

个服务，而每个服务又有大量的实例。微服务系统需要对每个服务进行治理、监控和管理等，而每个服务有大量的配置，还需要考虑服务的启动顺序和启动时机等。

部署微服务系统，需要开发人员或者运维人员对微服务系统有足够强的控制力。随着云计算和云服务器的发展，部署微服务系统并不是一件难事，例如使用 PaaS 系统、使用 Docker 编排等。这就是人们往往提到微服务，就会想到 Docker 和 DevOps 的原因。其中，微服务是核心；Docker 为容器技术，是微服务最佳部署的容器；DevOps 是一种部署手段或理念。它们的关系如图 1-11 所示。

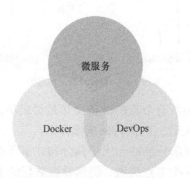

▲图 1-11　微服务、Docker、DevOps 之间的关系

1.4　微服务和 SOA 的关系

SOA 即面向服务的架构，这种架构在 20 年前就已经被提出了。SOA 往往与企业服务总线（ESB）联系在一起，主要原因在于 SOA 的实施思路是根据 ESB 模式来整合集成大量单一庞大的系统，这是 SOA 主要的落地方式。然而，SOA 在过去 20 年并没有取得成功。在谈到微服务时，人们很容易联想到它是一个面向服务的架构。的确，微服务的概念提出者 Martin Fowler 没有否认这一层关系。

微服务相对于和 ESB 联系在一起的 SOA 显然轻便敏捷得多，微服务将复杂的业务组件化，实际也是一种面向服务思想的体现。对于微服务来说，它是 SOA 的一种实现，但是它比 ESB 实现的 SOA 更加轻便、敏捷和简单。

1.5　微服务的设计原则

软件设计就好比建筑设计。Architect 这个词在建筑学中是"建筑师"的意思，而在软件领域里则是"架构师"的意思，可见它们确实有相似之处。无论是建筑师还是架构师，他们都希望把作品设计出自己的特色，并且更愿意把创造出的东西被称为艺术品。然而现实却是，建筑设计和软件设计有非常大的区别。建筑师设计并建造出来的建筑往往很难有变化，除非拆了重建。而架构师设计出来的软件系统，为了满足产品的业务发展，在它的整个生命周期中，每一个版本都有很多的变化。

　　软件设计每一个版本都在变化，所以软件设计应该是渐进式发展。软件从一开始就不应该被设计成微服务架构，微服务架构固然有优势，但是它需要更多的资源，包括服务器资源、技术人员等。追求大公司的技术解决方案，刻意地追求某个新技术，企图使用技术解决所有的问题，这些都是软件设计的误区。

　　技术应该是随着业务的发展而发展的，任何脱离业务的技术是不能产生价值的。在初创公司，业务很单一时，如果在 LAMP 单体构架够用的情况下，就应该用 LAMP，因为它开发速度快，性价比高。随着业务的发展，用户量的增加，可以考虑将数据库读写分离、加缓存、加复杂均衡服务器、将应用程序集群化部署等。如果业务还在不断发展，这时可以考虑使用分布式系统，例如微服务架构的系统。不管使用什么样的架构，驱动架构的发展一定是业务的发展，只有当前架构不再适合当前业务的发展，才考虑更换架构。

　　在微服务架构中，有三大难题，那就是服务故障的传播性、服务的划分和分布式事务。在微服务设计时，一定要考虑清楚这三个难题，从而选择合适的框架。目前比较流行的微服务解决方案有 Spring 社区的 Spring Cloud 和 Google 公司的 Kubernetes 容器编排等。不管使用哪一种框架或者工具，都需要考虑这三大难题。为了解决服务故障的传播性，一般的微服务框架都有熔断机制组件。另外，服务的划分没有具体的划分方法，一般来说根据业务来划分服务，领域驱动设计具有指导作用。最后，分布式事务一般的解决办法就是两阶段提交或者三阶段提交，不管使用哪一种都存在事务失败，导致数据不一致的情况，关键时刻还得人工恢复数据。总之，微服务的设计一定是渐进式的，并且是随着业务的发展而发展的。

第 2 章　Spring Cloud 简介

Spring Cloud 作为 Java 语言的微服务框架，它依赖于 Spring Boot，有快速开发、持续交付和容易部署等特点。Spring Cloud 的组件非常多，涉及微服务的方方面面，并在开源社区 Spring 和 Netflix、Pivotal 两大公司的推动下越来越完善。本章主要介绍 Spring Cloud，将从以下方面来讲解。

- 微服务应该具备的功能。
- Spring Cloud 介绍。
- Dubbo 介绍。
- Kubernetes 介绍。
- Spring Cloud 与 Dubbo 比较。
- Spring Cloud 与 Kubernetes 比较。

2.1　微服务应该具备的功能

微服务，可以拆分为"微"和"服务"二字。"微"即小的意思，那到底多小才算"微"呢？可能不同的团队有不同的答案。从参与微服务的人数来讲，单个微服务从架构设计、代码开发、测试、运维的人数加起来是 8～10 人才算"微"。那么何为"服务"呢？按照"微服务"概念提出者 Martin Fowler 给出的定义："服务"是一个独立运行的单元组件，每个单元组件运行在独立的进程中，组件与组件之间通常使用 HTTP 这种轻量级的通信机制进行通信。

微服务具有以下的特点。

- 按照业务来划分服务，单个服务代码量小，业务单一，易于维护。
- 每个微服务都有自己独立的基础组件，例如数据库、缓存等，且运行在独立的进程中。
- 微服务之间的通信是通过 HTTP 协议或者消息组件，且具有容错能力。
- 微服务有一套服务治理的解决方案，服务之间不耦合，可以随时加入和剔除服务。
- 单个微服务能够集群化部署，并且有负载均衡的能力。
- 整个微服务系统应该有一个完整的安全机制，包括用户验证、权限验证、资源保护等。
- 整个微服务系统有链路追踪的能力。

2.1 微服务应该具备的功能

- 有一套完整的实时日志系统。

微服务具有以上这些特点,那么微服务需要具备一些什么样的功能呢?微服务的功能主要体现在以下几个方面。

- 服务的注册和发现。
- 服务的负载均衡。
- 服务的容错。
- 服务网关。
- 服务配置的统一管理。
- 链路追踪。
- 实时日志。

2.1.1 服务的注册与发现

微服务系统由很多个单一职责的服务单元组成,例如 Netflix 公司的系统是由 600 多个微服务构成的,而每一个微服务又有众多实例。由于微服务系统的服务粒度较小,服务数量众多,服务之间的相互依赖成网状,所以微服务系统需要服务注册中心来统一管理微服务实例,方便查看每一个微服务实例的健康状态。

服务注册是指向服务注册中心注册一个服务实例,服务提供者将自己的服务信息(如服务名、IP 地址等)告知服务注册中心。服务发现是指当服务消费者需要消费另外一个服务时,服务注册中心能够告知服务消费者它所要消费服务的实例信息(如服务名、IP 地址等)。通常情况下,一个服务既是服务提供者,也是服务消费者。服务消费者一般使用 HTTP 协议或者消息组件这种轻量级的通信机制来进行服务消费。服务的注册与发现如图 2-1 所示。

服务注册中心会提供服务的健康检查方案,检查被注册的服务是否可用。通常一个服务实例注册后,会定时向服务注册中心提供"心跳",以表明自己还处于可用的状态。当一个服务实例停止向服务注册中心提供心跳一段时间后,服务注册中心会认为该服务实例不可用,会将该服务实例从服务注册列表中剔

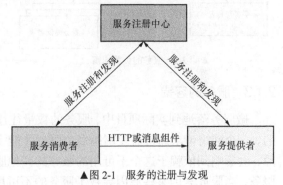

▲图 2-1 服务的注册与发现

除。如果这个被剔除掉的服务实例过一段时间后继续向注册中心提供心跳,那么服务注册中心会将该服务实例重新加入服务注册中心的列表中。另外,微服务的服务注册组件都会提供服务的健康状况查看的 UI 界面,开发人员或者运维人员只需要登录相关的界面就可以知道服务的健康状态。

2.1.2 服务的负载均衡

在微服务架构中,服务之间的相互调用一般是通过 HTTP 通信协议来实现的。网络往往具

有不可靠性，为了保证服务的高可用（High Availability），服务单元往往是集群化部署的。例如将服务提供者进行集群化部署，那么服务消费者该调用哪个服务提供者的实例呢？这就涉及了服务的负载均衡。

服务的负载均衡一般最流行的做法如图 2-2 所示，所有的服务都向服务注册中心注册，服务注册中心持有每个服务的应用名和 IP 地址等信息，同时每个服务也会获取所有服务注册列表信息。服务消费者集成负载均衡组件，该组件会向服务消费者获取服务注册列表信息，并每隔一段时间重新刷新获取该列表。当服务消费者消费服务时，负载均衡组件获取服务提供者所有实例的注册信息，并通过一定的负载均衡策略（开发者可以配置），选择一个服务提供者的实例，向该实例进行服务消费，这样就实现了负载均衡。

服务注册中心不但需要定时接收每个服务的心跳（用来检查服务是否可用），而且每个服务会定期获取服务注册列表的信息，当服务实例数量很多时，服务注册中心承担了非常大的负载。由于服务注册中心在微服务系统中起到了至关重要的作用，所以必须实现高可用。一般的做法是将服务注册中心集群化，每个服务注册中心的数据实时同步，如图 2-3 所示。

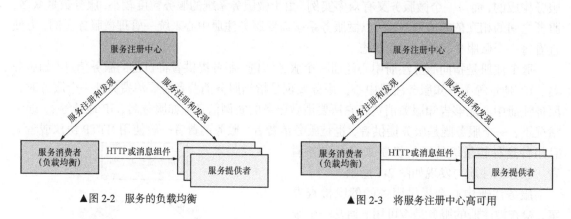

▲图 2-2　服务的负载均衡　　　　　　▲图 2-3　将服务注册中心高可用

2.1.3　服务的容错

微服务落地到实际项目中，服务的数量往往非常多，服务之间的相互依赖性也是错综复杂的，一个网络请求通常需要调用多个服务才能完成。如果一个服务不可用，例如网络延迟或故障，会影响到依赖于这个不可用的服务的其他服务。如图 2-4 所示，一个微服务系统有很多个服务，当服务 F 因某些原因导致了服务的不可用，来自于用户的网络请求需要调用服务 F。由于服务 F 无响应，用户的请求都处于阻塞状态，在高并发的场景下，短时间内会导致服务器的线程资源消耗殆尽。另外，依赖于服务 F 的其他的服务，例如图中的服务 E、服务 G、服务 J，也会等待服务 F 的响应，处于阻塞状态，导致这些服务的线程资源消耗殆尽，进而导致它们的不可用，以及依赖于它们的服务的不可用，最后导致整个系统处于瘫痪的状态也就是 1.2.1 节中提到的雪崩效应。

2.1 微服务应该具备的功能

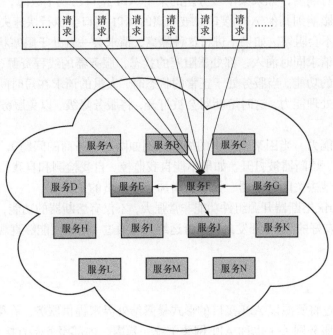

▲图 2-4 服务的依赖性

为了解决分布式系统的雪崩效应，分布式系统引进了熔断器机制。熔断器（Circuit Breaker）一词来源于物理学中的电路知识，它的作用是当电路中出现故障时迅速切断电路，从而保护电路。熔断器机制如图 2-5 所示。当一个服务的处理用户请求的失败次数在一定时间内小于设定的阀值时，熔断器处于关闭状态，服务正常；当服务处理用户请求的失败次数大于设定的阀值时，说明服务出现了故障，打开熔断器，这时所有的请求会执行快速失败，不执行业务逻辑。当处于打开状态的熔断器时，一段时间后会处于半打开状态，并执行一定数量的请求，剩余的请求会执行快速失败，若执行的请求失败了，则继续打开熔断器；若成功了，则将熔断器关闭。

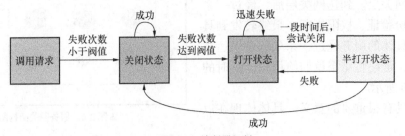

▲图 2-5 熔断器机制

这种机制有着非常重要的意义，它不仅能够有效地防止系统的"雪崩"效应，还具有以下作用。

- 将资源进行隔离，如果某个服务里的某个 API 接口出现了故障，只会隔离该 API 接口，不会影响到其他 API 接口。被隔离的 API 接口会执行快速失败的逻辑，不会等待，请求不会阻塞。如果不进行这种隔离，请求会一直处于阻塞状态，直到超时。若有大量的请求同时涌入，都处于阻塞的状态，服务器的线程资源，迅速被消耗完。
- 服务降级的功能。当服务处于正常的状态时，大量的请求在短时间内同时涌入，超过了服务的处理能力，这时熔断器会被打开，将服务降级，以免服务器因负载过高而出现故障。
- 自我修复能力。当因某个微小的故障（例如网络服务商的问题），导致网络在短时间内不可用，熔断器被打开。如果不能自我监控、自我检测和自我修复，那么需要开发人员手动地去关闭熔断器，无疑会增加开发人员的工作量。

Netflix 的 Hystrix 熔断器开源组件功能非常强大，不仅有熔断器的功能，还有熔断器的状态监测，并提供界面友好的 UI，开发人员或者运维人员通过 UI 界面能够直观地看到熔断器的状态和各种性能指标。

2.1.4 服务网关

微服务系统通过将资源以 API 接口的形式暴露给外界来提供服务。在微服务系统中，API 接口资源通常是由服务网关（也称 API 网关）统一暴露，内部服务不直接对外提供 API 资源的暴露。这样做的好处是将内部服务隐藏起来，外界还以为是一个服务在提供服务，在一定程度上保护了微服务系统的安全。API 网关通常有请求转发的作用，另外它可能需要负责一定的安全验证，例如判断某个请求是否合法，该请求对某一个资源是否具有操作权限等。通常情况下，网关层以集群的形式存在。在服务网关层之前，有可能需要加上负载均衡层，通常为 Nginx 双机热备，通过一定的路由策略，将请求转发到网关层。到达网关层后，经过一系列的用户身份验证、权限判断，最终转发到具体的服务。具体的服务经过一系列的逻辑运算和数据操作，最终将结果返回给用户，此时的架构如图 2-6 所示。

网关层具有很重要的意义，具体体现在以下方面。

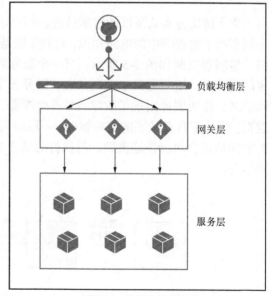

▲图 2-6 服务网关架构图

- 网关将所有服务的 API 接口资源统一聚合，对外统一暴露，外界系统调用的 API 接口都是网关对外暴露的 API 接口。外界系统不需要知道微服务架构中各服务相互调用的复杂性，微服务系统也保护了其内部微服务单元的 API 接口，防止被外界直接调用以及服务的敏感信息对外暴露。
- 网关可以做一些用户身份认证、权限认证，防止非法请求操作 API 接口，对内部服务起到保护作用。
- 网关可以实现监控功能，实时日志输出，对请求进行记录。
- 网关可以用来做流量监控，在高流量的情况下，对服务进行降级。
- API 接口从内部服务分离出来，方便做测试。

当然，网关实现这些功能，需要做高可用，否则网关很可能成为架构中的瓶颈。最常用的网关组件有 Zuul 和 Nginx 等。

2.1.5 服务配置的统一管理

在实际开发过程中，每个服务都有大量的配置文件，例如数据库的配置、日志输出级别的配置等，而往往这些配置在不同的环境中也是不一样的。随着服务数量的增加，配置文件的管理也是一件非常复杂的事。

在微服务架构中，需要有统一管理配置文件的组件，例如 Spring Cloud 的 Spring Cloud Config 组件、阿里巴巴的 Diamond、百度的 Disconf、携程的 Apollo 等。这些配置组件所实现的功能大体相同，但是又有些差别，下面以 Spring Cloud Config 为例来阐述服务配置的统一管理。

如图 2-7 所示，大致过程如下。
- 首先，Config Server（配置服务）读取配置文件仓库的配置信息，其中配置文件仓库可以存放在配置服务的本地仓库，也可以放在远程的 Git 仓库（例如 GitHub、Coding 等）。
- 配置服务启动后，读取配置文件信息，读取完成的配置信息存放在配置服务的内存中。
- 当启动服务 A、B 时，由于服务 A、B 指定了向配置服务读取配置信息，服务 A、B 向配置服务读取配置信息。
- 当服务的配置信息需要修改且修改完成后，向配置服务发送 Post 请求进行刷新，这时服务 A、B 会向配置服务重写读取配置文件。

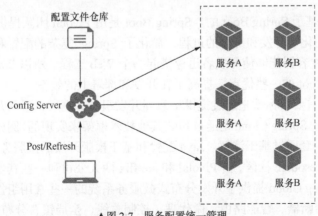

▲图 2-7 服务配置统一管理

对于集群化的服务，可以通过使用消息总线来刷新多个服务实例。如果服务数量较多，对配置中心需要考虑集群化部署，从而使配置中心高可用，做分布式集群。

2.1.6 服务链路追踪

微服务系统是一个分布式架构的系统，微服务系统按业务划分服务单元，一个微服务系统往往有很多个服务单元。由于服务单元数量很多且业务复杂，服务与服务之间的调用有可能非常复杂，一旦出现了异常和错误，就会很难去定位。所以在微服务架构中，必须实现分布式链路追踪，去跟进一个请求到底有哪些服务参与，参与的顺序又是怎样的，从而使每个请求链路清晰可见，出了问题很快就能定位。

举个例子，如图 2-8 所示，在微服务系统中，一个来自用户的请求先达到前端 A（如前端界面），然后通过远程调用，达到系统的中间件 B、C（如负载均衡、网关等），最后达到后端服务 D、E。后端经过一系列的业务逻辑计算，最后将数据返回给用户。对于这样一个请求，经历了这么多服务，怎么样将它的请求过程的数据记录下来呢？这就需要用到服务链路追踪。

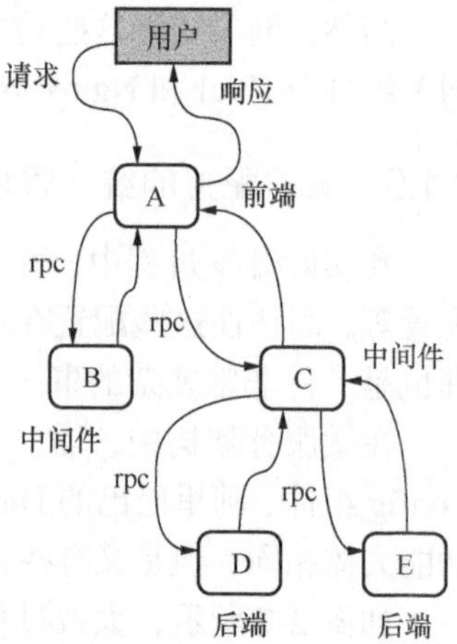

Google 开源了链路追踪组件 Dapper，并在 2010 年发表了论文《Dapper, a Large-Scale Distributed Systems Tracing Infrastructure》，这篇文章是业内实现链路追踪的标杆和理论基础，具有非常高的参考价值。

▲图 2-8　请求通过 A、B、C、D、E

目前，常见的链路追踪组件有 Google 的 Dapper、Twitter 的 Zipkin，以及阿里的 Eagleeye（鹰眼）等，都是非常优秀的链路追踪开源组件。

2.2 Spring Cloud

2.2.1 简介

Spring Cloud 是基于 Spring Boot 的。Spring Boot 是由 Pivotal 团队提供的全新 Web 框架，它主要的特点就是简化了开发和部署的过程，简化了 Spring 复杂的配置和依赖管理，通过起步依赖和内置 Servlet 容器能够使开发者迅速搭起一个 Web 工程。所以 Spring Cloud 在开发部署上继承了 Spring Boot 的一些优点，提高了在开发和部署上的效率。

Spring Cloud 的首要目标就是通过提供一系列开发组件和框架，帮助开发者迅速搭建一个分布式的微服务系统。Spring Cloud 是通过包装其他技术框架来实现的，例如包装开源的 Netflix OSS 组件，实现了一套通过基于注解、Java 配置和基于模版开发的微服务框架。Spring Cloud 框架来自于 Spring Resource 社区，由 Pivotal 和 Netflix 两大公司和一些其他的开发者提供技术上的更新迭代。Spring Cloud 提供了开发分布式微服务系统的一些常用组件，例如服务注册和发现、配置中心、熔断器、智能路由、微代理、控制总线、全局锁、分布式会话等。

2.2.2 常用组件

（1）服务注册和发现组件 Eureka

利用 Eureka 组件可以很轻松地实现服务的注册和发现的功能。Eureka 组件提供了服务的健康监测，以及界面友好的 UI。通过 Eureka 组件提供的 UI，Eureka 组件可以让开发人员随时了解服务单元的运行情况。另外 Spring Cloud 也支持 Consul 和 Zookeeper，用于注册和发现服务。

（2）熔断组件 Hystrix

Hystrix 是一个熔断组件，它除了有一些基本的熔断器功能外，还能够实现服务降级、服务限流的功能。另外 Hystrix 提供了熔断器的健康监测，以及熔断器健康数据的 API 接口。Hystrix Dashboard 组件提供了单个服务熔断器的健康状态数据的界面展示功能，Hystrix Turbine 组件提供了多个服务的熔断器的健康状态数据的界面展示功能。

（3）负载均衡组件 Ribbon

Ribbon 是一个负载均衡组件，它通常和 Eureka、Zuul、RestTemplate、Feign 配合使用。Ribbon 和 Zuul 配合，很容易做到负载均衡，将请求根据负载均衡策略分配到不同的服务实例中。Ribbon 和 RestTemplate、Feign 配合，在消费服务时能够做到负载均衡。

（4）路由网关 Zuul

路由网关 Zuul 有智能路由和过滤的功能。内部服务的 API 接口通过 Zuul 网关统一对外暴露，内部服务的 API 接口不直接暴露，防止了内部服务敏感信息对外暴露。在默认的情况下，Zuul 和 Ribbon 相结合，能够做到负载均衡、智能路由。Zuul 的过滤功能是通过拦截请求来实现的，可以对一些用户的角色和权限进行判断，起到安全验证的作用，同时也可以用于输出实时的请求日志。

上述的 4 个组件都来自于 Netflix 的公司，统一称为 Spring Cloud Netflix。

（5）Spring Cloud Config

Spring Cloud Config 组件提供了配置文件统一管理的功能。Spring Cloud Config 包括 Server 端和 Client 端，Server 端读取本地仓库或者远程仓库的配置文件，所有的 Client 向 Server 读取配置信息，从而达到配置文件统一管理的目的。通常情况下，Spring Cloud Config 和 Spring Cloud Bus 相互配合刷新指定 Client 或所有 Client 的配置文件。

（6）Spring Cloud Security

Spring Cloud Security 是对 Spring Security 组件的封装，Spring Cloud Security 向服务单元提供了用户验证和权限认证。一般来说，单独在微服务系统中使用 Spring Cloud Security 是很少见的，一般它会配合 Spring Security OAuth2 组件一起使用，通过搭建授权服务，验证 Token 或者 JWT 这种形式对整个微服务系统进行安全验证。

（7）Spring Cloud Sleuth

Spring Cloud Sleuth 是一个分布式链路追踪组件，它封装了 Dapper、Zipkin 和 Kibana 等组件，通过它可以知道服务之间的相互依赖关系，并实时观察链路的调用情况。

（8）Spring Cloud Stream

Spring Cloud Stream 是 Spring Cloud 框架的数据流操作包，可以封装 RabbitMQ、ActiveMQ、

Kafka、Redis 等消息组件，利用 Spring Cloud Stream 可以实现消息的接收和发送。

上述列举了一些常用的 Spring Cloud 组件。一个简单的由 Spring Cloud 构建的微服务系统，通常由服务注册中心 Eureka、网关 Zuul、配置中心 Config 和授权服务 Auth 构成，架构如图 2-9 所示。

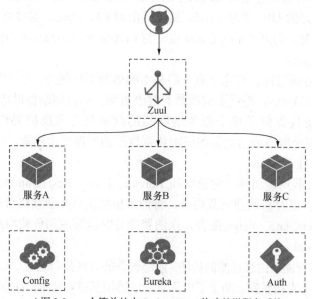

▲图 2-9　一个简单的由 Spring Cloud 构建的微服务系统

2.2.3　项目一览

- Spring Cloud Config：服务配置中心，将所有的服务的配置文件放到本地仓库或者远程仓库，配置中心负责读取仓库的配置文件，其他服务向配置中心读取配置。Spring Cloud Config 将服务的配置统一管理，并可以在不人为重启服务的情况下进行服务配置的刷新。
- Spring Cloud Netflix：它是通过包装了 Netflix 公司的微服务组件实现的，也是 Spring Cloud 核心的核心组件，包括 Eureka、Hystrix、Zuul 和 Archaius 等。
- Eureka：服务注册和发现组件。
- Hystrix：熔断器组件。Hystrix 通过控制服务的 API 接口的熔断来转移故障，防止微服务系统发生雪崩效应。另外，Hystrix 能够起到服务限流和服务降级的作用。使用 Hystrix Dashboard 组件监控单个服务的熔断器的状态，使用 Turbine 组件可以聚合多个服务的熔断器的状态。
- Zuul：智能路由网关组件。Netflix Zuul 能够起到智能路由和请求过滤的作用，是服务接口统一暴露的关键模块，也是安全验证、权限控制的一道门。
- Feign：声明式远程调度组件。
- Ribbon：负载均衡组件。

- Archaius：配置管理 API 的组件，一个基于 Java 的配置管理库，主要用于多配置的动态获取。
- Spring Cloud Bus：消息总线组件，常和 Spring Cloud Config 配合使用，用于动态刷新服务的配置。
- Spring Cloud Sleuth：服务链路追踪组件，封装了 Dapper、Zipkin、Kibina 等组件，可以实时监控服务的链路调用情况。
- Spring Cloud Data Flow：大数据操作组件，Spring Cloud Data Flow 是 Spring XD 的替代品，也是一个混合计算的模型，可以通过命令行的方式操作数据流。
- Spring Cloud Security：安全模块组件，是对 Spring Security 的封装，通常配合 OAuth2 使用来保护微服务系统的安全。
- Spring Cloud Consul：该组件是 Spring Cloud 对 Consul 的封装，和 Eureka 类似，它是另一个服务注册和发现组件。
- Spring Cloud Zookeeper：该组件是 Spring Cloud 对 Zookeeper 的封装，和 Eureka、Consul 类似，用于服务的注册和发现。
- Spring Cloud Stream：数据流操作组件，可以封装 Redis、RabbitMQ、Kafka 等组件，实现发送和接收消息等。
- Spring Cloud CLI：该组件是 Spring Cloud 对 Spring Boot CLI 的封装，可以让用户以命令行方式快速运行和搭建容器。
- Spring Cloud Task：该组件基于 Spring Task，提供了任务调度和任务管理的功能。
- Spring Cloud Connectors：用于 PaaS 云平台连接到后端。

2.3 Dubbo 简介

Dubbo 是阿里巴巴开源的一个分布式服务框架，致力于提供高性能和透明化的 RPC 远程服务调用方案，以及 SOA 服务治理方案。Dubbo 广泛用于阿里巴巴的各大站点，有很多互联网公司也在使用这个框架，它包含如下核心内容。

- RPC 远程调用：封装了长连接 NIO 框架，如 Netty 和 Mina 等，使用的是多线程模式。
- 集群容错：提供了基于接口方法的远程调用的功能，并实现了负载均衡策略、失败容错等功能。
- 服务发现：集成了 Apache 的 Zookeeper 组件，用于服务的注册和发现。

Dubbo 框架的架构图如图 2-10 所示。Dubbo 架构的流程如下。

（1）服务提供者向服务中心注册服务。
（2）服务消费者订阅服务。
（3）服务消费者发现服务。
（4）服务消费者远程调度服务提供者进行服务消费，在调度过程中，使用了负载均衡策略、失败容错的功能。

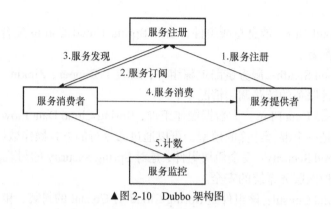

▲图 2-10　Dubbo 架构图

（5）服务消费者和提供者，在内存中记录服务的调用次数和调用时间，并定时每分钟发送一次统计数据到监控中心。

Dubbo 是一个非常优秀的服务治理框架，在国内互联网公司应用广泛，它具有以下特性：

- 连通性：注册中心负责服务的注册；监控中心负责收集调用次数、调用时间；注册中心、服务提供者、服务消费者为长连接。
- 健壮性：监控中心宕机不影响其他服务的使用；注册中心集群，任意一个实例宕机自动切换到另一个注册中心实例；服务实例集群，任意一个实例宕机，自动切换到另一个可用的实例。
- 伸缩性：可以动态增减注册中心和服务的实例数量。
- 升级性：服务集群升级，不会对现有架构造成压力。

2.4　Spring Cloud 与 Dubbo 比较

首先从微服务关注点来比较 Spring Cloud 和 Dubbo 两大服务框架，如表 2-1 所示。

表 2-1　从微服务关注点比较 Spring Cloud 和 Dubbo

微服务关注点	Spring Cloud	Dubbo
配置管理	Config	—
服务发现	Eureka、Consul、Zookeeper	Zookeeper
负载均衡	Ribbon	自带
网关	Zuul	—
分布式追踪	Spring Cloud Sleuth	—
容错	Hystrix	不完善
通信方式	HTTP、Message	RPC
安全模块	Spring Cloud Security	—

Spring Cloud 拥有很多的项目模块，包含了微服务系统的方方面面。Dubbo 是一个非常优秀的服务治理和服务调用框架，但缺少很多功能模块，例如网关、链路追踪等。在项目模块上，Spring Cloud 更具优势。

Spring Cloud 的更新速度非常快，Camden.SR5 版本发布于 2017 年 2 月，Camden.SR6 版本发布于 2017 年 3 月，Dalston 版本发布于 2017 年 4 月，Finchley 版本发布于 2018 年 6 月，Greenwich 版本发布于 2019 年 2 月，基本每年发布 1~2 次大版本，每月会发一次版本的迭代。从 GitHub 的代码仓库来看，Spring Cloud 几乎每天都有更新。阿里巴巴于 2011 年 10 月开源了 Dubbo，开源后的 Dubbo 发展迅速，大概每 2~3 个月有一次版本更新。然而，从在 2013 年 3 月开始，Dubbo 暂停了版本更新，并只在 2014 年 10 月发布了一个小版本，修复了一个 bug，之后长期处于版本停止更新的状态。直到 2017 年 9 月，阿里巴巴中间件部门重新组建了 Dubbo 团队，把 Dubbo 列为重点开源项目，并在 2017 年 9~11 月期间，一直保持每月一次版本更新的频率。

从学习成本上考虑，Dubbo 的版本趋于稳定，文档完善，可以即学即用，没有太大难度。Spring Cloud 基于 Spring Boot 开发，需要开发者先学会 Spring Boot。另外，Spring Cloud 版本迭代快，需要快速跟进学习。Spring Cloud 文档大多是英文的，要求学习者有一定的英文阅读能力。此外，Spring Cloud 文档很多，不容易快速找到相应的文档。

从开发风格上来讲，Dubbo 更倾向于 Spring Xml 的配置方式，Dubbo 官方也推荐这种方式。Spring Cloud 基于 Spring Boot，Spring Boot 采用的是基于注解和 JavaBean 配置方式的敏捷开发。从开发速度上讲，Spring Cloud 具有更高的开发和部署速度。

最后，Spring Cloud 的通信方式大多数是基于 HTTP Restful 风格的，服务与服务之间完全无关、无耦合。由于采用的是 HTTP Rest，因此服务无关乎语言和平台，只需要提供相应 API 接口，就可以相互调用。Dubbo 的通信方式基于远程调用，对接口、平台和语言有强依赖性。如果需要实现跨平台调用服务，需要写额外的中间件，这也是 Dubbox（支持 HTTP 协议）存在的原因。

Dubbo 和 Spring Cloud 拥有各自的优缺点。Dubbo 更易上手，并且广泛使用于阿里巴巴的各大站点，经历了"双 11"期间高并发、大流量的检验，Dubbo 框架非常成熟和稳定。Spring Cloud 服务框架严格遵守 Martin Fowler 提出的微服务规范，社区异常活跃，它很可能成为微服务架构的标准。

2.5 Kubernetes 简介

Kubernetes 是一个容器集群管理系统，为容器化的应用程序提供部署运行、维护、扩展、资源调度、服务发现等功能。

Kubernetes 是 Google 运行 Borg 大规模系统达 15 年之久的一个经验总结。Kubernetes 结合了社区的最佳创意和实践，旨在帮助开发人员将容器打包、动态编排，同时帮助各大公司向微服务方向进行技术演进。

它具有以下特点。

- Planet Scale（大容量）：使用 Kubernetes 的各大公司（包括 Google）每周运行了数十亿个容器，这些容器的平台采用同样的设计原则。这些平台在不增加 DevOps 团队成员的情况下，可以让容器数量增加，节省了人力成本，达到了复用性。
- Never Outgrow（永不过时）：无论容器是运行在一个小公司的测试环境中，还是运行在一个全球化企业的大型系统里，Kubernetes 都能灵活地满足复杂的需求。同时，无论业务多么复杂，Kubernetes 都能稳定地提供服务。
- Run Anywhere（随时随地运行）：Kubernetes 是开源的，可以自由地利用内部、混合或公共云的基础组件进行部署，让开发者可以将更多的时间和精力投入在业务上，而不是服务部署上。

Kubernetes 开源免费，是 Google 在过去 15 年时间里部署、管理微服务的经验结晶，所以目前 Kubernetes 在技术社区也是十分火热。下面来看它提供的功能。

- Automatic Binpacking（自动包装）：根据程序自身的资源需求和一些其他方面的需求自动配置容器。Kubernetes 能够最大化地利用机器的工作负载，提高资源的利用率。
- Self-healing（自我修复）：容器失败自动重启，当节点处于"死机"的状态时，它会被替代并重新编排；当容器达到用户设定的无响应的阀值时，它会被剔除，并且不让其他容器调用它，直到它恢复服务。
- Horizontal Scaling（横向扩展）：可以根据机器的 CPU 的使用率来调整容器的数量，只需开发人员在管理界面上输入几个命令即可。
- Service Discovery and Load Balancing（服务发现和负载均衡）：在不需要修改现有的应用程序代码的情况下，便可使用服务的发现机制。Kubernetes 为容器提供了一个虚拟网络环境，每个容器拥有独立的 IP 地址和 DNS 名称，容器之间实现了负载均衡。
- Automated Rollouts and Rollbacks（自动部署或回滚）：Kubernetes 支撑滚动更新模式，能逐步替换掉当前环境的应用程序和配置，同时监视应用程序运行状况，以确保不会同时杀死所有实例。如果出现问题，Kubernetes 支持回滚更改。
- Secret and Configuration Management（配置管理）：部署和更新应用程序的配置，不需要重新打镜像，并且不需要在堆栈中暴露配置。
- Storage Orchestration（存储编排）：自动安装所选择的存储系统，无论是本地存储、公共云提供商（如 GCP 或 AWS），还是网络存储系统（如 NFS、iSCSI、Gluster、Ceph、Cinder 或 Flocker）。
- Batch execution（批量处理）：除了服务之外，Kubernetes 还可以管理批量处理和 CI 的工作负载，如果需要，可以替换容器，如 NFS、iSCSI、Gluster、Ceph、Cinder 或 Flocker 等。

从 Kubernetes 提供的功能来看，Kubernetes 完全可以成为构建和部署微服务的一个工具，它是从服务编排上实现的,而不是代码实现的。目前国外有很多知名的公司在使用 Kubernetes,如 Google、eBay、Pearson 等。由于它的开源免费,Microsoft、VMWare、RedHat、CoreOS 等公司纷纷加入并贡献代码。Kubernetes 技术吸引了一大批公司和技术爱好者,它已经成为容器管理的领导者。

2.6 Spring Could 与 Kubernetes 比较

Spring Cloud 是一个构建微服务的框架,而 Kubernetes 是通过对运行的容器的编排来实现构建微服务的。两者从构建微服务的角度和实现方式有很大的不同,但它们提供了构建微服务所需的全部功能。从提供的微服务所需的功能上看,两者不分上下,如表 2-2 所示。

表 2-2　　　　　　　　　　　Spring Cloud 与 Kubernetes 比较

微服务关注点	Spring Cloud	Kubernetes
配置管理	Config	Kubernetes ConfigMap
服务发现	Eureka、Consul、Zookeeper	Kubernetes Services
负载均衡	Ribbon	Kubernetes Services
网关	Zuul	Kubernetes Services
分布式追踪	Spring Cloud Sleuth	Open tracing
容错	Hystrix	Kubernetes Health Check
安全模块	Spring Cloud Security	—
分布式日志	ELK	EFK
任务管理	Spring Batch	Kubernetes Jobs

Spring Cloud 通过众多的类库来实现微服务系统所需的各个组件,同时不断集成优秀的组件,所以 Spring Cloud 组件是非常完善的。Spring Cloud 基于 Spring Boot 框架,有快速开发、快速部署的优点。对于 Java 开发者来说,学习 Spring Cloud 的成本不高。

Kubernetes 在编排上解决微服务的各个功能,例如服务发现、配置管理、负载均衡、容错等。Kubernetes 不局限于 Java 平台,也不局限于语言,开发者可以自由选择开发语言进行项目开发。

与 Kubernetes 相比,Spring Cloud 具有以下优点。

- ❏ 采用 Java 语言开发,基于 Spring 平台,继承了 Spring Boot 快速开发的优势,是 Java 程序员实现微服务的最佳实践。
- ❏ Spring Cloud 有大量的类库和资源,基本上能解决所有可能出现的问题。

与 Kubernetes 比较,Spring Cloud 具有以下缺点。

- ❏ 依赖于 Java 语言,不支持跨语言。
- ❏ Spring Cloud 需要在代码中关注微服务的功能点,例如服务发现、负载均衡等。Kubernetes 则不需要关注这些。

下面介绍 Kubernetes 的优点和缺点，优点如下。
- ❑ Kubernetes 支持多种语言，并且是一个容器管理平台。Kubernetes 使程序容器化，并在容器管理上提供了微服务的功能，例如配置管理、服务发现、负载均衡等。Kubernetes 能够被应用于多种场合，例如程序开发、测试环境、创建环境等。
- ❑ Kubernetes 除了提供基本的构建微服务的功能外，还提供了环境、资源限制、管理应用程序的生命周期的功能。Kubernetes 更像是一个平台，而 Spring Cloud 是一个框架。

Kubernetes 的缺点如下。
- ❑ Kubernetes 面向 DevOps 人员，普通的开发人员需要学习很多这方面的知识，学习成本非常高。
- ❑ Kubernetes 仍然是一个相对较新的平台，发展十分迅速。新特性更新得快，所以需要 DevOps 人员跟进，不断地学习。

Spring Cloud 尝试从 Java 类库来实现微服务的所有功能，而 Kubernetes 尝试从容器编排上实现所有的微服务功能，两者的实现角度和方式不一样。个人觉得，两者最终的实现功能和效果上不分胜负，但从实现的方式上来讲，Kubernetes 略胜一筹。Kubernetes 面向 DevOps 人员，学习成本高。Spring Cloud 有很多的类库，以 Spring 为基础，继承了 Spring Boot 快速开发的优点，为 Java 程序员开发微服务提供了很好的体验，学习成本也较低。所以二者比较，各有优势。没有最好的框架，也没有最好的工具，关键是要适合业务需求和满足业务场景。

2.7 总结

本章首先介绍了微服务应该具备的功能，然后介绍了 Spring Cloud 和 Spring Cloud 的基本组件，最后介绍了 Spring Cloud 与 Dubbo、Kubernetes 之间的比较，以及它们的优缺点。Spring Cloud 作为 Java 语言的微服务落地框架，有很多的微服务组件。为了循序渐进地学习这些组件，第 3、4 章将介绍构建微服务前的准备工作，这是学习 Spring Cloud 组件的基本前提。

第3章 构建微服务的准备

孔子说："工欲善其事，必先利其器"。说的是做好一件事，准备工作是非常重要的。本章和下一章主要介绍构建微服务前的准备工作，本章介绍开发环境的搭建，下一章讲解开发框架 Spring Boot 的入门。搭建的环境包括 JDK 的安装、开发工具的安装，以及项目的构建工具。常见的开发 Spring Cloud 项目的工具包括 MyEclipse、IntelliJ Idea（简称 IDEA），强烈推荐使用 IDEA 作为开发工具。IDEA 和 Spring Boot 一起使用，个人认为是开发 Java 程序的最佳体验。本书的案例代码都是在 IDEA 上开发的，所以本章介绍的开发工具也是 IDEA。项目的构建工具包括 Apache Maven 和 Gradle，Gradle 是一个基于 Apache Ant 和 Apache Maven 概念的项目自动化构建的工具。两个构建工具都非常方便，按个人习惯来选择，Apache Maven 的使用率要高一些，所以选择介绍的构建工具为 Apache Maven。

3.1 JDK 的安装

3.1.1 JDK 的下载和安装

由于 Spring Boot 在未来的版本 2.0 中要求最低的 JDK 版本为 1.8，所以选择安装 JDK1.8。Mac 系统已经安装了 JDK，所以不需要用户自行安装。Windows 用户需要从 Oracle 官网下载安装包，下载完成后，解压安装。

3.1.2 环境变量的配置

JDK 安装完成后，需要设置环境变量。在 Windows 操作系统中，打开"我的电脑"→"属性"→"高级"→"环境变量"，新建系统变量"JAVA_HOME"，变量值为"JDK"的安装目录，例如我的安装目录为"D:\Program Files\Java\ jdk1.8.0_121"。选择"系统变量"中变量名为"Path"的环境变量，双击该变量，把 JDK 安装路径中 bin 目录的绝对路径追加到环境变量 Path 尾部，注意用";"来分隔前面的变量。例如我在 Path 尾部追加为"；%JAVA_HOME%\bin;%JAVA_HOME%\jre\bin;"。

JDK 的安装工作已经全部完成，现在来验证 JDK 是否安装成功。打开命令行窗口，输入"java –version"，如果 JDK 安装成功且环境变量设置成功，命令行窗口会显示如下信息：

```
java version "1.8.0_121"
Java(TM) SE Runtime Environment (build 1.8.0_121-b13)
Java HotSpot(TM) 64-Bit Server VM (build 25.121-b13, mixed mode)
```

3.2 IDEA 的安装

对于习惯使用 Eclipse 或者 MyEclipse 的开发者来说，可能不愿意换新的 IDEA，因为需要花时间去学习，还要去适应新的开发工具。个人觉得，IDEA 比 Eclipse 系列好用很多，它带来了不一样的开发体验，主要体现在以下 5 个方面。

- ❑ 有对用户更加友好的界面，有更加护眼的黑色主题，感觉更高端大气。
- ❑ 比 Eclipse 更加智能，主要体现在代码的补全方面。
- ❑ 更加友好的代码提示功能。
- ❑ 内置 Maven、Gradle 等构建工具，并且下载依赖包非常智能和流畅。
- ❑ 更加强大的纠错能力。

虽然，Eclipse 和 IDEA 都能开发出 Java 项目，Eclipse 也非常好用，但两者的写代码体验不在一个级别上。IDEA 具有更友好的界面和更智能的代码提示，以及更强大的纠错能力，所以 IDEA 写代码体验更好、效率更高。建议读者用 IDEA 来开发 Java 项目，本书所有的代码都是用 IDEA 来写的。

3.2.1 IDEA 的下载

去官方网站 https://www.jetbrains.com/idea/ 下载 IDEA，IDEA 有免费版和商业版，免费版能做一些基本的 Java 开发，但是不能用来进行 J2EE 的开发，所以需要下载商业版。商业版对学生免费，你需要一个.edu 结尾的邮箱去申请获取免费版本，申请通过即可免费使用商业版本。

下载完成，按照提示的步骤安装即可。安装完成后，启动 IDEA，会进入如图 3-1 所示的界面。

▲图 3-1　IDEA 的启动界面

3.2 IDEA 的安装

启动成功后，需要配置 JDK，单击图 3-1 右下方的"Configure"按钮，选择"Project Defaults"→"Project Structures"，进入配置界面，选择"Project SDK"为安装的 JDK1.8 即可，Project Language Level 为 SDK（default 8），如图 3-2 所示。

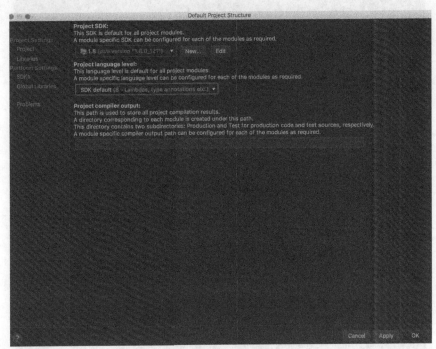

▲图 3-2　IDEA 配置 SDK

3.2.2　用 IDEA 创建一个 Spring Boot 工程

IDEA 提供了多种方式去创建工程，非常便捷。本节介绍采用 Spring Initializr 的方式来创建工程。在图 3-1 的界面选择"Create New Project"，创建新工程，选择"Spring Initializr"的方式创建 Spring Boot 工程，如图 3-3 所示。

单击"Next"，填写 Group（例如"com.forezp"）和 Artifact（例如"hello-world"），选择默认的 Maven 工程，其他配置默认即可。单击"Next"，进入 Spring Initializr 模块选择界面，如图 3-4 所示。Spring Initializr 提供了很多可选的常见功能模块，大多数模块是与 Spring Boot 进行了整合的起步依赖的功能模块，例如 Core 提供了 AOP、Security、Cache、Session 等模块，Web 提供了 Web、Webservice、WebSocket 等模块，读者可以自行查看相关模块的相关功能。本例中选择 Web 模块的 Web 功能，单击"Next"，然后单击"Finish"。

单击"Finish"之后，IDEA 会从 spring.io 网站下载工程模板，下载完成后就是一个完整的 Spring Boot 工程。在工程的目录下有一个 HelloWorldApplication 类，该类为程序的启动类，在该类上添加@RestController 注解，开启 RestController 的功能，写一个接口"/hi"，使用 @GetMapping 注解表明为 Get 类型的请求。具体代码如下：

▲图 3-3　采用 Spring Initializr 创建 Spring Boot 工程（一）

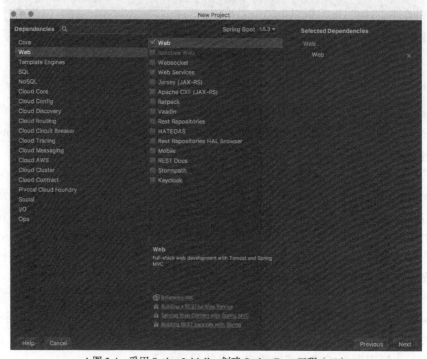

▲图 3-4　采用 Spring Initializr 创建 Spring Boot 工程（二）

```
@SpringBootApplication
@RestController
public class HelloWorldApplication {
        public static void main(String[] args) {
                SpringApplication.run(HelloWorldApplication.class, args);
        }
        @GetMapping("/hi")
        public String hi(){
                return "hi,I'm forezp";
        }
}
```

启动 HelloWorldApplication 类的 main 方法，程序启动。程序启动完成后，在浏览器上输入 "http://localhost:8080 /hi"，浏览器会显示 "hi,I'm forezp"。关于 Spring Boot，会在下一章中做入门级的详细介绍。

3.2.3 用 IDEA 启动多个 Spring Boot 工程实例

在本书讲解的案例中，一个 Spring Boot 工程经常需要启动多个实例，分别占用不同的端口。那么怎么通过 IDEA 来启动多个实例呢？在 IDEA 主界面右上方，单击 Application 右边的下三角，弹出选项后，单击 "Edit Configuration"，如图 3-5 所示。

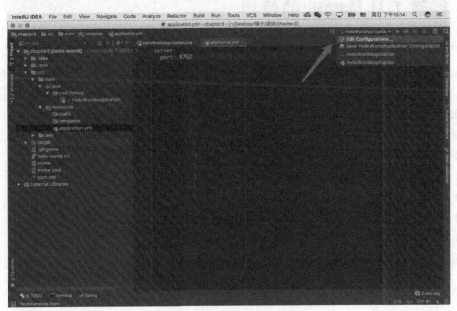

▲图 3-5　Edit Configuration 界面

打开配置界面后，将默认的 "Single instance only"（单实例）前的对号去掉，如图 3-6 所示。通过修改配置文件 application.yml 的 server.port 端口，并启动。多个实例需要多个不同的端口号，分别启动即可。

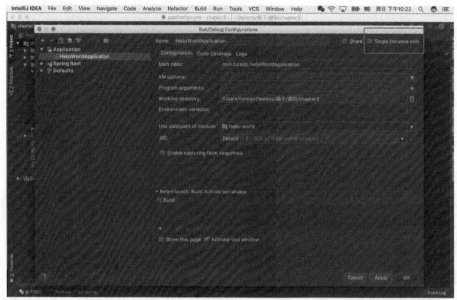

▲图 3-6 将 Single instance only 前的对号去掉

3.3 构建工具 Maven 的使用

3.3.1 Maven 简介

Apache Maven 是一款软件项目管理的开源工具，是基于工程对象模型（Pom）的概念而设计的。Maven 可以管理项目构建的整个生命周期，包括清理（Clean）、编译（Compile）、打包（Package）、测试（Test）等环节。同时 Maven 提供了非常丰富的插件，使得构建项目和管理项目变得简单。构建一个项目所需要的流程如下。

（1）生成源码。
（2）从源码中生成文档。
（3）编译源码。
（4）测试。
（5）将源码打包成 Jar，运行在服务器、仓库或者其他位置。

Apache Maven 已经实现了以上的全部功能，并且只需要相关的命令就可以完成相关的功能。

3.3.2 Maven 的安装

安装 Maven 前，需要保证 JDK 已经正确安装，并且环境变量已经配置正确，Maven 版本为 3.0 之后的版本，需要的 JDK 版本至少为 1.6 版本。

从官网 http://maven.apache.org/download.cgi 下载完 Apache Maven，解压到任意目录，例如解压到 /usr/local 下：

```
tar xzvf apache-maven-3.5.0-bin.tar.gz          sudo mv apache-maven-3.5.0 /usr/local/
```

配置环境，先打开配置环境变量的文件，在终端运行如下命令：

```
$ vi ~/.bash_profile
```

在配置文件中需要配置一个 M2_HOME 变量，它的路径为 Maven 的安装目录路径，添加 M2_HOME 变量到环境变量 path 中。配置文件如下：

```
export M2_HOME=/usr/local/apache-maven-3.5.0
export PATH=$PATH:$M2_HOME/bin
```

检查 Maven 是否安装成功和 Maven 的环境变量是否配置正确，可以使用 Maven 命令 "mvn -v" 去检查。在终端输入 "mvn –v"，如果终端界面显示如下信息，则证明 Maven 安装成功且环境变量配置正确。

```
Apache Maven 3.5.0 (ff8f5e7444045639af65f6095c62210b5713f426; 2017-04-04T03:39:06+08:00)
Maven home: /usr/local/apache-maven-3.5.0
Java version: 1.8.0_121, vendor: Oracle Corporation
Java home: /Library/Java/JavaVirtualMachines/jdk1.8.0_121.jdk/Contents/Home/jre
Default locale: zh_CN, platform encoding: UTF-8
OS name: "mac os x", version: "10.12.3", arch: "x86_64", family: "mac"
```

设置 Maven 的本地仓库，在终端输入命令切换到 Maven 配置文件的目录，打开 Maven 的配置文件 settings.xml。在终端输入的命令如下：

```
cd /usr/local/apache-maven-3.5.0/
vim settings.xml
```

打开配置文件 settings.xml 后，在配置文件中修改本地仓库的路径，本案例的本地仓库路径为 "/usr/local/mvn_repo"，配置如下：

```
<localRepository>/usr/local/mvn_repo</localRepository>
```

由于 Maven 远程服务器在国外，可以添加阿里云的镜像，这样下载 Jar 包的速度会大大增加，在配置文件 settings.xml 下添加如下内容：

```
<mirrors>
  <mirror>
      <id>alimaven</id>
          <name>aliyun maven</name>
      <url>http://maven.aliyun.com/nexus/content/groups/public/
      </url>
      <mirrorOf>central</mirrorOf>
  </mirror>
</mirrors>
```

3.3.3 Maven 的核心概念

Maven 的核心是 pom 文件，pom 文件以 xml 文件的形式来表示资源，包括一些依赖 Jar、插件、构建文件等。Maven 的工作过程如图 3-7 所示。

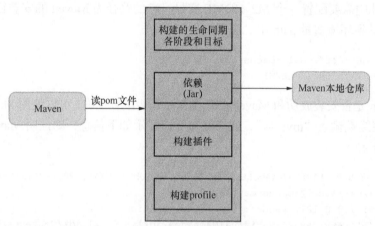

▲图 3-7　Maven 的工作过程

- 首先读取 pom 文件。pom 文件是 Maven 的核心，所有的项目依赖、插件都在 pom 文件中统一管理。
- 下载依赖 Jar 到本地仓库。Maven 命令执行时，首先会检查 pom 文件的依赖 Jar，当检测到本地没有安装依赖 Jar 时，会默认从 Maven 的中央仓库下载依赖 Jar，中央仓库地址为 http://repo1.maven.org/maven2/。依赖 Jar 下载成功后，会存放在本地仓库中，如果下载不成功，则该命令执行不会通过。
- 执行构建的生命周期。Maven 的构建过程会被分解成构建阶段和构建目标，它们共同构成了 Maven 的生命周期。
- 执行构建插件。插件可以更方便地执行构建的各个阶段，也可以用插件实现一些额外的功能。目前 Maven 有非常丰富的插件，如果需要，你也可以自己实现 Maven 插件。

3.3.4 编写 Pom 文件

pom 文件是一个 xml 文件，用于描述项目用到的资源、项目依赖、插件、代码位置等信息，是整个工程的核心。pom.xml 文件一般放在项目的根目录下。以 3.2.1 节案例中工程的 pom 文件为例来讲解，其代码如下：

```
<?xml version="1.0" encoding="UTF-8"?>
<project xmlns="http://maven.apache.org/POM/4.0.0"
xmlns:xsi="http://www.w3.org/2001/ XMLSchema-instance"
    xsi:schemaLocation="http://maven.apache.org/POM/4.0.0 http://maven.apache.org/xsd/maven-4.0.0.xsd">
```

```xml
    <modelVersion>4.0.0</modelVersion>

    <groupId>com.forezp</groupId>
    <artifactId>hello-world</artifactId>
    <version>0.0.1-SNAPSHOT</version>
    <packaging>jar</packaging>

    <name>hello-world</name>
    <description>Demo project for Spring Boot</description>
<parent>
        <groupId>org.springframework.boot</groupId>
        <artifactId>spring-boot-starter-parent</artifactId>
        <version>2.1.0.RELEASE</version>
        <relativePath/> <!-- lookup parent from repository -->
    </parent>

    <properties>
    <project.build.sourceEncoding>UTF-8
</project.build.sourceEncoding>
<project.reporting.outputEncoding>UTF-8
</project.reporting.outputEncoding>
        <java.version>1.8</java.version>
    </properties>

    <dependencies>
        <dependency>
            <groupId>org.springframework.boot</groupId>
            <artifactId>spring-boot-starter-web</artifactId>
        </dependency>

        <dependency>
            <groupId>org.springframework.boot</groupId>
            <artifactId>spring-boot-starter-test</artifactId>
            <scope>test</scope>
        </dependency>
     </dependencies>

    <build>
        <plugins>
            <plugin>
                <groupId>org.springframework.boot</groupId>
                <artifactId>spring-boot-maven-plugin</artifactId>
            </plugin>
        </plugins>
    </build>
</project>
```

pom.xml 的第一行指定了 xml 的版本和编码方式。project 的标签是该文件的根元素，它声明了 pom 相关的命名空间。modelVersion 指定了 pom 的版本，对于 Maven 3 来说，它的版本为 4.0.0。

groupId、artifactId 和 version 是 3 个最重要的标签，根据这 3 个标签，可以在 Maven 仓库中唯一确定该依赖 Jar。其中，groupId 代表了公司、组织的名称，一般为公司域名的倒写，如本例中的 com.forezp；artifactId 代表该项目的全局唯一 Id，如本例中的 hello-world；version 是指该项目的版本。将项目上传到 Maven 仓库中，有这 3 个标签才能准确无误地找到该 Jar 包。

parent 标签用于指定父 pom，本案例采用的父 pom 是版本号为 2.1.0.RELEASE 的 spring-boot-starter-parent 的 pom。

properties 标签用于声明一些常量，例如上述代码中的源码编码为 UTF-8，输出代码也为 UTF-8，Java 版本为 1.8。

dependencies 标签为依赖的根元素，里面可以包含多个 dependency 元素，dependency 里具体为各个依赖 Jar 的 3 个坐标，即 groupId、artifactId 和 version。其中 version 可以缺省，如果缺省，就会默认为最新发布的版本。

build 为构建标签，它可以包含 plugins（插件）标签，plugins 标签中可以包含若干个 plugin 标签，可以根据项目的需求添加相应的 plugin。本例中有 spring-boot-maven-plugin 插件，用此插件可以启动 Spring Boot 工程。

3.3.5　Maven 构建项目的生命周期

在 Maven 工程中，已经默认定义了构建工程的生命周期，不需要额外引用其他的插件，因为 Maven 本身就已经集成了这些插件。默认的生命周期包括了 23 个阶段，如表 3-1 所示。

表 3-1　　　　　　　　　　Maven 构建工程默认的生命周期

阶　　段	描　　述
validate	验证工程的完整性
initialize	初始化
generate-sources	生成源码
process-sources	处理源码
generate-resources	生成所有源码
process-resources	处理所有源码
compile	编译
process-classes	处理 class 文件
generate-test-sources	生成测试源码
process-test-sources	处理测试源码
generate-test-resources	生成所有测试源码
process-test-resources	处理所有测试源码
test-compile	测试编译
process-test-classes	处理测试 class 文件

续表

阶　　段	描　　述
test	测试
prepare-package	预打包
package	打包（如 Jar、War）
pre-integration-test	预集成测试
integration-test	集成测试
post-integration-test	完成集成测试
verify	验证
install	安装到本地仓库
deploy	提交到远程仓库

3.3.6　常用的 Maven 命令

（1）mvn clean　删除工程的 target 目录下的所有文件。

（2）mvn package　将工程打为 Jar 包。

在终端上切换到 3.2.1 节中项目的根目录下，输入 mvn package 命令，终端最后会显示如下信息，证明工程打 Jar 包成功。

```
Tests run: 1, Failures: 0, Errors: 0, Skipped: 0
[INFO] --- maven-jar-plugin:2.6:jar (default-jar) @ hello-world ---
[INFO] Building jar:
/Users/forezp/IdeaProjects/jianshu2/hello-world/target/hello-world-0.0.1-SNAPSHOT.jar
[INFO]
[INFO] --- spring-boot-maven-plugin:2.1.0.RELEASE:repackage (default) @ hello-world ---
[INFO] ------------------------------------------------------------
[INFO] BUILD SUCCESS
[INFO] ------------------------------------------------------------
[INFO] Final Memory: 32M/271M
[INFO] ------------------------------------------------------------
```

上述的 mvn package 打包命令不是一个简单的命令，它是由一系列有序的命令构成的，mvn package 命令执行过程包含以下 6 个阶段。

- 验证。
- 编译代码。
- 处理代码。
- 生成资源文件。
- 生成 Jar 包。
- 测试。

（3）mvn package -Dmaven.test.skip=ture，打包时跳过测试。

（4）mvn compile 编译工程代码，不生成 Jar 包。

（5）mvn install 命令包含了 mvn package 的所有过程，并且将生成的 Jar 包安装到本地仓库。执行 mvn install 命令，可以看到终端输出的日志，经过了与 mvn package 相同的阶段，最后将 Jar 包安装到本地仓库。终端显示的日志如下：

```
[INFO] Installing /Users/forezp/IdeaProjects/jianshu2/hello-world/target/hello-world-0.0.1-SNAPSHOT.jar to /Users/forezp/.m2/repository/com/forezp/hello-world/0.0.1-SNAPSHOT/hello-world-0.0.1-SNAPSHOT.jar
[INFO] Installing /Users/forezp/IdeaProjects/jianshu2/hello-world/pom.xml to /Users/forezp/.m2/repository/com/forezp/hello-world/0.0.1-SNAPSHOT/hello-world-0.0.1-SNAPSHOT.pom
[INFO] ------------------------------------------------------------
[INFO] BUILD SUCCESS
[INFO] ------------------------------------------------------------
[INFO] Total time: 7.251 s
[INFO] Finished at: 2017-05-24T22:43:48+08:00
[INFO] Final Memory: 30M/272M
[INFO] ------------------------------------------------------------
```

（6）mvn spring-boot:run 使用 spring-boot 插件，启动 Spring Boot 工程。该命令执行时先检查 Spring Boot 工程源码是否编译，如果工程源码没有编译，则先编译；如果编译了，则启动工程，启动后的工程日志如下：

```
[INFO] --- spring-boot-maven-plugin:2.1.0.RELEASE:run (default-cli) @ hello-world ---

  .   ____          _            __ _ _
 /\\ / ___'_ __ _ _(_)_ __  __ _ \ \ \ \
( ( )\___ | '_ | '_| | '_ \/ _` | \ \ \ \
 \\/  ___)| |_)| | | | | || (_| |  ) ) ) )
  '  |____| .__|_| |_|_| |_\__, | / / / /
 =========|_|==============|___/=/_/_/_/
 :: Spring Boot ::        (v2.1.0.RELEASE)

2017-05-24 22:53:51.648  INFO 1549 --- [           main] com.forezp.HelloWorldAp
............
2017-05-24 22:53:54.050  INFO 1549 --- [           main] com.forezp.HelloWorldApplication         : Started HelloWorldApplication in 2.923 seconds (JVM running for 6.067)
```

（7）mvn test 测试。

（8）mvn idea:idea 生成 idea 项目。

（9）mvn jar:jar 只打 Jar 包。

（10）mvn validate 检验资源是否可用。

本章讲述了开发项目中开发环境的搭建和开发工具的使用，难免会有点枯燥，但却是开发微服务的基本前提，下一章将讲述 Spring Boot 的入门内容。

第 4 章 开发框架 Spring Boot

4.1 Spring Boot 简介

Spring Boot 是由 Pivotal 公司开发的 Spring 框架，采用了生产就绪的观点，旨在简化配置，致力于快速开发。Spring Boot 框架提供了自动装配和起步依赖，使开发人员不需要配置各种配置文件（比如 xml 文件），这种方式极大地提高了程序的开发速度。因此，Spring Boot 框架已经成为新一代的 Java Web 开发框架。

在过去的 Spring 开发中，需要引入大量 xml 文件来做配置。为了简化配置，Spring 框架持续不断地做优化，比如在 Spring 2.5 版本中引入了包扫描，消除了显式的配置 Bean；Spring 3.0 又引入了基于 JavaBean 的配置，这种方式可以取代 xml 文件。尽管如此，在实际的开发中还是需要配置 xml 文件，例如配置 Spring MVC、事务管理器、过滤器、切面等。

此外，在项目的开发过程中，会引入大量的第三方依赖，选择依赖是一件不容易的事，解决依赖与依赖之间的冲突也很耗费精力。所以，在以前的 Spring 开发中，依赖管理也是一件棘手的事情。

Pivotal 公司提供的 Spring Boot 框架解决了以前 Spring 应用程序开发中的上述两个痛点，简化了应用的配置和依赖管理。

4.1.1 Spring Boot 的特点

对比传统的 Spring 框架，Spring Boot 有三大特点：自动配置、起步依赖和 Actuator 对运行期间状态的监控。

自动配置就是程序需要什么，Spring Boot 就会装配什么。例如，当程序的 pom 文件引入了 Feign 的起步依赖，Spring Boot 就会在程序中自动引入默认的 Feign 的配置 Bean。再例如配置 Feign 的 Decoder 时，如果开发人员配置了 Decoder Bean，Spring Boot 就不会引入默认的 Decoder Bean。自动装配使得程序开发变得非常便捷、智能化。

在以前开发过程中，向项目添加依赖是一件非常有挑战的事情。选择版本，解决版本冲突，十分耗费精力。例如，程序需要 Spring MVC 的功能，那么需要引入 spring-core、 spring-web 和 spring-webmvc 等依赖，但是如果程序使用 Spring Boot 的起步依赖，只需要加入 spring-boot-starter-web 的依赖，它会自动引入所有 Spring MVC 功能的相关依赖。

Spring Boot 提供了自动装配和起步依赖，解决了以前重量级的 xml 配置和依赖管理的各种问题，为应用程序提供了很好的便捷性。使用 Spring Boot 开发应用程序，有高效、敏捷和智能等优点，但是却带来了一系列的其他问题：开发者该怎么知道应用程序中注入了哪些 Bean？应用程序的运行状态是怎么样的？为了解决这些问题，Spring Boot 提供了 Actuator 组件，对应用程序的运行状态提供了监控功能。

4.1.2　Spring Boot 的优点

Spring Boot 不仅提供了自动装配、起步依赖，还自带了不少非功能性的特性，例如安全、度量、健康检查、内嵌 Servlet 容器和外置配置。开发人员可以更加敏捷快速地开发 Spring 程序，专注于应用程序本身的业务开发，而不是在 Spring 的配置上花费大量的精力。

另外，Actuator 提供了运行时的 Spring Boot 程序中的监控端点，让开发人员和运维人员实时了解程序的运行状况。

4.2　用 IDEA 构建 Spring Boot 工程

打开"IDEA"→"new Project"→"Spring Initializr"→填写"group"和"artifact"→勾选"web"（开启 web 功能）→单击"下一步"。IDEA 会自动下载 Spring Boot 工程的模板。

4.2.1　项目结构

创建完工程后，工程的目录结构如下：

```
- src
    -main
        -java
            -package
                -SpringbootApplication
        -resouces
            - statics
            - templates
            - application.yml
    -test
- pom
```

各目录的含义如下。
- pom 文件为依赖管理文件。
- resouces 为资源文件夹。
- statics 为静态资源。
- templates 为模板资源。

- application.yml 为配置文件。
- SpringbootApplication 为程序的启动类。

4.2.2 在 Spring Boot 工程中构建 Web 程序

打开用 IDEA 创建的项目，其依赖管理文件 pom.xml 有 spring-boot-starter-web 和 spring-boot-starter-test 的起步依赖，Spring Boot 版本为 2.1.0。其中，spring-boot-starter-web 为 Web 功能的起步依赖，它会自动导入与 Web 相关的依赖。spring-boot-starter-test 为 Spring Boot 测试功能的起步依赖，它会导入与 Spring Boot 测试相关的依赖。代码如下：

```xml
<parent>
    <groupId>org.springframework.boot</groupId>
    <artifactId>spring-boot-starter-parent</artifactId>
    <version>2.1.0.RELEASE</version>
    <relativePath/>
</parent>
<dependencies>
    <dependency>
        <groupId>org.springframework.boot</groupId>
        <artifactId>spring-boot-starter-web</artifactId>
    </dependency>
    <dependency>
        <groupId>org.springframework.boot</groupId>
        <artifactId>spring-boot-starter-test</artifactId>
        <scope>test</scope>
    </dependency>
</dependencies>
```

在工程的代码包的主目录下有一个 SpringbootFirstApplication 的类，该类是程序的启动类，代码如下：

```java
@SpringBootApplication
public class SpringbootFirstApplication {
    public static void main(String[] args) {
        SpringApplication.run(SpringbootFirstApplication.class, args);
    }
}
```

其中，@ SpringBootApplication 注解包含了@SpringBootConfiguration、@EnableAutoConfiguration 和@ComponentScan，开启了包扫描、配置和自动配置的功能。

这是一个完整的、具有 Web 功能的工程，为了演示 Web 效果，创建一个 Web 层的 Controller，代码如下：

```java
@RestController
public class HelloController {
```

```
    @RequestMapping("/hello")
    public String index() {
        return "Greetings from Spring Boot!";
    }
}
```

其中，@RestController 注解表明这个类是一个 RestController。@RestController 是 Spring 4.0 版本的一个注解，它的功能相当于 @Controller 注解和 @ResponseBody 注解之和。@RequestMapping 注解是配置请求地址的 Url 映射的。

启动 SpringbootFirstApplication 的 main 方法，Spring Boot 程序启动。在控制台会打印启动的日志，程序的默认端口为 8080。

打开浏览器，在浏览器上输入"http://localhost:8080/hello"，浏览器会显示"Greetings from Spring Boot!"。

你会不会觉得 Spring Boot 的确很神奇？Spring Boot 的神奇之处在于，在程序中没有做 web.xml 的配置，也没有做 Spring MVC 的配置，甚至都不用部署在 Tomcat 上，就可以构建一个具备 Web 功能的工程。其实，Spring Boot 自动为你做了这些配置，并且它默认内嵌了 Tomcat 容器。

4.2.3 Spring Boot 的测试

Spring Boot 开启测试也非常简单，只需要加@RunWith(SpringRunner.class)和@SpringBootTest 注解，在@SpringBootTest 注解加上 Web 测试环境的端口为随机端口的配置。TestRestTemplate 类为 RestTemplate 测试类，RestTemplate 用于远程调用 Http API 接口。测试代码如下：

```
@RunWith(SpringRunner.class)
@SpringBootTest(webEnvironment = SpringBootTest.WebEnvironment.RANDOM_PORT)
public class HelloControllerIT {
    @LocalServerPort
    private int port;
    private URL base;
    @Autowired
    private TestRestTemplate template;
    @Before
    public void setUp() throws Exception {
        this.base = new URL("http://localhost:" + port + "/hello");
    }
    @Test
    public void getHello() throws Exception {
        ResponseEntity<String> response = template.getForEntity(base.toString(),
                String.class);
        assertThat(response.getBody(), equalTo("Greetings from Spring Boot!"));
    }
}
```

启动测试类的 getHello() 方法，通过控制台可以发现 Spring Boot 程序会先启动，然后运行测试代码，最后测试通过。

4.3 Spring Boot 配置文件详解

Spring Boot 采用了构建生产就绪 Spring 应用程序的观点，旨在让程序快速启动和运行。在一般情况下，不需要做太多的配置就能够让 Spring Boot 程序正常运行。在一些特殊的情况下，我们需要修改一些配置，或者需要有自己的配置。

4.3.1 自定义属性

使用 IDEA 创建一个 Spring Boot 工程时，新创建的项目默认会在 src/main/java/resources 目录下创建一个配置文件 application.properties。Spring Boot 也支持 yml 格式的文件，下面以 yml 格式的文件为例来讲解如何自定义属性，将默认创建的 application.properties 改为 application.yml。

在工程的配置文件 application.yml 自定义一组属性，如下：

```
my:
  name: forezp
  age: 12
```

如果要读取配置文件 application.yml 的属性值，只需在变量上加 @Value("${属性名}")注解，就可以将配置文件 application.yml 的一个属性值赋给一个变量。新建一个 Controller，其代码清单如下：

```
@RestController
public class MiyaController {
    @Value("${my.name}")
    private String name;
    @Value("${my.age}")
    private int age;

    @RequestMapping(value = "/miya")
    public String miya(){
        return name+":"+age;
    }
}
```

启动 Spring Boot 工程，打开浏览器访问"http://localhost:8080/miya"，浏览器显示如下：

```
forezp:12
```

这说明配置文件 application.yml 的属性 my.name 和 my.age 已经成功读入应用程序中。

4.3.2 将配置文件的属性赋给实体类

当有很多配置属性时，如果逐个地读取属性会非常麻烦。通常的做法会把这些属性名作为变量名来创建一个 JavaBean 的变量，并将属性值赋给 JavaBean 变量的值。

在配置文件 application.yml 中添加如下属性：

```yaml
my:
 name: forezp
 age: 12
 number:  ${random.int}
 uuid : ${random.uuid}
 max: ${random.int(10)}
 value: ${random.value}
 greeting: hi,i'm  ${my.name}
```

其中，配置文件中用到了 ${random}，它可以用来生成各种不同类型的随机值。random.int 随机生成一个 int 类型的值，random.uuid 随机生成一个 uuid，random.value 随机生成一个值，random.int(10)随机生成一个小于 10 的整数。

怎么将这些属性赋给一个 JavaBean 呢？创建一个 JavaBean，其代码清单如下：

```java
@ConfigurationProperties(prefix = "my")
@Component
public class ConfigBean {
    private String name;
    private int age;
    private int number;
    private String uuid;
    private int max;
    private String value;
    private String greeting;
    …//省略了 getter setter
}
```

在上面的代码中，在 ConfigBean 类上加一个注解@ConfigurationProperties，表明该类为配置属性类，并加上配置的 prefix，例如本案例的"my"。另外需要在 ConfigBean 类上加@Component 注解，Spring Boot 在启动时通过包扫描将该类作为一个 Bean 注入 IoC 容器中。

创建一个 Controller，读取 ConfigBean 类的属性。在 Controller 类上，加@EnableConfigurationProperties 注解，并指明 ConfigBean 类，其代码清单如下：

```java
@RestController
@EnableConfigurationProperties({ConfigBean.class})
public class LucyController {
    @Autowired
    ConfigBean configBean;
```

```
    @RequestMapping(value = "/lucy")
    public String miya(){
        return configBean.getGreeting()+"-"+configBean.getName()+"-"+
configBean.getUuid()+ "-"+configBean.getMax();
    }
}
```

启动 Spring Boot 工程，在浏览器上访问 "http://localhost:8080/lucy"，浏览器会显示从配置文件读取的属性。

4.3.3 自定义配置文件

上面介绍了如何把配置属性写到 application.yml 配置文件中，并把配置属性读取到一个配置类中。有时属性太多，把所有的配置属性都写到 application.yml 配置文件中不太合适，这时需要自定义配置文件。例如在 src/main/resources 目录下自定义一个 test.properties 配置文件，其配置信息如下：

```
com.forezp.name=forezp
com.forezp.age=12
```

如何将这个配置文件 test.properties 的属性和属性值赋给一个 JavaBean 呢？需要在类名上加@Configuration、@PropertySource 和@ConfigurationProperties 这 3 个注解。需要注意的是，若 Spring Boot 版本为 1.4 或 1.4 之前，则需要在@PropertySource 注解上加 location，并指明该配置文件的路径。本案例采用的 Spring Boot 版本为 2.1.0，代码如下：

```
@Configuration
@PropertySource(value = "classpath:test.properties")
@ConfigurationProperties(prefix = "com.forezp")
public class User {
    private String name;
    private int age;
    …//省略了 getter、setter
}
```

写一个 LucyController 的类，在类的上方加上@RestController 注解，开启 RestController 的功能；加上@EnableConfigurationProperties 注解，并指明需要引用的 JavaBean 的类，开启引用配置属性的功能，其代码清单如下：

```
@RestController
@EnableConfigurationProperties({ConfigBean.class,User.class})
public class LucyController {


    @Autowired
    User user;
```

```
    @RequestMapping(value = "/user")
    public String user(){
        return user.getName()+": "+user.getAge();
    }
}
```

启动工程，在浏览器上访问"http://localhost:8080/user"。浏览器会显示"forezp：12"，这说明自定义配置文件的属性被读取到了 JavaBean 中。

4.3.4　多个环境的配置文件

在实际的开发过程中，可能有多个不同环境的配置文件，例如：开发环境、测试环境、预发环境、生产环境等。Spring Boot 支持程序启动时在配置文件 applicaition.yml 中指定环境的配置文件，配置文件的格式为 application-{profile}.properties，其中{profile}对应环境标识，例如：

- application-test.properties——测试环境；
- application-dev.properties——开发环境；
- application-uat.properties——预发环境；
- application-prod.properties——生产环境。

如何指定这个环境配置文件呢？只需要在 application.yml 中加上 spring.profiles.active 的配置，该配置指定采用哪一个 profiles。例如使用 application-dev.properties，则配置代码如下：

```
spring:
  profiles:
    active: dev
```

其中，application-dev.yml 的配置文件中指定程序的启动端口，配置代码如下：

```
server:
  port: 8082
```

启动工程，查看控制台打印的日志，程序的启动端口为 8082，而不是默认的 8080，这说明配置文件生效了。

另外，我们也可以通过 java –jar 这种方式启动程序，并指定程序的配置文件，启动命令如下：

```
$ java -jar springbootdemo.jar -- spring.profiles.active=dev
```

4.4　运行状态监控 Actuator

Spring Boot 的 Actuator 提供了运行状态监控的功能，Actuator 的监控数据可以通过 REST、远程 shell（1.5 之后的版本弃用）和 JMX 方式获得。我们首先来介绍通过 REST 方式查看

Actuator 的节点的方法，这是最常见且简单的方法。

在工程的 pom 文件中引入 Actuator 的起步依赖 spring-boot-starter-actuator，代码清单如下：

```xml
<dependency>
    <groupId>org.springframework.boot</groupId>
    <artifactId>spring-boot-starter-actuator</artifactId>
</dependency>
```

在配置文件 application.yml 中配置 management.port 和 management.security.enabled，这两个配置分别配置了 Actuator 对外暴露 REST API 接口的端口号和 Actuator 采取非安全验证方式，其代码清单如下：

```yaml
management:
  endpoints:
    web:
      exposure:
        include: "*"
  endpoint:
    health:
      show-details: ALWAYS
    shutdown:
      enabled: true
server:
  port: 9001
```

在上述的配置代码中指定了 Actuator 对外暴露 REST API 接口的端口为 9091，如果不指定，端口为应用程序的启动端口，这样做的目的是将程序端口和程序的监控端口分开。将配置 managemet.endpoints.web.exposure.include 设置为 "*"，暴露 Actuator 组件的所有节点；将配置 management..endpoint.shutdown.enabled 设置为 "true"，开启可以通过请求来关闭程序的功能。启动工程，在控制台可以看到如下信息：

```
Exposing 16 endpoint(s) beneath base path '/actuator'
Tomcat started on port(s): 9001 (http) with context path ''
Tomcat started on port(s): 8082 (http) with context path ''
...
```

由以上的信息可知，Spring Boot 的 Actutor 开启了 16 个节点，并且 Actutor 的监控端口为 9001，应用程序的启动端口为 8082。

Spring Boot Actuator 的关键特性是在应用程序里提供众多的 Web 节点，通过这些节点可以实时地了解应用程序的运行状况。有了 Actuator，你可以知道 Bean 在 Spring 应用程序上下文里是如何组装在一起的，并且可以获取环境属性的信息和运行时度量信息等。

Actuator 提供了 13 个 API 接口，用于监控运行状态的 Spring Boot 的状况，具体如表 4-1 所示。需要注意的是，API 接口需要加上"/actuator"前缀才能访问。

表 4-1　Actuator 端口信息

类型	API 端口	描述
GET	/autoconfig	提供了一份自动配置报告，记录哪些自动配置条件通过了，哪些没有通过
GET	/configprops	描述配置属性如何注入 Bean
GET	/beans	描述应用程序上下文里全部的 Bean，以及它们的关系
GET	/threaddump	获取线程活动的快照
GET	/env	获取全部环境属性
GET	/sessions	用户会话
GET	/health	应用程序的健康指标
GET	/info	获取应用程序的信息
GET	/auditevents	显示当前应用程序的审计事件信息
GET	/conditions	显示配置类和自动配置类的状态，以及它们被应用或未被应用的原因
GET	/flyway	显示数据库迁移路径
GET	/liquibase	展示任何 Liquibase 数据库迁移路径（如果存在）
GET	/loggers	显示和设置 Logger 的级别
GET	/mappings	描述全部的 URI 路径，以及它们和控制器（包含 Actuator 端点）的映射关系
GET	/metrics	获取应用程序度量信息，例如内存用量和 HTTP 请求计数
GET	/scheduledtasks	显示应用程序中的计划任务
POST	/shutdown	关闭应用程序，需要将 endpoints.shutdown.enabled 设置为 true
GET	/httptrace	提供基本的 HTTP 请求跟踪信息（时间戳、HTTP 头等）
GET	/caches	暴露可用缓存

4.4.1　查看运行程序的健康状态

打开浏览器访问"http://localhost:9001/actuator/health"，可以查看应用程序的运行状态和磁盘状态等信息。浏览器显示的信息如下：

```
{
    "status": "UP",
    "diskSpace": {
        "status": "UP",
        "total": 392461021184,
        "free": 381625602048,
        "threshold": 10485760
    }
}
```

"/health" API 接口提供的信息是由一个或多个健康指示器提供的健康信息的组合结果。如表 4-2 所示，列出了 Spring Boot 自带的健康指示器。

表 4-2　　　　　　　　　　　Spring Boot 自带的健康指示器

指　示　器	键	内　　　容
ApplicationHealthIndicator	none	永远为 UP
DataSourceHealthIndicator	db	如果数据库能连上，则为 UP；否则为 DOWN
DiskSpaceHealthIndicator	diskSpace	如果可用空间大于阈值，则为 UP 和可用磁盘空间；如果空间不足，则为 DOWN
JmsHealthIndicator	jms	如果能连上消息代理，则为 UP；否则为 DOWN
MailHealthIndicator	mail	如果能连上邮件服务器，则为 UP 和邮件服务器主机和端口；否则为 DOWN
MongoHealthIndicator	mongo	如果能连上 MongoDB 服务器，则为 UP 和 MongoDB 服务器版本；否则为 DOWN
RabbitHealthIndicator	rabbit	如果能连上 RabbitMQ 服务器，则为 UP 和版本号；否则为 DOWN
RedisHealthIndicator	redis	如果能连上服务器，则为 UP 和 Redis 服务器版本；否则为 DOWN
SolrHealthIndicator	solr	如果能连上 Solr 服务器，则为 UP；否则为 DOWN

4.4.2 查看运行程序的 Bean

如果需要了解 Spring Boot 上下文注入了哪些 Bean，这些 Bean 的类型、状态、生命周期等信息时，只需要发起一个 GET 类型的请求，请求 API 为 "/beans"，在浏览器上访问 "http://locahost:9001/actuator/beans"，浏览器会显示如下的信息：

```
[
    {
            "context": "application:dev:8082",
            "parent": null,
            "beans": [
                {
                    "bean": "springbootFirstApplication",
                    "aliases": [

                    ],
                    "scope": "singleton",
                    "type": "com.forezp.SpringbootFirstApplication$$EnhancerBySpringCGLIB$$3efbe85a",
                    "resource": "null",
                    "dependencies": [

                    ]
                },
                {
                    "bean": "org.springframework.boot.autoconfigure.internalCachingMetadataReaderFactory",
                    "aliases": [

                    ],
                    "scope": "singleton",
                    "type": "org.springframework.core.type.classreading.CachingMetadataReaderFactory",
```

```
                "resource": "null",
                "dependencies": [

                ]
            },
            {
                "bean": "configBean",
                "aliases": [

                ],
                "scope": "singleton",
                "type": "com.forezp.bean.ConfigBean",
                "resource": "file [F:/book/springboot-first-application/target/classes/com/forezp/bean/ConfigBean.class]",
                "dependencies": [

                ]
            },
            {
                "bean": "user",
                "aliases": [

                ],
                "scope": "singleton",
                "type": "com.forezp.bean.User$$EnhancerBySpringCGLIB$$eb8cd986",
                "resource": "file [F:/book/springboot-first-application/target/classes/com/forezp/bean/User.class]",
                "dependencies": [

                ]
            },
            {
                "bean": "helloController",
                "aliases": [

                ],
                "scope": "singleton",
                "type": "com.forezp.web.HelloController",
                "resource": "file [F:/book/springboot-first-application/target/classes/com/forezp/web/HelloController.class]",
                "dependencies": [

                ]
            },
            {
                "bean": "lucyController",
                "aliases": [
```

```
            ],
            "scope": "singleton",
            "type": "com.forezp.web.LucyController",
            "resource": "file [F:/book/springboot-first-application/target/classes/
com/forezp/web/LucyController.class]",
            "dependencies": [
                "configBean",
                "user"
            ]
        }

        ...
    ]
```

在返回的信息中包含了 Bean 的以下 4 类信息。
- bean：Spring 应用程序上下文中的 Bean 名称或 Id。
- resource：class 文件的物理位置，通常是一个 Url，指向构建出的 Jar 文件的路径。
- scope：Bean 的作用域（通常是单例 singleton，也可以是 ptototype、request 和 session）。
- type：Bean 的类型。

4.4.3　使用 Actuator 关闭应用程序

当需要关闭某个应用程序时，只需要通过 Actuator 发送一个 POST 请求"/shutdown"。很显然，关闭程序是一件非常危险的事，所以默认的情况下关闭应用程序的 API 接口没有开启的。通过 Curl 模拟关闭应用程序的请求，Curl 命令如下：

```
$ curl -X POST http://localhost:9001/actuator/shutdown
```

得到的响应信息如下：

```
{
 "timestamp": 1493092036024,
 "status": 404,
 "error": "Not Found",
 "message": "No message available",
 "path": "/shutdown"
}
```

上述信息显示找不到该请求路径，这是因为在默认的情况下这个节点是没有开启的，需要将 endpoints. shutdown. enabled 改为 true。在程序的配置文件 application.yml 中添加如下代码：

```
management:
  endpoint:
    shutdown:
      enabled: true
```

加上配置之后，重启 Spring Boot 程序，再发送一次 POST 请求，请求 API 接口地址为 http://localhost:9001/actuator/shutdown，得到的响应信息如下：

```
{
  "message": "Shutting down, bye..."
}
```

从得到的响应信息可以知道程序已经关闭。另外，Actuator 的其他的 API 接口为 Spring Boot 程序的运行状态给开发人员或者运维人员提供了许多有用的信息，这些信息帮助我们更好地了解程序所处的状态，例如稳定性如何、故障点在哪里。在这里就不一一介绍了，有兴趣的读者可以对每个 API 接口逐一了解。

4.4.4 使用 shell 连接 Actuator

通过 REST API 这种方式，开发人员通过 Actuator 可以很方便地了解运行中的程序的监控信息。Actuator 也可以通过 shell 的方式连接，需要注意的是，在 Spring Boot 1.5 之后的版本已经将此废弃掉了。通过 shell 连接 Actuator，需要在工程的 pom 文件加上 shell 的起步依赖 spring-boot-starter-remote-shell，代码如下：

```
<dependency>
    <groupId>org.springframework.boot</groupId>
    <artifactId>spring-boot-starter-remote-shell</artifactId>
</dependency>
```

在程序的 pom 文件加上 spring-boot-starter-remote-shell 起步依赖后，启动 Spring Boot 应用程序，在程序的控制台会输出连接 shell 的密码，密码是随机的，每次都不一样，大概格式如下：

```
Using default password for shell access: 45f17018-5839-478e-a1a1-06de4cc82d4f
```

与密码相对应的用户名是 user，可以通过远程 SSH 连接 shell，它的端口是 2000，这是固定的。如果你是用 Mac 系统，这时可以用终端连接 shell，在终端输入连接命令，命令如下：

```
ssh user@localhost -p 2000
Password authentication
Password:
PTY allocation request failed on channel 0
  .   ____          _            __ _ _
 /\\ / ___'_ __ _ _(_)_ __  __ _ \ \ \ \
( ( )\___ | '_ | '_| | '_ \/ _` | \ \ \ \
 \\/  ___)| |_)| | | | | || (_| |  ) ) ) )
  '  |____| .__|_| |_|_| |_\__, | / / / /
 =========|_|==============|___/=/_/_/_/
 :: Spring Boot ::        (v1.5.2.RELEASE)
```

连接上 shell 后，这时可以通过终端查看 Actuator 的各个端点。Spring Boot 提供了 4 个特有的 shell 命令，如表 4-3 所示。

表 4-3　　　　　　　Spring Boot 提供的 4 个特有的 shell 命令

命　令	说　明
beans	列出了 Spring Boot 程序应用上下文的 Bean
endpoint	调用 Actuator 端点
metrics	Spring Boot 的度量信息
autoconfig	生成自动配置说明报告

现在以第一个命令 beans 为例来做演示，连接上 shell 后，在终端输入 beans，终端显示了应用上下文的注册信息，如图 4-1 所示。

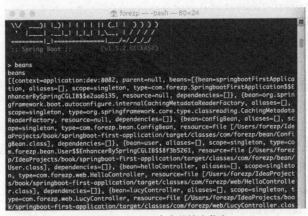

▲图 4-1　beans 命令的输出信息

由图 4-1 可知，beans 命令和通过请求 REST API 接口 "/beans" 的结果相同，都是以 JSON 的数据格式输出了应用上下文的所有 bean 的信息。其他命令就不一一展示了。

Actuator 是 Spring Boot 的一个非常重要的功能，Actuator 为开发人员提供了 Spring Boot 的运行状态信息，通过 Actuator 可以查看程序的运行状态的信息。

4.5　Spring Boot 整合 JPA

JPA 全称为 JAVA Persistence API，它是一个数据持久化框架。JPA 的目标是制定一个由很多数据库供应商实现的 API，开发人员可以通过编码实现该 API。目前，在 Java 项目开发中提到 JPA 一般是指用 Hibernate 的实现，因为在 Java 的 ORM 框架中，只有 Hibernate 实现得最好。本节以案例的形式来讲述如何在 Spring Boot 工程中使用 JPA。另外，案例使用的数据库为 MySQL 数据库，需要读者提前安装好。

（1）新建一个 Spring Boot 项目

在 Spring Boot 工程的 pom 文件依次引入 Web 功能的起步依赖 spring-boot-starter-web、JPA

的起步依赖 spring-boot-starter-data-jpa、MySQL 数据库的连接器的依赖 mysql-connector-java，其代码如下：

```xml
<dependency>
    <groupId>org.springframework.boot</groupId>
    <artifactId>spring-boot-starter-web</artifactId>
</dependency>
<dependency>
    <groupId>org.springframework.boot</groupId>
    <artifactId>spring-boot-starter-data-jpa
    </artifactId>
</dependency>
<dependency>
    <groupId>mysql</groupId>
    <artifactId>mysql-connector-java</artifactId>
    <scope>runtime</scope>
</dependency>
```

（2）配置数据源

在工程的配置文件 application.yml 文件中加上相应的配置，需要配置两个选项：DataSource 数据源的配置和 JPA 的配置。其中，数据源的配置包括连接 MySQL 的驱动类（例如 com.mysql.jdbc.Driver）、MySQL 数据库的地址 Url（需要提前在数据库中创建数据库名 spring-cloud 的库）、MySQL 数据库的用户名 username 和密码 password。JPA 的配置包括 hibernate. ddl-auto 配置，配置为 create 时，程序启动时会在 MySQL 数据库中建表；配置为 update 时，在程序启动时不会在 MySQL 数据库中建表；jpa.show-sql 配置为在通过 JPA 操作数据库时是否显示操作的 SQL 语句。配置代码如下：

```yaml
spring:
  datasource:
    driver-class-name: com.mysql.jdbc.Driver
    url: jdbc:mysql://localhost:3306/spring-cloud?useUnicode=true&characterEncoding=utf8&characterSetResults=utf8&serverTimezone=GMT%2B8
    username: root
    password: 123456
  jpa:
    hibernate:
      ddl-auto: create   # 第一次建表用 create，后面用 update
    show-sql: true
```

（3）创建实体对象

通过@Entity 注解表明该类是一个实体类，它和数据库的表名相对应；@Id 注解表明该变量对应于数据库中的 Id，@GeneratedValue 注解配置 Id 字段为自增长；@Column 表明该变量对应于数据库表中的字段，unique = true 表明该变量对应于数据库表中的字段为唯一约束。代码如下：

```java
@Entity
public class User {
```

```
    @Id
    @GeneratedValue(strategy = GenerationType.IDENTITY)
    private Long id;

    @Column(nullable = false,  unique = true)
    private String username;

    @Column
    private String password;

    …//省略了 getter、setter
}
```

（4）创建 DAO 层

数据访问层 DAO，通过编写一个 UserDao 类，该类继承 JpaRepository 的接口，继承之后就能对数据库进行读写操作，包含了基本的单表查询的方法，非常方便。在 UserDao 类写一个 findByUsername 的方法，传入参数 username，JPA 已经实现了根据某个字段去查找的方法，所以该方法可以根据 username 字段从数据库中获取 User 的数据，不需要做额外的编码。代码如下：

```
public interface UserDao extends JpaRepository<User, Long>{
    User findByUsername(String username);
}
```

（5）创建 Service 层

在 UserService 类中注入 UserDao，并写一个根据用户名获取用户的方法，代码如下：

```
@Service
public class UserService {
    @Autowired
    private UserDao userRepository;
    public User findUserByName(String username){
        return userRepository.findByUsername(username);
    }
}
```

（6）创建 Controller 层

在 UserController 类写一个 Get 类型的 API 接口，其中需要说明的是@PathVariable 注解，可以获取 RESTful 风格的 Url 路径上的参数。

```
@RequestMapping("/user")
@RestController
public class UserController {
    @Autowired
    UserService userService;
    @GetMapping("/username/{username}")
    public User getUser(@PathVariable("username")String username){
```

```
        return userService.findUserByName(username);
    }
}
```

启动运行程序，控制台输出的日志如下：

```
Hibernate: drop table if exists user
Hibernate: create table user (id bigint not null auto_increment, password varchar(255), username varchar(255) not null, primary key (id))
```

可见，JPA 在启动程序时在数据中创建了 user 表。在终端上用命令行 show tables，确实发现 user 表被创建了。这时在数据库中插入一条数据：

```
insert into 'user'(username,password) VALUES('forezp','123456');
```

再打开浏览器，在浏览器中输入"localhost:8080/user/username/forezp"，可以从数据库读取 username 字段为 forezp 的用户对象，浏览器显示的数据如下：

```
{"id":1,"username":"forezp","password":"123456"}
```

4.6　Spring Boot 整合 Redis

4.6.1　Redis 简介

Redis 是一个开源的、先进的 key-value 存储系统，可用于构建高性能的存储系统。Redis 支持数据结构有字符串、哈希、列表、集合、排序集合、位图、超文本等。NoSQL（Not Only SQL）泛指非关系型的数据库。Redis 是一种 NoSQL，Redis 具有很多的优点，例如读写非常快速，支持丰富的数据类型，所有的操作都是原子的。

4.6.2　Redis 的安装

（1）Mac 下安装

通过 brew 命令安装，安装后启动 Redis 服务器和客户端，命令如下：

```
安装：    brew install redis
启动服务器： redis-server
启动客户端： redis-cli
```

（2）Windows 下安装

Redis 官方没有提供 Windows 版本，不过微软维护了一个版本，下载地址为 https://github.com/MicrosoftArchive/redis/tags，下载 .msi 版本，按照提示单击"下一步"完成安装即可。

4.6.3　在 Spring Boot 中使用 Redis

新建一个 Spring Boot 工程，在工程的 pom 文件中加入 Redis 的起步依赖 spring-boot-starter-data-redis，代码如下：

```xml
<dependency>
  <groupId>org.springframework.boot</groupId>
  <artifactId>spring-boot-starter-data-redis</artifactId>
</dependency>
```

在工程的配置文件 application.yml 中加上 Redis 的数据源配置，例如 host、port、数据库配置信息等。如果 Redis 设置了密码，需要提供密码，选择序号为 1 的数据库，配置 Pool 的相关配置。配置代码如下：

```yaml
spring:
  redis:
    host: localhost
    port: 6379
    password:
    database: 1
    pool:
      max-active: 8
      max-wait: -1
      max-idle: 500
```

数据操作层的 RedisDao 类通过@Repository 注解来注入 Spring IoC 容器中，该类是通过 RedisTemplate 来访问 Redis 的。通过注入 StringRedisTemplate 的 Bean 来对 Redis 数据库中的字符串类型的数据进行操作，写了两个方法，包括向 Redis 中设置 String 类型的数据和从 Redis 中读取 String 类型的数据，代码如下：

```java
@Repository
public class RedisDao {
  @Autowired
  private StringRedisTemplate template;
  public void setKey(String key,String value){
    ValueOperations<String, String> ops = template.opsForValue();
    ops.set(key,value,1, TimeUnit.MINUTES);//1 分钟过期
  }
  public String getValue(String key){
    ValueOperations<String, String> ops = this.template.opsForValue();
    return ops.get(key);
  }
}
```

在 SpringBootTest 的测试类中注入 RedisDao，首先通过 RedisDao 向 Redis 设置两组字符串值，即 name 为 forezp，age 为 17 的两组字符串，然后分别通过 RedisDao 从 Redis 中读取这两个值，并打印出来，代码如下：

```java
@RunWith(SpringRunner.class)
@SpringBootTest
public class SpringbootRedisApplicationTests {
```

```
    @Test
    public void contextLoads() {
    }
    @Autowired
    RedisDao redisDao;
    @Test
    public void testRedis(){
        redisDao.setKey("name","forezp");
        redisDao.setKey("age","17");
        logger.info(redisDao.getValue("name"));
        logger.info(redisDao.getValue("age"));
    }
}
```

启动单元测试，控制台打印了 forezp 和 17 的两个字符串值。可见，通过 RedisDao 首先向 Redis 数据库中写入了两个数据，然后又读取了这两个数据。

4.7 Spring Boot 整合 Swagger2，搭建 Restful API 在线文档

Swagger，中文"拽"的意思，它是一个功能强大的在线 API 文档的框架，目前它的版本为 2.x，所以称为 Swagger2。Swagger2 提供了在线文档的查阅和测试功能。利用 Swagger2 很容易构建 RESTful 风格的 API，在 Spring Boot 中集成 Swagger2，在本案例中需要以下 5 个步骤。

（1）引入依赖

在工程的 pom 文件中引入依赖，包括 springfox-swagger2 和 springfox-swagger-ui 的依赖，代码如下：

```
<dependency>
   <groupId>io.springfox</groupId>
   <artifactId>springfox-swagger2</artifactId>
    <version>2.6.1</version>
</dependency>
<dependency>
   <groupId>io.springfox</groupId>
   <artifactId>springfox-swagger-ui</artifactId>
   <version>2.6.1</version>
</dependency>
```

（2）配置 Swagger2

写一个配置类 Swagger2，在类的上方加上@Configuration 注解，表明是一个配置类，加上@EnableSwagger2 开启 Swagger2 的功能。在配置类 Swagger2 中需要注入一个 Docket 的 Bean，该 Bean 包含了 apiInfo，即基本 API 文档的描述信息，以及包扫描的基本包名等信息，代码如下：

```
@Configuration
@EnableSwagger2
public class Swagger2 {
```

4.7 Spring Boot 整合 Swagger2，搭建 Restful API 在线文档

```
@Bean
  public Docket createRestApi() {
    return new Docket(DocumentationType.SWAGGER_2)
      .apiInfo(apiInfo())
      .select()
      .apis(RequestHandlerSelectors.basePackage("com.forezp.controller"))
      .paths(PathSelectors.any())
      .build();
  }
  private ApiInfo apiInfo() {
    return new ApiInfoBuilder()
       .title("springboot 利用 swagger 构建 api 文档")
       .description("简单优雅的 restful 风格，http://blog.csdn.net/forezp")
       .termsOfServiceUrl("http://blog.csdn.net/forezp")
       .version("1.0")
       .build();
  }
}
```

（3）写生成文档的注解

Swagger2 通过注解来生成 API 接口文档，文档信息包括接口名、请求方法、参数、返回信息等。通常情况下用于生成在线 API 文档，以下的注解能够满足基本需求，注解及其描述如下。

- @Api：修饰整个类，用于描述 Controller 类。
- @ApiOperation：描述类的方法，或者说一个接口。
- @ApiParam：单个参数描述。
- @ApiModel：用对象来接收参数。
- @ApiProperty：用对象接收参数时，描述对象的一个字段。
- @ApiResponse：HTTP 响应的一个描述。
- @ApiResponses：HTTP 响应的整体描述。
- @ApiIgnore：使用该注解，表示 Swagger2 忽略这个 API。
- @ApiError：发生错误返回的信息。
- @ApiParamImplicit：一个请求参数。
- @ApiParamsImplicit：多个请求参数。

（4）编写 Service 层代码

本节案例在 4.5 节的案例基础之上进行改造，构建了一组 RESTful 风格的 API 接口，包括获取 User 列表、创建 User、修改 User、根据用户名获取 User、删除 User 的 API 接口，对应于 Service 层的代码如下：

```
@Service
public class UserService {
   @Autowired
   private UserDao userRepository;
   public User findUserByName(String username){
```

```
        return userRepository.findByUsername(username);
    }
    public List<User> findAll(){
        return userRepository.findAll();
    }
    public User saveUser(User user){
      return  userRepository.save(user);
    }
    public User findUserById(long id){
        return userRepository.findOne(id);
    }
    public User updateUser(User user){
        return userRepository.saveAndFlush(user);
    }
    public void deleteUser(long id){
        userRepository.delete(id);
    }
}
```

（5）Web 层

在 Web 层通过 Get、Post、Delete、Put 这 4 种 Http 方法，构建一组以资源为中心的 RESTful 风格的 API 接口，代码如下：

```
@RequestMapping("/user")
@RestController
public class UserController {
    @Autowired
    UserService userService;
    @ApiOperation(value="用户列表", notes="用户列表")
    @RequestMapping(value={""}, method= RequestMethod.GET)
    public List<User> getUsers() {
       List<User> users = userService.findAll();
       return users;
    }
    @ApiOperation(value="创建用户", notes="创建用户")
    @RequestMapping(value="", method=RequestMethod.POST)
    public User postUser(@RequestBody User user) {
       return  userService.saveUser(user);

    }
    @ApiOperation(value="获用户细信息", notes="根据url的id来获取详细信息")
    @RequestMapping(value="/{id}", method=RequestMethod.GET)
    public User getUser(@PathVariable Long id) {
        return userService.findUserById(id);
    }
```

4.7 Spring Boot 整合 Swagger2,搭建 Restful API 在线文档

```
@ApiOperation(value="更新信息", notes="根据 url 的 id 来指定更新用户信息")
@RequestMapping(value="/{id}", method= RequestMethod.PUT)
public User putUser(@PathVariable Long id, @RequestBody User user) {
    User user1 = new User();
    user1.setUsername(user.getUsername());
    user1.setPassword(user.getPassword());
    user1.setId(id);
    return userService.updateUser(user1);
}
@ApiOperation(value="删除用户", notes="根据 url 的 id 来指定删除用户")
@RequestMapping(value="/{id}", method=RequestMethod.DELETE)
public String deleteUser(@PathVariable Long id) {
    userService.deleteUser(id);
    return "success";
}
@ApiIgnore//使用该注解忽略这个 API
@RequestMapping(value = "/hi", method = RequestMethod.GET)
public String jsonTest() {
    return " hi you!";
}
```

通过@ApiOperation 注解描述生成在线文档的具体 API 的说明,其中 value 值为该接口的名称,notes 值为该接口的详细文档说明。这样就可以让 Swagger2 生成在线的 API 接口文档了。如果不需要某接口生成文档,只需要再加 @ApiIgnore 注解即可。启动工程,在浏览器上访问 http://localhost:8080/swagger-ui.html,浏览器显示 Swagger-UI 在线文档的界面,界面如图 4-2 所示。

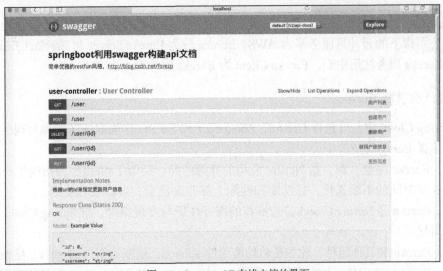

▲图 4-2 Swagger-UI 在线文档的界面

63

第 5 章　服务注册和发现 Eureka

"Eureka"来源于古希腊词汇,意为"发现了"。在软件领域,Eureka 是 Netflix 在线影片公司开源的一个服务注册与发现的组件,和其他 Netflix 公司的服务组件(例如负载均衡、熔断器、网关等)一起,被 Spring Cloud 社区整合为 Spring Cloud Netflix 模块。

本章将从以下 4 个方面来讲解服务注册与发现模块 Eureka。
- Eureka 简介。
- 编写一个 Eureka 注册和发现的例子。
- 深入理解 Eureka。
- 编写高可用的 Eureka Server。

5.1　Eureka 简介

5.1.1　什么是 Eureka

和 Consul、Zookeeper 类似,Eureka 是一个用于服务注册和发现的组件,最开始主要应用于亚马逊公司旗下的云计算服务平台 AWS。Eureka 分为 Eureka Server 和 Eureka Client,Eureka Server 为 Eureka 服务注册中心,Eureka Client 为 Eureka 客户端。

5.1.2　为什么选择 Eureka

在 Spring Cloud 中,可选择 Consul、Zookeeper 和 Eureka 作为服务注册和发现的组件,那为什么要选择 Eureka 呢?

首先,Eureka 完全开源,是 Netflix 公司的开源产品,经历了 Netflix 公司的生产环境的考验,以及 3 年时间的不断迭代,在功能和性能上都非常稳定,可以放心使用。

其次,Eureka 是 Spring Cloud 首选推荐的服务注册与发现组件,与 Spring Cloud 其他组件可以无缝对接。

最后,Eureka 和其他组件,比如负载均衡组件 Ribbon、熔断器组件 Hystrix、熔断器监控组件 Hystrix Dashboard 组件、熔断器聚合监控 Turbine 组件,以及网关 Zuul 组件相互配合,能够很容易实现服务注册、负载均衡、熔断和智能路由等功能。这些组件都是由 Netflix 公司开源的，一起被称为 Netflix OSS 组件。Netflix OSS 组件由 Spring Cloud 整合为 Spring Cloud Netflix 组件，它是 Spring Cloud 构架微服务的核心组件，也是基础组件。

5.1.3 Eureka 的基本架构

Eureka 的基本架构如第 2 章的图 2-1 所示，其中主要包括以下 3 种角色。
- Register Service：服务注册中心，它是一个 Eureka Server，提供服务注册和发现的功能。
- Provider Service：服务提供者，它是一个 Eureka Client，提供服务。
- Consumer Service：服务消费者，它是一个 Eureka Client，消费服务。

服务消费的基本过程如下：首先需要一个服务注册中心 Eureka Server，服务提供者 Eureka Client 向服务注册中心 Eureka Server 注册，将自己的信息（比如服务名、服务的 IP 地址和端口信息等）通过 REST API 的形式提交给服务注册中心 Eureka Server。同样，服务消费者 Eureka Client 也需要向服务注册中心 Eureka Server 注册，同时服务消费者获取一份服务注册列表的信息，该列表包含了所有向服务注册中心 Eureka Server 注册的服务信息。获取服务注册列表信息之后，服务消费者就知道服务提供者的 IP 地址和端口等信息，可以通过 Http 远程调度来消费服务提供者的服务。

5.2 编写 Eureka Server

由于本案例有多个 Spring Boot 工程，为了方便管理，采用 Maven 多 Module 的结构，所以需要创建一个 Maven 主工程。需要说明的是，本书中所有的案例都采用这种 Maven 多 Module 的结构。本案例最终完整项目的结构如下：

```
|_chapter5-2
  |_ eureka-client
  |_ eureka-server
  |_ pom.xml
```

创建完主 Maven 工程之后，在主 Maven 的 pom 文件下，引入 eureka-client 和 eureka-server 两个 Module 工程共同所需的依赖，包括版本为 2.1.0.RELEASE 的 Spring Boot 依赖，版本为 Greenwich.RELEASE 的 Spring Cloud 依赖，指定 Java 版本为 1.8，编码为 UTF-8。主 Maven 的 pom 文件代码如下：

```xml
<?xml version="1.0" encoding="UTF-8"?>
<project xmlns="http://maven.apache.org/POM/4.0.0"
         xmlns:xsi="http://www.w3.org/2001/XMLSchema-instance"
         xsi:schemaLocation="http://maven.apache.org/POM/4.0.0 http://maven.apache.org
/xsd/maven-4.0.0.xsd">
    <modelVersion>4.0.0</modelVersion>
```

```xml
        <groupId>com.forezp</groupId>
        <artifactId>chapter5-2</artifactId>
        <version>1.0-SNAPSHOT</version>
        <packaging>pom</packaging>

        <parent>
            <groupId>org.springframework.boot</groupId>
            <artifactId>spring-boot-starter-parent</artifactId>
            <version>2.1.0.RELEASE</version>
            <relativePath/>
        </parent>

        <properties>
            <project.build.sourceEncoding>UTF-8</project.build.sourceEncoding>
            <project.reporting.outputEncoding>UTF-8</project.reporting.outputEncoding>
            <java.version>1.8</java.version>
            <spring-cloud.version>Greenwich.RELEASE</spring-cloud.version>
        </properties>

        <dependencyManagement>
            <dependencies>
                <dependency>
                    <groupId>org.springframework.cloud</groupId>
                    <artifactId>spring-cloud-dependencies</artifactId>
                    <version>${spring-cloud.version}</version>
                    <type>pom</type>
                    <scope>import</scope>
                </dependency>
            </dependencies>
        </dependencyManagement>
</project>
```

创建完主 Maven 工程且配置完主工程的 pom 文件后,创建一个 Module 工程,命名为 eureka-server。采用 Spring Initializr 的方式构建,作为服务注册中心 Eureka Server 的工程,其工程目录结构如下:

```
|_eureka-server
   |_src
      |_main
        |_java
          |_com.forezp
             |_EurekaServerApplication
        |_resources
           |_application.yml
      |_test
   |_pom.xml
```

5.2 编写 Eureka Server

在 eureka-server 工程的 pom 文件引入相关的依赖，包括继承了主 Maven 工程的 pom 文件，引入了 Eureka Server 的起步依赖 spring-cloud-starter-netflix-eureka-server，以及 Spring Boot 测试的起步依赖 spring-boot-starter-test。最后还引入了 Spring Boot 的 Maven 插件 spring-boot-maven-plugin，有了该插件，即可使用 Maven 插件的方式来启动 Spring Boot 工程。具体代码如下：

```xml
<parent>
        <groupId>com.forezp</groupId>
        <artifactId>chapter5-2</artifactId>
        <version>1.0-SNAPSHOT</version>
        <relativePath/>
</parent>

<dependencies>
    <dependency>
        <groupId>org.springframework.cloud</groupId>
        <artifactId>spring-cloud-starter-netflix-eureka-server</artifactId>
    </dependency>
    <dependency>
        <groupId>org.springframework.boot</groupId>
        <artifactId>spring-boot-starter-test</artifactId>
        <scope>test</scope>
    </dependency>
</dependencies>

<build>
    <plugins>
        <plugin>
            <groupId>org.springframework.boot</groupId>
            <artifactId>spring-boot-maven-plugin</artifactId>
        </plugin>
    </plugins>
</build>
```

在工程的配置文件 application.yml 中做程序的相关配置，首先通过 server.port 指定 Eureka Server 的端口为 8761。eureka.instance. prefer-ip-address 设置为 true，即提交 IP 信息。在默认情况下，Eureka Server 会向自己注册，这时需要配置 eureka.client.registerWithEureka 和 eureka.client.fetchRegistry 为 false，防止自己注册自己。配置文件 application.yml 的代码如下：

```yaml
server:
  port: 8761

eureka:
  instance:
    prefer-ip-address: true
    hostname: localhost
```

```yaml
  client:
    registerWithEureka: false
    fetchRegistry: false
    serviceUrl:
      defaultZone:
        http://${eureka.instance.hostname}:${server.port}/eureka/
```

在工程的启动类 EurekaServerApplication 加上注解@EnableEurekaServer，开启 Eureka Server 的功能。代码如下：

```java
@EnableEurekaServer
@SpringBootApplication
public class EurekaServerApplication {

    public static void main(String[] args) {
        SpringApplication.run(EurekaServerApplication.class, args);
    }
}
```

到目前为止，Eureka Server 的所有搭建工作已经完成。启动程序启动类 EurekaServerApplication 的 main 方法，启动程序。在浏览器上访问 Eureka Server 的主界面 http://localhost:8761，在界面上的 Instances currently registered with Eureka 这一项上没有任何注册的实例，没有是正常的，因为还没有 Eureka Client 向注册中心 Eureka Server 注册实例。Eureka Server 的主界面如图 5-1 所示。

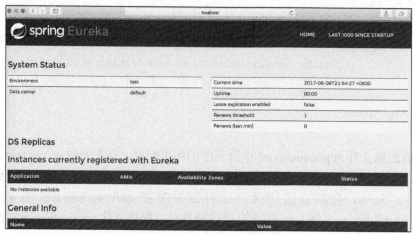

▲图 5-1　Eureka Server 的主界面

5.3　编写 Eureka Client

在主 Maven 工程中创建一个新的 Module 工程，命名为 eureka-client，该工程作为 Eureka Client 向服务注册中心 Eureka server 注册。创建完 eureka-client 工程之后，在其 pom 文件中引

5.3 编写 Eureka Client

入相关的依赖,其 pom 文件继承了主工程的 pom 文件,并且需要引入 Eureka Client 所需的依赖 spring-cloud-starter-netflix-eureka-client,引入 Web 功能的起步依赖 spring-boot-starter-web,以及 Spring Boot 测试的起步依赖 spring-boot-starter-test,具体代码如下:

```xml
<parent>
    <groupId>com.forezp</groupId>
    <artifactId>chapter5-2</artifactId>
    <version>1.0-SNAPSHOT</version>
    <relativePath/>
</parent>
<dependencies>
    <dependency>
        <groupId>org.springframework.cloud</groupId>
        <artifactId>spring-cloud-starter-netflix-eureka-client</artifactId>
    </dependency>
    <dependency>
        <groupId>org.springframework.boot</groupId>
        <artifactId>spring-boot-starter-web</artifactId>
    </dependency>
    <dependency>
        <groupId>org.springframework.boot</groupId>
        <artifactId>spring-boot-starter-test</artifactId>
        <scope>test</scope>
    </dependency>
</dependencies>
```

在工程的配置文件 bootstrap.yml 做 Eureka Client 的相关配置,配置了程序名为 eureka-client,程序端口为 8762,服务注册地址为 http://localhost:8761/eureka/,代码如下:

```yaml
eureka:
  client:
    serviceUrl:
      defaultZone: http://localhost:8761/eureka/
server:
  port: 8762
spring:
  application:
    name: eureka-client
```

在上述配置代码中,defaultZone 为默认的 Zone,来源于 AWS 的概念。区域(Region)和可用区(Availability Zone,AZ)是 AWS 的另外两个概念。区域是指服务器所在的区域,比如北美洲、南美洲、欧洲和亚洲等,每个区域一般由多个可用区组成。在本案例中,defaultZone 是指 Eureka Server 的注册地址。

在程序的启动类 EurekaClientApplication 加上注解@EnableEurekaClient 开启 Eureka Client 功能,其代码如下:

```
@SpringBootApplication
@EnableEurekaClient
public class EurekaClientApplication {
    public static void main(String[] args) {
        SpringApplication.run(EurekaClientApplication.class, args);
    }
}
```

启动 Eureka Client 工程，启动成功之后，在控制台会打印出如下信息：

```
com.netflix.discovery.DiscoveryClient       : DiscoveryClient_EUREKA-CLIENT/bogon:eureka
-client:8762 - registration status: 204
```

以上的日志信息说明 Eureka Client 已经向 Eureka Server 注册了。在浏览器上打开 Eureka Server 主页 http://localhost:8761，主页显示如图 5-2 所示。

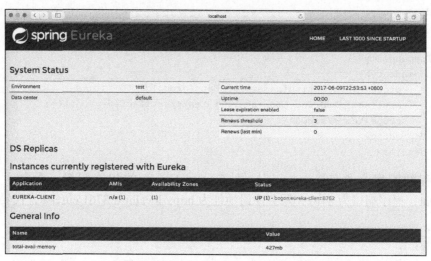

▲图 5-2 Eureka Client 向 Eureka Server 注册

在图 5-2 中，在主页上的 Instances currently registered with Eureka 选项中已经有一个实例被注册，Application 为 EUREKA-CLIENT，Staus 为 UP（在线），端口为 8762。这就说明 Eureka Client 已成功向 Eureka Server 注册。

在 eureka-client 工程中写一个 API 接口。新建一个类 HiController，在 HiController 类加上 @RestController 注解，开启 RestController 的功能。@GetMapping 注解表明是一个 Get 请求，其请求地址映射为 "/hi"，其中@Value("${server.port}")向配置文件读取配置的端口信息。其完整代码如下：

```
@RestController
public class HiController {

    @Value("${server.port}")
```

```
    String port;
    @GetMapping("/hi")
    public String home(@RequestParam String name) {
        return "hi "+name+",i am from port:" +port;
    }
}
```

在浏览器上访问 http://localhost:8762/hi?name=forezp，浏览器显示如下的信息：

```
hi forezp,i am from port:8762
```

5.4 源码解析 Eureka

5.4.1 Eureka 的一些概念

（1）Register——服务注册

当 Eureka Client 向 Eureka Server 注册时，Eureka Client 提供自身的元数据，比如 IP 地址、端口、运行状况指标的 Url、主页地址等信息。

（2）Renew——服务续约

Eureka Client 在默认的情况下会每隔 30 秒发送一次心跳来进行服务续约。通过服务续约来告知 Eureka Server 该 Eureka Client 仍然可用，没有出现故障。在正常情况下，如果 Eureka Server 在 90 秒内没有收到 Eureka Client 的心跳，Eureka Server 会将 Eureka Client 实例从注册列表中删除。注意：官网建议不要更改服务续约的间隔时间。

（3）Fetch Registries——获取服务注册列表信息

Eureka Client 从 Eureka Server 获取服务注册表信息，并将其缓存在本地。Eureka Client 会使用服务注册列表信息查找其他服务的信息，从而进行远程调用。该注册列表信息定时（每 30 秒）更新一次，每次返回注册列表信息可能与 Eureka Client 的缓存信息不同，Eureka Client 会自己处理这些信息。如果某种原因导致注册列表信息不能及时匹配，Eureka Client 会重新获取整个注册表信息。Eureka Server 缓存了所有的服务注册列表信息，并将整个注册列表以及每个应用程序的信息压缩，压缩内容和没有压缩的内容完全相同。Eureka Client 和 Eureka Server 可以使用 JSON 和 XML 数据格式进行通信。在默认的情况下，Eureka Client 使用 JSON 格式的方式来获取服务注册列表的信息。

（4）Cancel——服务下线

Eureka Client 在程序关闭时可以向 Eureka Server 发送下线请求。发送请求后，该客户端的实例信息将从 Eureka Server 的服务注册列表中删除。该下线请求不会自动完成，需要在程序关闭时调用以下代码：

```
DiscoveryManager.getInstance().shutdownComponent();
```

（5）Eviction——服务剔除

在默认情况下，当 Eureka Client 连续 90 秒没有向 Eureka Server 发送服务续约（即心跳）

时，Eureka Server 会将该服务实例从服务注册列表删除，即服务剔除。

5.4.2　Eureka 的高可用架构

图 5-3 为 Eureka 的高可用架构，该图片来自 GitHub 中 Eureka 开源代码的文档。

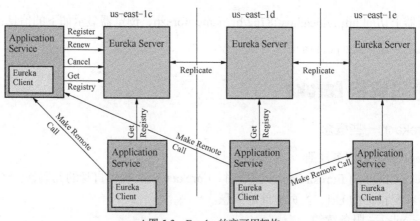

▲图 5-3　Eureka 的高可用架构

从图 5-3 中可知，在这个架构中有两个角色，即 Eureka Server 和 Eureka Client。而 Eureka Client 又分为 Applicaton Service 和 Application Client，即服务提供者和服务消费者。每个区域有一个 Eureka 集群，并且每个区域至少有一个 Eureka Server 可以处理区域故障，以防服务器瘫痪。

Eureka Client 向 Eureka Server 注册，将自己的客户端信息提交给 Eureka Server。然后，Eureka Client 通过向 Eureka Server 发送心跳（每 30 秒一次）来续约服务。如果某个客户端不能持续续约，那么 Eureka Server 断定该客户端不可用，该不可用的客户端将在大约 90 秒后从 Eureka Server 服务注册列表中删除。服务注册列表信息和服务续约信息会被复制到集群中的每个 Eureka Server 节点。来自任何区域的 Eureka Client 都可以获取整个系统的服务注册列表信息。根据这些注册列表信息，Application Client 可以远程调用 Applicaton Service 来消费服务。

5.4.3　Register 服务注册

服务注册，即 Eureka Client 向 Eureka Server 提交自己的服务信息，包括 IP 地址、端口、ServiceId 等信息。如果 Eureka Client 在配置文件中没有配置 ServiceId，则默认为配置文件中配置的服务名，即${spring.application.name}的值。

当 Eureka Client 启动时，会将自身的服务信息发送到 Eureka Server。这个过程其实非常简单，现在来从源码的角度分析服务注册的过程。在工程的 Maven 的依赖包下，找到 eureka-client-1.9.8.jar 包。在 com.netflix.discovery 包下有一个 DiscoveryClient 类，该类包含了 Eureka Client 向 Eureka Server 注册的相关方法。其中，DiscoveryClient 实现了 EurekaClient 接口，并且它是一个单例模式，而 EurekaClient 继承了 LookupService 接口。它们之间的关系如图 5-4 所示。

5.4 源码解析 Eureka

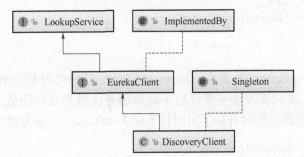

▲图 5-4 DiscoveryClient、EurekaClient 和 LookupService 的关系

在 DiscoveryClient 类中有一个服务注册的方法 register()，该方法通过 Http 请求向 Eureka Server 注册，其代码如下：

```
boolean register() throws Throwable {
        logger.info(PREFIX + appPathIdentifier + ": registering service...");
    EurekaHttpResponse<Void> httpResponse;
    try {
        httpResponse = eurekaTransport.registrationClient.register(instanceInfo);
    } catch (Exception e) {
        logger.warn("{} - registration failed {}", PREFIX + appPathIdentifier,
e.getMessage(), e);
        throw e;
    }
    if (logger.isInfoEnabled()) {
        logger.info("{} - registration status: {}", PREFIX + appPathIdentifier,
httpResponse.getStatusCode());
    }
    return httpResponse.getStatusCode() == 204;
}
```

在 DiscoveryClient 类下继续追踪 register()方法，这个方法被 InstanceInfoReplicator 类的 run() 方法调用，其中 InstanceInfoReplicator 实现了 Runnable 接口，run()方法代码如下：

```
public void run() {
   try {
       discoveryClient.refreshInstanceInfo();

       Long dirtyTimestamp = instanceInfo.isDirtyWithTime();
       if (dirtyTimestamp != null) {
           discoveryClient.register();
           instanceInfo.unsetIsDirty(dirtyTimestamp);
       }
   } catch (Throwable t) {
      logger.warn("There was a problem with the instance info replicator", t);
   } finally {
      Future next = scheduler.schedule(this, replicationIntervalSeconds, TimeUnit.SECONDS);
```

```
            scheduledPeriodicRef.set(next);
        }
    }
```

而 InstanceInfoReplicator 类是在 DiscoveryClient 初始化过程中使用的，其中有一个 initScheduledTasks()方法，该方法主要开启了获取服务注册列表的信息。如果需要向 Eureka Server 注册，则开启注册，同时开启了定时任务向 Eureka Server 服务续约，具体代码如下：

```
private void initScheduledTasks() {
    …//省略了任务调度获取注册列表的代码
    if (clientConfig.shouldRegisterWithEureka()) {
        …
        // Heartbeat timer
        scheduler.schedule(
                new TimedSupervisorTask(
                        "heartbeat",
                        scheduler,
                        heartbeatExecutor,
                        renewalIntervalInSecs,
                        TimeUnit.SECONDS,
                        expBackOffBound,
                        new HeartbeatThread()
                ),
                renewalIntervalInSecs, TimeUnit.SECONDS);

        // InstanceInfo replicator
        instanceInfoReplicator = new InstanceInfoReplicator(
                this,
                instanceInfo,
                clientConfig.getInstanceInfoReplicationIntervalSeconds(),
                2); // burstSize

        statusChangeListener = new ApplicationInfoManager.StatusChangeListener() {
            @Override
            public String getId() {
                return "statusChangeListener";
            }

            @Override
            public void notify(StatusChangeEvent statusChangeEvent) {

                instanceInfoReplicator.onDemandUpdate();
            }
        };
        …
    }
```

5.4 源码解析 Eureka

再来跟踪 Eureka Server 的代码，在 Maven 的 eureka-core:1.6.2 的 jar 包下。打开 com.netflix.eureka 包，会发现有一个 EurekaBootStrap 的类，BootStrapContext 类在程序启动时具有最先初始化的权限，代码如下：

```
protected void initEurekaServerContext() throws Exception {

   …//省略代码
   PeerAwareInstanceRegistry registry;
       if (isAws(applicationInfoManager.getInfo())) {
          …//省略代码,如果是 AWS 的代码
       } else {
          registry = new PeerAwareInstanceRegistryImpl(
                 eurekaServerConfig,
                 eurekaClient.getEurekaClientConfig(),
                 serverCodecs,
                 eurekaClient
          );
       }

   PeerEurekaNodes peerEurekaNodes = getPeerEurekaNodes(
          registry,
          eurekaServerConfig,
          eurekaClient.getEurekaClientConfig(),
          serverCodecs,
          applicationInfoManager
   );
}
```

其中，PeerAwareInstanceRegistryImpl 和 PeerEurekaNodes 两个类从其命名上看，应该和服务注册以及 Eureka Server 高可用有关。先追踪 PeerAwareInstanceRegistryImpl 类，在该类中有一个 register()方法，该方法提供了服务注册，并且将服务注册后的信息同步到其他的 Eureka Server 服务中。代码如下：

```
public void register(final InstanceInfo info, final boolean isReplication) {
      int leaseDuration = Lease.DEFAULT_DURATION_IN_SECS;
      if (info.getLeaseInfo() != null && info.getLeaseInfo().getDurationInSecs() > 0) {
        leaseDuration = info.getLeaseInfo().getDurationInSecs();
      }
      super.register(info, leaseDuration, isReplication);
      replicateToPeers(Action.Register, info.getAppName(), info.getId(), info, null, isReplication);
   }
```

单击其中的 super.register(info, leaseDuration, isReplication)方法，进入其父类 AbstractInstanceRegistry 可以发现更多细节，注册列表的信息被保存在一个 Map 中。AbstractInstanceRegistry 类的 replicateToPeers()方法用于将注册列表信息同步到其他 Eureka Server 的其他 Peers 节点，追踪代码，

发现该方法会循环遍历向所有的 Peers 节点注册，最终执行类 PeerEurekaNodes 的 register()方法，该方法通过执行一个任务向其他节点同步该注册信息，代码如下：

```java
public void register(final InstanceInfo info) throws Exception {
    long expiryTime = System.currentTimeMillis() + getLeaseRenewalOf(info);
    batchingDispatcher.process(
            taskId("register", info),
            new InstanceReplicationTask(targetHost, Action.Register, info, null, true) {
                public EurekaHttpResponse<Void> execute() {
                    return replicationClient.register(info);
                }
            },
            expiryTime
    );
}
```

经过一系列的源码追踪，可以发现 PeerAwareInstanceRegistryImpl 类的 register()方法实现了服务的注册，并且向其他 Eureka Server 的 Peer 节点同步了该注册信息，那么 register()方法被谁调用了呢？在前文中有关 Eureka Client 的分析中可以知道，Eureka Client 是通过 Http 来向 Eureka Server 注册的，那么 Eureka Server 肯定会提供一个服务注册的 API 接口给 Eureka Client 调用，PeerAwareInstanceRegistryImpl 的 register()方法最终肯定会被暴露的 Http 接口所调用。在 IDEA 开发工具中，同时按住"Alt"键和鼠标左键（查看某个类被谁调用的快捷键），可以很快定位到 ApplicationResource 类的 addInstance()方法，即服务注册的接口，其代码如下：

```java
@POST
@Consumes({"application/json", "application/xml"})
public Response addInstance(InstanceInfo info,
@HeaderParam(PeerEurekaNode.HEADER_REPLICATION) String isReplication) {
    ...//省略代码
    registry.register(info, "true".equals(isReplication));
    return Response.status(204).build();  // 204 to be backwards compatible
}
```

5.4.4 Renew 服务续约

服务续约和服务注册非常相似，通过前文中的分析可以知道，服务注册在 Eureka Client 程序启动之后开启，并同时开启服务续约的定时任务。在 eureka-client-1.9.8.jar 的 DiscoveryClient 的类下有 renew()方法，其代码如下：

```java
/**
 * Renew with the eureka service by making the appropriate REST call
 */
boolean renew() {
    EurekaHttpResponse<InstanceInfo> httpResponse;
```

```
        try {
            httpResponse = eurekaTransport.registrationClient.sendHeartBeat(instance
Info.getAppName(), instanceInfo.getId(), instanceInfo, null);
            logger.debug("{} - Heartbeat status: {}", PREFIX + appPathIdentifier,
httpResponse.getStatusCode());
            if (httpResponse.getStatusCode() == 404) {
                REREGISTER_COUNTER.increment();
                logger.info("{} - Re-registering apps/{}", PREFIX + appPathIdentifier,
 instanceInfo.getAppName());
                return register();
            }
            return httpResponse.getStatusCode() == 200;
        } catch (Throwable e) {
            logger.error("{} - was unable to send heartbeat!", PREFIX + appPathIdentifier, e);
            return false;
        }
    }
```

另外，Eureka Server 的续约接口在 eureka-core:1.9.8.jar 的 com.netflix.eureka 包下的 InstanceResource 类下，接口方法为 renewLease()，它是一个 RESTful API 接口。为了减少本章的篇幅，省略了大部分代码的展示。其中有一个 registry.renew() 方法，即服务续约，代码如下：

```
@PUT
public Response renewLease(…省略参数){
    …//省略代码
    boolean isSuccess=registry.renew(app.getName(),id, isFromReplicaNode);
    …//省略代码
}
```

读者可以跟踪 registry.renew 的代码继续深入研究，和追踪服务注册的源码类似，在此不再赘述。另外服务续约有两个参数是可以配置的，即 Eureka Client 发送续约心跳的时间参数和 Eureka Server 在多长时间内没有收到心跳将实例剔除的时间参数。在默认情况下，这两个参数分别为 30 秒和 90 秒，官方的建议是不要修改，如果有特殊需求还是可以调整的，只需要分别在 Eureka Client 和 Eureka Server 的配置文件 application.yml 中加以下的配置：

```
eureka.instance.leaseRenewalIntervalInSeconds
eureka.instance.leaseExpirationDurationInSeconds
```

最后，有关服务注册列表的获取、服务下线和服务剔除的源码不在这里进行跟踪解读，因为与服务注册和续约类似，有兴趣的读者可以自行研究。总的来说，通过阅读源码可以发现，整体架构与 5.4.2 节的 Eureka 的高可用架构图完全一致。

5.4.5 为什么 Eureka Client 获取服务实例这么慢

（1）Eureka Client 的注册延迟

Eureka Client 启动之后，不是立即向 Eureka Server 注册的，而是有一个延迟向服务端注册的时间。通过跟踪源码，可以发现默认的延迟时间为 40 秒，源码在 eureka-client-1.9.8.jar 的 DefaultEurekaClientConfig 类中，代码如下：

```
public int getInitialInstanceInfoReplicationIntervalSeconds() {
    return configInstance.getIntProperty(
        namespace + INITIAL_REGISTRATION_REPLICATION_DELAY_KEY, 40).get();
}
```

（2）Eureka Server 的响应缓存

Eureka Server 维护每 30 秒更新一次响应缓存，可通过更改配置 eureka.server.responseCacheUpdateIntervalMs 来修改。所以即使是刚刚注册的实例，也不会立即出现在服务注册列表中。

（3）Eureka Client 的缓存

Eureka Client 保留注册表信息的缓存。该缓存每 30 秒更新一次（如前所述）。因此，Eureka Client 刷新本地缓存并发现其他新注册的实例可能需要 30 秒。

（4）LoadBalancer 的缓存

Ribbon 的负载平衡器从本地的 Eureka Client 获取服务注册列表信息。Ribbon 本身还维护了缓存，以避免每个请求都需要从 Eureka Client 获取服务注册列表。此缓存每 30 秒刷新一次（可由 ribbon.ServerListRefreshInterval 配置），所以可能至少需要 30 秒的时间才能使用新注册的实例。

综上因素，一个新注册的实例，默认延迟 40 秒向服务注册中心注册，所以不能马上被 Eureka Server 发现。另外，刚注册的 Eureka Client 也不能立即被其他服务调用，原因是调用方由于各种缓存没有及时获取到最新的服务注册列表信息。

5.4.6 Eureka 的自我保护模式

当有一个新的 Eureka Server 出现时，它尝试从相邻 Peer 节点获取所有服务实例注册表信息。如果从相邻的 Peer 节点获取信息时出现了故障，Eureka Server 会尝试其他的 Peer 节点。如果 Eureka Server 能够成功获取所有的服务实例信息，则根据配置信息设置服务续约的阈值。在任何时间，如果 Eureka Server 接收到的服务续约低于为该值配置的百分比（默认为 15 分钟内低于 85%），则服务器开启自我保护模式，即不再剔除注册列表的信息。

这样做的好处在于，如果是 Eureka Server 自身的网络问题而导致 Eureka Client 无法续约，Eureka Client 的注册列表信息不再被删除，也就是 Eureka Client 还可以被其他服务消费。

在默认情况下，Eureka Server 的自我保护模式是开启的，如果需要关闭，则在配置文件添加以下代码：

```
eureka:
  server:
    enable-self-preservation: false
```

5.5 构建高可用的 Eureka Server 集群

在实际的项目中,可能有几十个或者几百个的微服务实例,这时 Eureka Server 承担了非常高的负载。由于 Eureka Server 在微服务架构中有着举足轻重的作用,所以需要构建高可用性的 Eureka Server 集群。

本节以实战的方式介绍如何构建高可用的 Eureka Server 集群,本节的例子在 5.2 节案例的基础上进行改造。

首先更改 eureka-server 的配置文件 application.yml,在该配置文件中采用多 profile 的格式,具体代码如下:

```yaml
---
spring:
  profiles: peer1
server:
  port: 8761
eureka:
  instance:
    hostname: peer1
  client:
    serviceUrl:
      defaultZone: http://peer2:8762/eureka/

---
spring:
  profiles: peer2
server:
  port: 8762
eureka:
  instance:
    hostname: peer2
  client:
    serviceUrl:
      defaultZone: http://peer1:8761/eureka/
```

在上述代码中,定义了两个 profile 文件,分别为 peer1 和 peer2,它们的 hostname 分别为 peer1 和 peer2。在实际开发中,可能是具体的服务器 IP 地址,它们的端口分别为 8761 和 8762。

因为是在本地搭建 Eureka Server 集群,所以需要修改本地的 host。Windows 系统的电脑在 C:/windows/systems/drivers/etc/hosts 中修改,Mac 系统的电脑通过终端 vim/etc/hosts 进行编辑修改,修改内容如下:

```
127.0.0.1 peer1
127.0.0.1 peer2
```

通过 Maven 编译工程，Maven 命令为 mvn clean package。编译完成后，在工程的目录下会有一个 target 文件夹，进入该文件夹，可以发现已经生成了一个 eureka-server-0.0.1-SNAPSHOT.jar 的 jar 包。通过 java–jar 的方式启动工程，并通过 spring.profiles.active 指定启动的配置文件。在本案例中需要启动两个 Eureka Server 实例，它们的 spring.profiles.active 配置文件分别为 peer1 和 peer2。启动实例的命令如下：

```
java -jar eureka-server-0.0.1-SNAPSHOT.jar
- -spring.profiles.active=peer1
java -jar eureka-server-0.0.1-SNAPSHOT.jar
- -spring.profiles.active=peer2
```

修改 eureka-client 的配置文件 bootstrap.yml，修改其端口为 8763，并且仅向 8761 的 Eureka Server 注册，代码如下：

```yaml
server:
  port: 8763
spring:
  application:
    name: eureka-client
eureka:
  client:
    serviceUrl:
      defaultZone: http://peer1:8761/eureka/
```

启动 eureka-client 工程，访问 http://peer1:8761/可以发现，eureka-client 已向 peer1 节点的 Eureka Server 注册了，并且在 DS Replicas 选项中显示了节点 peer2，界面如图 5-5 所示。

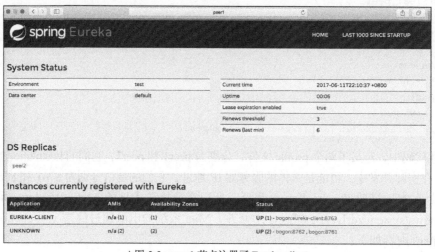

▲图 5-5　peer1 节点注册了 Eureka-client

这时 eureka-client 工程的配置文件中并没有指定向 peer2 的节点 Eureka Server 注册。访问

Eureka Server 的节点 peer2 的主界面，界面的 Url 地址为 http://peer2:8762/。节点 peer2 的主界面显示 Eureka Client 已经向 peer2 节点注册，可见 peer1 的注册列表信息已经同步到了 peer2 节点，节点 peer2 的主界面展示如图 5-6 所示。

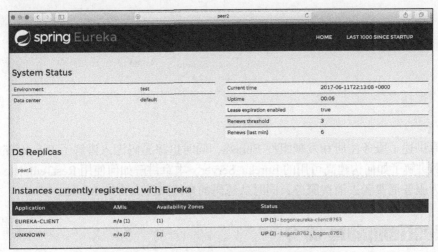

▲图 5-6　peer1 节点的注册列表信息同步到了 peer2

5.6　总结

本章全面介绍了 Eureka 的相关内容，分析了为什么要选择 Eureka 作为服务注册和发现组件。接着，以案例的形式讲述了 Eureka Client 是如何向 Eureka Server 注册的，并从源码的角度深入理解 Eureka。最后，通过案例来讲解如何构建高可用的 Eureka Server 集群。

第 6 章　负载均衡 Ribbon

上一章讲述了服务注册和发现组件 Eureka，同时追踪源码深入讲解了 Eureka 的机制，最后通过案例讲解了如何构建高可用的 Eureka Server。本章讲解如何使用 RestTemplate 和 Ribbon 相结合作为服务消费者去消费服务，同时从源码的角度来深入讲解 Ribbon。

6.1 RestTemplate 简介

RestTemplate 是 Spring Resources 中一个访问第三方 RESTful API 接口的网络请求框架。RestTemplate 的设计原则和其他 Spring Template（例如 JdbcTemplate、JmsTemplate）类似，都是为执行复杂任务提供了一个具有默认行为的简单方法。

RestTemplate 是用来消费 REST 服务的，所以 RestTemplate 的主要方法都与 REST 的 Http 协议的一些方法紧密相连，例如 HEAD、GET、POST、PUT、DELETE 和 OPTIONS 等方法，这些方法在 RestTemplate 类对应的方法为 headForHeaders()、getForObject()、postForObject()、put()和 delete()等。

举例说明，写一个 RestTestController 类，获取 https://www.baidu.com/的网页 Html 代码。首先在 RestTestController 类上加@RestController 注解，开启 RestController 的功能。通过 RestTemplate 的 getForObject()方法就可以获取 https://www.baidu.com/的网页 Html 代码，并在 API 接口 "/testRest" 返回该网页的 Html 字符串。代码如下：

```
@RestController
public class RestTestController {
   @GetMapping("/testRest")
   public String testRest(){
      RestTemplate restTemplate=new RestTemplate();
      return
restTemplate.getForObject("https://www.baidu.com/",String.class);
   }
}
```

RestTemplate 支持常见的 Http 协议的请求方法，例如 Get、Post、Put 和 Delete 等，所以

用 RestTemplate 很容易构建 RESTful API。在上面的例子中，RestTemplate 用 Get 方法获取 https://www.baidu.com 网页的 Html 字符串。RestTemplate 的使用很简单，它支持 Xml 和 JSON 数据格式，默认实现了序列化，可以自动将 JOSN 字符串转换为实体。例如以下代码可以将返回的 JSON 字符串转换成一个 User 对象。

```
User user=restTemplate.getForObject("https://www.~~~.com/",User.class);
```

6.2 Ribbon 简介

负载均衡是指将负载分摊到多个执行单元上，常见的负载均衡有两种方式：一种是独立进程单元，通过负载均衡策略，将请求转发到不同的执行单元上，例如 Ngnix；另一种是将负载均衡逻辑以代码的形式封装到服务消费者的客户端上，服务消费者客户端维护了一份服务提供者的信息列表，有了信息列表，通过负载均衡策略将请求分摊给多个服务提供者，从而达到负载均衡的目的。

Ribbon 是 Netflix 公司开源的一个负载均衡的组件属于上述的第二种方式，是将负载均衡逻辑封装在客户端中，并且运行在客户端的进程里。Ribbon 是一个经过了云端测试的 IPC 库，可以很好地控制 HTTP 和 TCP 客户端的负载均衡行为。

在 Spring Cloud 构建的微服务系统中，Ribbon 作为服务消费者的负载均衡器，有两种使用方式，一种是和 RestTemplate 相结合，另一种是和 Feign 相结合。Feign 已经默认集成了 Ribbon，关于 Feign 的内容将会在下一章进行详细讲解。

Ribbon 有很多子模块，但很多模块没有用于生产环境，目前 Netflix 公司用于生产环境的 Ribbon 子模块如下。

- ribbon-loadbalancer：可以独立使用或与其他模块一起使用的负载均衡器 API。
- ribbon-eureka：Ribbon 结合 Eureka 客户端的 API，为负载均衡器提供动态服务注册列表信息。
- ribbon-core：Ribbon 的核心 API。

6.3 使用 RestTemplate 和 Ribbon 来消费服务

本案例是在 5.2 节案例的基础上进行改造的，先回顾一下 5.2 节中的代码结构，它包括一个服务注册中心 eureka-server、一个服务提供者 eureka-client。eureka-client 向 eureka-server 注册服务，并且 eureka-client 提供了一个 "/hi" API 接口用于提供服务。

启动 eureka-server，端口为 8761。启动两个 eureka-client 实例，端口分别为 8762 和 8763。启动完成后，在浏览器上访问 http://localhost:8761/，浏览器显示 eureka-client 的两个实例已经成功向服务注册中心注册，它们的端口分别为 8762 和 8763，如图 6-1 所示。

在 5.2 节的工程基础之上，再创建一个 Module 工程，取名为 eureka-ribbon-client，其作为服务消费者，通过 RestTemplate 来远程调用 eureka-client 服务 API 接口的 "/hi"，即消费服务。

第 6 章 负载均衡 Ribbon

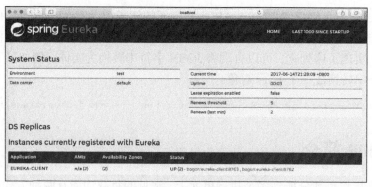

▲图 6-1　http://localhost:8761/页面

创建完成 eureka-ribbon-client 的 Module 工程之后，在其 pom 文件中引入相关的依赖，包括继承了主 Maven 工程的 pom 文件，引入了 Eureka Client 的起步依赖 spring-cloud-starter-eureka、Ribbon 的起步依赖 spring-cloud-starter-ribbon，以及 Web 的起步依赖 spring-boot-starter- web，代码如下：

```xml
<parent>
    <groupId>com.forezp</groupId>
    <artifactId>chapter6-3</artifactId>
    <version>1.0-SNAPSHOT</version>
</parent>
<dependencies>
    <dependency>
        <groupId>org.springframework.cloud</groupId>
        <artifactId>spring-cloud-starter-netflix-eureka-client</artifactId>
    </dependency>
    <dependency>
        <groupId>org.springframework.cloud</groupId>
        <artifactId>spring-cloud-starter-netflix-ribbon</artifactId>
    </dependency>
    <dependency>
        <groupId>org.springframework.boot</groupId>
        <artifactId>spring-boot-starter-web</artifactId>
    </dependency>
</dependencies>
```

在工程的配置文件 application.yml 做程序的相关配置，包括指定程序名为 eureka-ribbon-client，程序的端口号为 8764，服务的注册地址为 http://localhost:8761/eureka/，代码如下：

```yml
spring:
  application:
    name: eureka-ribbon-client
server:
  port: 8764
```

```yaml
eureka:
  client:
    serviceUrl:
      defaultZone: http://localhost:8761/eureka/
```

另外，作为 Eureka Client 需要在程序的入口类加上注解@EnableEurekaClient 开启 Eureka Client 功能，代码如下：

```java
@SpringBootApplication
@EnableEurekaClient
public class EurekaRibbonClientApplication {
    public static void main(String[] args) {
        SpringApplication.run(EurekaRibbonClientApplication.class, args);
    }
}
```

写一个 RESTful API 接口，在该 API 接口内部需要调用 eureka-client 的 API 接口 "/hi"，即服务消费。由于 eureka-client 为两个实例，它们的端口为 8762 和 8763。在调用 eureka-client 的 API 接口 "/hi" 时希望做到轮流访问这两个实例，这时就需要将 RestTemplate 和 Ribbon 相结合进行负载均衡。

通过查阅官方文档，可以知道如何将它们结合在一起，只需要在程序的 IoC 容器中注入一个 restTemplate 的 Bean，并在这个 Bean 上加上@LoadBalanced 注解，此时 RestTemplate 就结合了 Ribbon 开启了负载均衡功能，代码如下：

```java
@Configuration
public class RibbonConfig {
    @Bean
    @LoadBalanced
    RestTemplate restTemplate() {
        return new RestTemplate();
    }
}
```

写一个 RibbonService 类，在该类的 hi()方法用 restTemplate 调用 eureka-client 的 API 接口，此时 Uri 上不需要使用硬编码（例如 IP 地址），只需要写服务名 eureka-client 即可，代码如下：

```java
@Service
public class RibbonService {
    @Autowired
    RestTemplate restTemplate;
    public String hi(String name) {
        return restTemplate.getForObject("http://eureka-client/hi?name="+name,String.class);
    }
}
```

写一个 RibbonController 类，为该类加上 @RestController 注解，开启 RestController 的功能，写一个 "/hi" Get 方法的接口，调用 RibbonService 类的 hi() 方法，代码如下：

```
@RestController
public class RibbonController {

    @Autowired
    RibbonService ribbonService;
    @GetMapping("/hi")
    public String hi(@RequestParam(required = false,defaultValue =
                "forezp") String name){
        return ribbonService.hi(name);
    } }
```

启动 eureka-ribbon-client 工程，在浏览器上访问 http://localhost:8761，显示的 Eureka Server 的主界面如图 6-2 所示。在主界面上发现有两个服务被注册，分别为 eureka-client 和 eureka-ribbon-client，其中 eureka-client 有两个实例，端口为 8762 和 8763，而 eureka-ribbon-client 的端口为 8764。

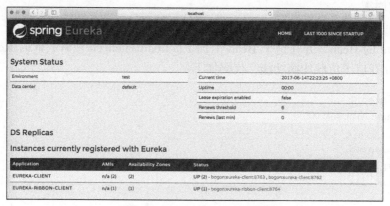

▲图 6-2　http://localhost:8761 界面

在浏览器上多次访问 http://localhost:8764/hi?name=forezp，浏览器会轮流显示如下内容：

```
hi forezp,i am from port:8762
hi forezp,i am from port:8763
```

这时可以发现，当访问 http://localhost:8764/hi?name=forezp 的 API 接口时，负载均衡器起了作用，负载均衡器会轮流地请求 eureka-client 的两个实例中的 "/hi" API 接口。

6.4　LoadBalancerClient 简介

负载均衡器的核心类为 LoadBalancerClient，LoadBalancerClient 可以获取负载均衡的服务提供者的实例信息。为了演示，在 RibbonController 重新写一个接口 "/testRibbon"，通过 LoadBalancerClient 去选择一个 eureka-client 的服务实例的信息，并将该信息返回，代码如下：

```
@RestController
public class RibbonController {
    …//省略代码
    @Autowired
    private LoadBalancerClient loadBalancer;
    @GetMapping("/testRibbon")
    public String  testRibbon() {
        ServiceInstance instance = loadBalancer.choose("eureka-client");
         return instance.getHost()+":"+instance.getPort();
    }
}
```

重新启动工程，在浏览器上多次访问 http://localhost:8764/testRibbon，浏览器会轮流显示如下内容：

```
localhost:8762
localhost:8763
```

可见，LoadBalancerClient 的 choose("eureka-client")方法可以轮流得到 eureka-client 的两个服务实例的信息。

那么负载均衡器是怎么获取到这些客户端的信息的呢？查看官方文档可以知道，负载均衡器 LoadBalancerClient 是从 Eureka Client 获取服务注册列表信息的，并将服务注册列表信息缓存了一份。在 LoadBalancerClient 调用 choose()方法时，根据负载均衡策略选择一个服务实例的信息，从而进行了负载均衡。LoadBalancerClient 也可以不从 Eureka Client 获取注册列表信息，这时需要自己维护一份服务注册列表信息。

为了进一步讲解，在 6.3 节中工程的基础之上再创建一个工程，取名为 ribbon-client。ribbon-client 工程的 pom 文件同 eureka-ribbon-client 工程的类似，在 ribbon-client 工程的程序的启动类 RibbonClientApplication 加上@SpringBootApplication 的注解，开启 Spring Boot 的基本功能。

在 ribbon-client 工程的配置文件 application.yml 中，通过配置 ribbon.eureka.enable 为 false 来禁止调用 Eureka Client 获取注册列表。在配置文件 application.yml 中有一个程序名为 stores 的服务，有两个不同 Url 地址（例如 example.com 和 google.com）的服务实例，通过 stores.ribbon.listOfServers 来配置这些服务实例的 Url，代码如下：

```
stores:
  ribbon:
    listOfServers: example.com,google.com
ribbon:
  eureka:
```

```
    enabled: false
server:
  port: 8769
```

新建一个 RestController 类,创建一个 API 接口 "/testRibbon"。在 RestController 类注入 LoadBalancerClient,通过 LoadBalancerClient 的 choose()方法获取服务实例的信息,代码如下:

```
@RestController
public class RibbonController {
    @Autowired
    private LoadBalancerClient loadBalancer;

    @GetMapping("/testRibbon")
    public String testRibbon() {
        ServiceInstance instance = loadBalancer.choose("stores");
        return instance.getHost()+":"+instance.getPort();
    }
}
```

启动工程,在浏览器上多次访问 http://localhost:8769/testRibbon,浏览器会交替出现如下内容:

```
example.com:80
google.com:80
```

现在我们可以知道,在 Ribbon 中的负载均衡客户端为 LoadBalancerClient。在 Spring Cloud 项目中,负载均衡器 Ribbon 会默认从 Eureka Client 的服务注册列表中获取服务的信息,并缓存一份。根据缓存的服务注册列表信息,可以通过 LoadBalancerClient 来选择不同的服务实例,从而实现负载均衡。如果禁止 Ribbon 从 Eureka 获取注册列表信息,则需要自己去维护一份服务注册列表信息。根据自己维护服务注册列表的信息,Ribbon 也可以实现负载均衡。

6.5 源码解析 Ribbon

为了深入理解 Ribbon,现在从源码的角度来讲解 Ribbon,看它如何和 Eureka 相结合,并如何和 RestTemplate 相结合来做负载均衡。首先,跟踪 LoadBalancerClient 的源码,它是一个接口类,继承了 ServiceInstanceChooser,它的实现类为 RibbonLoadBalanceClient,它们之间的关系如图 6-3 所示。

LoadBalancerClient 是一个负载均衡的客户端,有如下 3 种方法。其中 2 个 excute()方法,均用来执行请求,reconstructURI()用于重构 Url,代码如下:

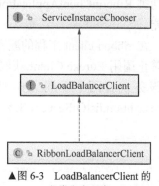

▲图 6-3 LoadBalancerClient 的父类和实现类

6.5 源码解析 Ribbon

```
public interface LoadBalancerClient extends ServiceInstanceChooser {

    <T> T execute(String serviceId, LoadBalancerRequest<T> request) throws IOException;
    <T> T execute(String serviceId, ServiceInstance serviceInstance, LoadBalancerRequest<T
> request) throws IOException;
    URI reconstructURI(ServiceInstance instance, URI original);
}
```

ServiceInstanceChooser 接口有一个方法用于根据 serviceId 获取 ServiceInstance,即通过服务名来选择服务实例,代码如下:

```
public interface ServiceInstanceChooser {
    ServiceInstance choose(String serviceId);
}
```

LoadBalancerClient 的实现类为 RibbonLoadBalancerClient。RibbonLoadBalancerClient 是一个非常重要的类,最终的负载均衡的请求处理由它来执行。RibbonLoadBalancerClient 的部分源码如下:

```
public class RibbonLoadBalancerClient implements LoadBalancerClient {
...//省略代码
@Override
    public ServiceInstance choose(String serviceId) {
        Server server = getServer(serviceId);
        if (server == null) {
            return null;
        }
        return new RibbonServer(serviceId, server, isSecure(server, serviceId),
                serverIntrospector(serviceId).getMetadata(server));
    }
    protected Server getServer(String serviceId) {
        return getServer(getLoadBalancer(serviceId));
    }
    protected Server getServer(ILoadBalancer loadBalancer) {
        if (loadBalancer == null) {
            return null;
        }
        return loadBalancer.chooseServer("default");
    }
    protected ILoadBalancer getLoadBalancer(String serviceId) {
        return this.clientFactory.getLoadBalancer(serviceId);
    }
}
```

在 RibbonLoadBalancerClient 的源码中,choose()方法用于选择具体服务实例。该方法通过 getServer()方法去获取实例,经过源码跟踪,最终交给 ILoadBalancer 类去选择服务实例。

ILoadBalancer 在 ribbon-loadbalancer 的 jar 包下，ILoadBalancer 是一个接口，该接口定义了一系列实现负载均衡的方法，源码如下：

```
public interface ILoadBalancer {
   public void addServers(List<Server> newServers);
   public Server chooseServer(Object key);
   public void markServerDown(Server server);
   public List<Server> getReachableServers();
   public List<Server> getAllServers();
}
```

其中，addServers()方法用于添加一个 Server 集合，chooseServer()方法用于根据 key 去获取 Server，markServerDown()方法用于标记某个服务下线，getReachableServers()获取可用的 Server 集合，getAllServers()获取所有的 Server 集合。

ILoadBalancer 的子类为 BaseLoadBalancer，BaseLoadBalancer 的实现类为 DynamicServerListLoadBalancer，三者之间的关系如图 6-4 所示。

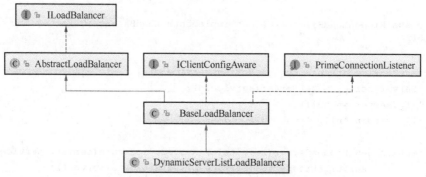

▲图 6-4　DynamicServerListLoadBalancer 与其接口类的关系

查看 DynamicServerListLoadBalancer 类的源码，DynamicServerListLoadBalancer 需要配置 IClientConfig、IRule、IPing、ServerList、ServerListFilter 和 ILoadBalancer。查看 BaseLoadBalancer 类的源码，在默认的情况下，实现了如下配置。

- IClientConfig ribbonClientConfig：DefaultClientConfigImpl。
- IRule ribbonRule：RoundRobinRule。
- IPing ribbonPing：DummyPing。
- ServerList ribbonServerList：ConfigurationBasedServerList。
- ServerListFilter ribbonServerListFilter：ZonePreferenceServerListFilter。
- ILoadBalancer ribbonLoadBalancer：ZoneAwareLoadBalancer。

IClientConfig 用于配置负载均衡的客户端，IClientConfig 的默认实现类为 DefaultClientConfigImpl。

IRule 用于配置负载均衡的策略，IRule 有 3 个方法，其中 choose()是根据 key 来获取 server

实例的，setLoadBalancer()和getLoadBalancer()是用来设置和获取ILoadBalancer的，它的源码如下：

```
public interface IRule{
    public Server choose(Object key);
    public void setLoadBalancer(ILoadBalancer lb);
    public ILoadBalancer getLoadBalancer();
}
```

IRule 有很多默认的实现类，这些实现类根据不同的算法和逻辑来处理负载均衡的策略。IRule 的默认实现类有以下 7 种。在大多数情况下，这些默认的实现类是可以满足需求的，如果有特殊的需求，可以自己实现。IRule 和其实现类之间的关系如图 6-5 所示。
❑ BestAvailableRule：选择最小请求数。
❑ ClientConfigEnabledRoundRobinRule：轮询。
❑ RandomRule：随机选择一个 server。
❑ RoundRobinRule：轮询选择 server。
❑ RetryRule：根据轮询的方式重试。
❑ WeightedResponseTimeRule：根据响应时间去分配一个 weight，weight 越低，被选择的可能性就越低。
❑ ZoneAvoidanceRule：根据 server 的 zone 区域和可用性来轮询选择。

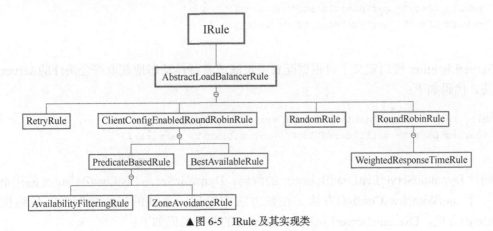

▲图 6-5　IRule 及其实现类

IPing 用于向 server 发送"ping"，来判断该 server 是否有响应，从而判断该 server 是否可用。它有一个 isAlive()方法，源码如下：

```
public interface IPing {
    public boolean isAlive(Server server);
}
```

IPing 的实现类有 PingUrl、PingConstant、NoOpPing、DummyPing 和 NIWSDiscoveryPing。

它们之间的关系如图 6-6 所示。

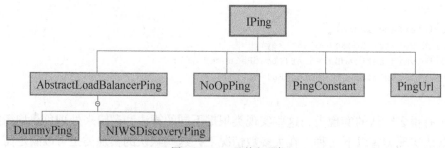

▲图 6-6　IPing 及其实现类

- PingUrl：真实地去 ping 某个 Url，判断其是否可用。
- PingConstant：固定返回某服务是否可用，默认返回 true，即可用。
- NoOpPing：不去 ping，直接返回 true，即可用。
- DummyPing：直接返回 true，并实现了 initWithNiwsConfig 方法。
- NIWSDiscoveryPing：根据 DiscoveryEnabledServer 的 InstanceInfo 的 InstanceStatus 去判断，如果为 InstanceStatus.UP，则可用，否则不可用。

ServerList 是定义获取所有 server 的注册列表信息的接口，它的代码如下：

```
public interface ServerList<T extends Server> {
   public List<T> getInitialListOfServers();
   public List<T> getUpdatedListOfServers();
}
```

ServerListFilter 接口定义了可根据配置去过滤或者特性动态地获取符合条件的 server 列表的方法，代码如下：

```
public interface ServerListFilter<T extends Server> {
   public List<T> getFilteredListOfServers(List<T> servers);
}
```

阅读 DynamicServerListLoadBalancer 的源码，DynamicServerListLoadBalancer 的构造函数中有一个 initWithNiwsConfig()方法。在该方法中经过一系列的初始化配置，最终执行了 restOfInit()方法。DynamicServerListLoadBalancer 的部分源码如下：

```
public DynamicServerListLoadBalancer(IClientConfig clientConfig) {
      initWithNiwsConfig(clientConfig);
 }
@Override
  public void initWithNiwsConfig(IClientConfig clientConfig) {
       try {
       …//省略代码
       this.serverListUpdater = (ServerListUpdater) ClientFactory
```

```
            .instantiateInstanceWithClientConfig(serverListUpdaterClassName,clientConfig);
            restOfInit(clientConfig);
        } catch (Exception e) {
            …//省略代码
        }
    }
```

在 restOfInit()方法中,有一个 updateListOfServers() 的方法,该方法是用来获取所有的 ServerList 的。

```
void restOfInit(IClientConfig clientConfig) {
    …//省略代码
    updateListOfServers();
    …//省略代码
}
```

进一步跟踪 updateListOfServers()方法的源码,最终由 serverListImpl.getUpdatedListOfServers() 获取所有的服务列表,代码如下:

```
public void updateListOfServers() {
    List<T> servers = new ArrayList<T>();
    if (serverListImpl != null) {
        servers = serverListImpl.getUpdatedListOfServers();
    }
    updateAllServerList(servers);
}
```

而 serverListImpl 是 ServerList 接口的具体实现类。跟踪源码,ServerList 的实现类为 DiscoveryEnabledNIWSServerList,这个类在 ribbon-eureka.jar 的 com.netflix.niws.loadbalancer 包下。其中,DiscoveryEnabledNIWSServerList 有 getInitialListOfServers()和 getUpdatedListOfServers()方法,具体代码如下:

```
@Override
public List<DiscoveryEnabledServer> getInitialListOfServers(){
    return obtainServersViaDiscovery();
}
@Override
public List<DiscoveryEnabledServer> getUpdatedListOfServers(){
    return obtainServersViaDiscovery();
}
```

继续跟踪源码,obtainServersViaDiscovery() 方法是根据 eurekaClientProvider.get()方法来获取 EurekaClient 的,再根据 EurekaClient 来获取服务注册列表信息,代码如下:

```
private List<DiscoveryEnabledServer> obtainServersViaDiscovery() {
    …//省略代码
```

```
            EurekaClient eurekaClient = eurekaClientProvider.get();
            if (vipAddresses!=null){
              for (String vipAddress : vipAddresses.split(",")) {

                 for (InstanceInfo ii : listOfInstanceInfo) {
                     if (ii.getStatus().equals(InstanceStatus.UP)) {

                        DiscoveryEnabledServer des = new DiscoveryEnabledServer(ii, isSe
cure, shouldUseIpAddr);
                        des.setZone(DiscoveryClient.getZone(ii));
                        serverList.add(des);
                    …//省略代码
                    }
                }
            }
            return serverList;
        }
```

其中，eurekaClientProvider 的实现类是 LegacyEurekaClientProvider，LegacyEurekaClientProvider 是一个获取 eurekaClient 实例的类，其代码如下：

```
class LegacyEurekaClientProvider implements Provider<EurekaClient> {
   private volatile EurekaClient eurekaClient;
   @Override
   public synchronized EurekaClient get() {
      if (eurekaClient == null) {
         eurekaClient = DiscoveryManager.getInstance().getDiscoveryClient();
      }
      return eurekaClient;
   }
}
```

EurekaClient 的实现类为 DiscoveryClient，在上一章已经分析了。DiscoveryClient 具有服务注册、获取服务注册列表等功能。

由此可见，负载均衡器是从 EurekaClient 获取服务列表信息的，并根据 IRule 的策略去路由，根据 IPing 去判断服务的可用性。

那么现在还有一个问题，负载均衡器每隔多长时间从 Eureka Client 获取注册信息呢？

在 BaseLoadBalancer 类的源码中，在 BaseLoadBalancer 的构造方法开启了一个 PingTask 任务，代码如下：

```
public BaseLoadBalancer(String name, IRule rule, LoadBalancerStats stats,
       IPing ping, IPingStrategy pingStrategy) {
    …//省略代码
    setupPingTask();
    …//省略代码
}
```

6.5 源码解析 Ribbon

在 setupPingTask() 的具体代码逻辑里，开启了 ShutdownEnabledTimer 的 PingTask 任务，在默认情况下，变量 pingIntervalSeconds 的值为 10，即每 10 秒向 EurekaClient 发送一次心跳"ping"。

```java
void setupPingTask() {
    if (canSkipPing()) {
        return;
    }
    if (lbTimer != null) {
        lbTimer.cancel();
    }
    lbTimer = new ShutdownEnabledTimer("NFLoadBalancer-PingTimer-" + name,
            true);
    lbTimer.schedule(new PingTask(), 0, pingIntervalSeconds * 1000);
    forceQuickPing();
}
```

查看 PingTask 的源码，PingTask 创建了一个 Pinger 对象，并执行了 runPinger() 方法。

```java
class PingTask extends TimerTask {
    public void run() {
        try {
            new Pinger(pingStrategy).runPinger();
        } catch (Exception e) {
            logger.error("LoadBalancer [{}]: Error pinging", name, e);
        }
    }
}
```

查看 Pinger 的 runPinger() 方法，最终根据 pingerStrategy.pingServers(ping, allServers) 来获取服务的可用性，如果该返回结果与之前相同，则不向 EurekaClient 获取注册列表；如果不同，则通知 ServerStatusChangeListener 服务注册列表信息发生了改变，进行更新或者重新拉取，代码如下：

```java
public void runPinger() throws Exception {
        if (!pingInProgress.compareAndSet(false, true)) {
            return;
        }
        Server[] allServers = null;
        boolean[] results = null;
        Lock allLock = null;
        Lock upLock = null;
        try {
            allLock = allServerLock.readLock();
            allLock.lock();
            allServers = allServerList.toArray(new Server[allServerList.size()]);
```

```java
            allLock.unlock();
            int numCandidates = allServers.length;
            results = pingerStrategy.pingServers(ping, allServers);
            final List<Server> newUpList = new ArrayList<Server>();
            final List<Server> changedServers = new ArrayList<Server>();
            for (int i = 0; i < numCandidates; i++) {
                boolean isAlive = results[i];
                Server svr = allServers[i];
                boolean oldIsAlive = svr.isAlive();

                svr.setAlive(isAlive);

                if (oldIsAlive != isAlive) {
                    changedServers.add(svr);
                }
                if (isAlive) {
                    newUpList.add(svr);
                }
            }
            upLock = upServerLock.writeLock();
            upLock.lock();
            upServerList = newUpList;
            upLock.unlock();
            notifyServerStatusChangeListener(changedServers);
        } finally {
            pingInProgress.set(false);
        }
    }
```

由此可见，LoadBalancerClient 是在初始化时向 Eureka 获取服务注册列表信息，并且每 10 秒向 EurekaClient 发送 "ping"，来判断服务的可用性。如果服务的可用性发生了改变或者服务数量和之前的不一致，则更新或者重新拉取。LoadBalancerClient 有了这些服务注册列表信息，就可以根据具体的 IRule 的策略来进行负载均衡。

最后，回到问题的本身，为什么在 RestTemplate 类的 Bean 上加一个 @LoadBalance 注解就可以使用 Ribbon 的负载均衡呢？

全局搜索（IDEA 的快捷键为"Ctrl"+"Shift"+"F"）查看有哪些类用到了 @LoadBalanced 注解。通过搜索，可以发现 LoadBalancerAutoConfiguration 类（LoadBalancer 自动配置类）使用到了该注解，LoadBalancerAutoConfiguration 类的代码如下：

```java
@Configuration
@ConditionalOnClass(RestTemplate.class)
@ConditionalOnBean(LoadBalancerClient.class)
@EnableConfigurationProperties(LoadBalancerRetryProperties.class)
public class LoadBalancerAutoConfiguration {
```

```java
    @LoadBalanced
    @Autowired(required = false)
    private List<RestTemplate> restTemplates = Collections.emptyList();
}
    @Bean
    public SmartInitializingSingleton loadBalancedRestTemplateInitializer(
            final List<RestTemplateCustomizer> customizers) {
        return new SmartInitializingSingleton() {
            @Override
            public void afterSingletonsInstantiated() {
                for (RestTemplate restTemplate : LoadBalancerAutoConfiguration.this.
restTemplates) {
                    for (RestTemplateCustomizer customizer : customizers) {
                        customizer.customize(restTemplate);
                    }
                }
            }
        };
    }
    @Configuration
    @ConditionalOnMissingClass("org.springframework.retry.support.RetryTemplate")
    static class LoadBalancerInterceptorConfig {
        @Bean
        public LoadBalancerInterceptor ribbonInterceptor(
                LoadBalancerClient loadBalancerClient,
                LoadBalancerRequestFactory requestFactory) {
            return new LoadBalancerInterceptor(loadBalancerClient, requestFactory);
        }

        @Bean
        @ConditionalOnMissingBean
        public RestTemplateCustomizer restTemplateCustomizer(
                final LoadBalancerInterceptor loadBalancerInterceptor) {
            return new RestTemplateCustomizer() {
                @Override
                public void customize(RestTemplate restTemplate) {
                    List<ClientHttpRequestInterceptor> list = new ArrayList<>(
                            restTemplate.getInterceptors());
                    list.add(loadBalancerInterceptor);
                    restTemplate.setInterceptors(list);
                }
            };
        }
    }
}
```

在 LoadBalancerAutoConfiguration 类中，首先维护了一个被@LoadBalanced 修饰的 RestTemplate 对象的 List。在初始化的过程中，通过调用 customizer.customize(restTemplate)方法来给 RestTemplate 增加拦截器 LoadBalancerInterceptor。LoadBalancerInterceptor 用于实时拦截，在 LoadBalancerInterceptor 中实现了负载均衡的方法。LoadBalancerInterceptor 类的拦截方法的代码如下：

```
@Override
    public ClientHttpResponse intercept(final HttpRequest request, final byte[] body,
            final ClientHttpRequestExecution execution) throws IOException
{
        final URI originalUri = request.getURI();
        String serviceName = originalUri.getHost();
        return this.loadBalancer.execute(serviceName, requestFactory.createRequest(request,
 body, execution));
}
```

综上所述，Ribbon 的负载均衡主要是通过 LoadBalancerClient 来实现的，而 LoadBalancer-Client 具体交给了 ILoadBalancer 来处理，ILoadBalancer 通过配置 IRule、IPing 等，向 EurekaClient 获取注册列表的信息，默认每 10 秒向 EurekaClient 发送一次"ping"，进而检查是否需要更新服务的注册列表信息。最后，在得到服务注册列表信息后，ILoadBalancer 根据 IRule 的策略进行负载均衡。

而 RestTemplate 加上@LoadBalance 注解后，在远程调度时能够负载均衡，主要是维护了一个被@LoadBalance 注解的 RestTemplate 列表，并给该列表中的 RestTemplate 对象添加了拦截器。在拦截器的方法中，将远程调度方法交给了 Ribbon 的负载均衡器 LoadBalancerClient 去处理，从而达到了负载均衡的目的。

第 7 章 声明式调用 Feign

在上一章中，讲解了如何使用 RestTemplate 来消费服务，如何结合 Ribbon 在消费服务时做负载均衡。本章将全面讲解 Feign，包括如何使用 Feign 来远程调度其他服务、FeignClient 的各项详细配置，并从源码的角度深入讲解 Feign。

Feign 受 Retrofit、JAXRS-2.0 和 WebSocket 的影响，采用了声明式 API 接口的风格，将 Java Http 客户端绑定到它的内部。Feign 的首要目标是将 Java Http 客户端的书写过程变得简单。Feign 的源码地址：https://github.com/OpenFeign/feign。

7.1 写一个 Feign 客户端

本章的案例基于上一章的案例，在 6.3 节的工程基础之上进行改造。本节的案例讲解了如何使用 Feign 进行远程调用。

新建一个 Spring Boot 的 Module 工程，取名为 eureka-feign-client。首先，在工程的 pom 文件中加入相关的依赖，包括继承了主 Maven 工程的 pom 文件、Feign 的起步依赖 spring-cloud-starter-feign、Eureka Client 的起步依赖 spring-cloud-starter-eureka、Web 功能的起步依赖 spring-boot-starter-web，以及 Spring Boot 测试的起步依赖 spring-boot-starter-test，代码如下：

```xml
<parent>
    <groupId>com.forezp</groupId>
    <artifactId>chapter5-2</artifactId>
    <version>1.0-SNAPSHOT</version>
</parent>
<dependencies>
    <dependency>
        <groupId>org.springframework.cloud</groupId>
        <artifactId>spring-cloud-starter-openfeign</artifactId>
    </dependency>
    <dependency>
        <groupId>org.springframework.cloud</groupId>
        <artifactId>spring-cloud-starter-netflix-eureka-client</artifactId>
    </dependency>
```

```xml
<dependency>
    <groupId>org.springframework.boot</groupId>
    <artifactId>spring-boot-starter-web</artifactId>
</dependency>
<dependency>
    <groupId>org.springframework.boot</groupId>
    <artifactId>spring-boot-starter-test</artifactId>
    <scope>test</scope>
</dependency>
</dependencies>
```

引入这些依赖之后,在工程的配置文件 application.yml 做相关的配置,包括配置程序名为 eureka-feign-client,端口号为 8765,服务注册地址为 http://localhost:8761/eureka/,代码如下:

```yaml
spring:
  application:
    name: eureka-feign-client
server:
  port: 8765
eureka:
  client:
    serviceUrl:
      defaultZone: http://localhost:8761/eureka/
```

在程序的启动类 EurekaFeignClientApplication 加上注解@EnableEurekaClient 开启 Eureka Client 的功能,通过注解@EnableFeignClients 开启 Feign Client 的功能。代码如下:

```java
@SpringBootApplication
@EnableEurekaClient
@EnableFeignClients
public class EurekaFeignClientApplication {
    public static void main(String[] args) {
        SpringApplication.run(EurekaFeignClientApplication.class, args);
    }
}
```

通过以上 3 个步骤,该程序就具备了 Feign 的功能,现在来实现一个简单的 Feign Client。新建一个 EurekaClientFeign 的接口,在接口上加@FeignClient 注解来声明一个 Feign Client,其中 value 为远程调用其他服务的服务名,FeignConfig.class 为 Feign Client 的配置类。在 EurekaClientFeign 接口内部有一个 sayHiFromClientEureka()方法,该方法通过 Feign 来调用 eureka-client 服务的 "/hi" 的 API 接口,代码如下:

```java
@FeignClient(value = "eureka-client",configuration = FeignConfig.class)
public interface EurekaClientFeign {
    @GetMapping(value = "/hi")
```

```
    String sayHiFromClientEureka(@RequestParam(value = "name") String name);
}
```

在 FeignConfig 类加上 @Configuration 注解，表明该类是一个配置类，并注入一个 BeanName 为 feignRetryer 的 Retryer 的 Bean。注入该 Bean 之后，Feign 在远程调用失败后会进行重试。代码如下：

```
@Configuration
public class FeignConfig {
    @Bean
    public Retryer feignRetryer() {
        return new Retryer.Default(100, SECONDS.toMillis(1), 5);
    }
}
```

在 Service 层的 HiService 类注入 EurekaClientFeign 的 Bean，通过 EurekaClientFeign 去调用 sayHiFromClientEureka() 方法，其代码如下：

```
@Service
public class HiService {
    @Autowired
    EurekaClientFeign eurekaClientFeign;
    public String sayHi(String name){
        return  eurekaClientFeign.sayHiFromClientEureka(name);
    }
}
```

在 HiController 上加上 @RestController 注解，开启 RestController 的功能，写一个 API 接口 "/hi"，在该接口调用了 HiService 的 sayHi() 方法。HiService 通过 EurekaClientFeign 远程调用 eureka-client 服务的 API 接口 "/hi"。代码如下：

```
@RestController
public class HiController {
    @Autowired
    HiService hiService;
    @GetMapping("/hi")
    public String sayHi(@RequestParam( defaultValue = "forezp",required = false)String name){
        return hiService.sayHi(name);
    }
}
```

启动 eureka-server 工程，端口号为 8761；启动两个 eureka-client 工程的实例，端口号分别为 8762 和 8763；启动 eureka-feign-client 工程，端口号为 8765，此时工程的架构如图 7-1 所示。

第 7 章 声明式调用 Feign

在浏览器上多次访问 http://localhost:8765/hi，浏览器会轮流显示以下内容：

```
hi forezp,i am from port:8763
hi forezp,i am from port:8762
```

由此可见，Feign Client 远程调用了 eureka-client 服务（存在端口为 8762 和 8763 的两个实例）的 "/hi" API 接口，Feign Client 有负载均衡的能力。

查看起步依赖 spring-cloud-starter-openfeign 的 pom 文件，可以看到该起步依赖默认引入了 Ribbon 和 Hystrix 的依赖，即负载均衡和熔断器的依赖。有关 Hystrix 的内容，将在下一章讲解。spring-cloud-starter-openfeign 的 pom 文件的代码如下：

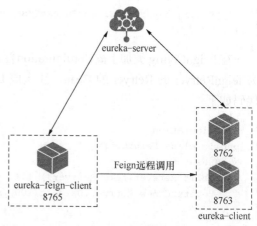

▲图 7-1 工程的架构图

```xml
<dependencies>
    <dependency>
        <groupId>org.springframework.cloud</groupId>
        <artifactId>spring-cloud-starter</artifactId>
    </dependency>
    <dependency>
        <groupId>org.springframework.cloud</groupId>
        <artifactId>spring-cloud-openfeign-core</artifactId>
    </dependency>
    <dependency>
        <groupId>org.springframework</groupId>
        <artifactId>spring-web</artifactId>
    </dependency>
    <dependency>
        <groupId>org.springframework.cloud</groupId>
        <artifactId>spring-cloud-commons</artifactId>
    </dependency>
    <dependency>
        <groupId>io.github.openfeign</groupId>
        <artifactId>feign-core</artifactId>
    </dependency>
    <dependency>
        <groupId>io.github.openfeign</groupId>
        <artifactId>feign-slf4j</artifactId>
    </dependency>
    <dependency>
        <groupId>io.github.openfeign</groupId>
        <artifactId>feign-hystrix</artifactId>
```

```xml
        </dependency>
        <dependency>
            <groupId>io.github.openfeign</groupId>
            <artifactId>feign-java8</artifactId>
        </dependency>
        <dependency>
            <groupId>org.springframework.cloud</groupId>
            <artifactId>spring-cloud-starter-netflix-ribbon</artifactId>
            <optional>true</optional>
        </dependency>
        <dependency>
            <groupId>org.springframework.cloud</groupId>
            <artifactId>spring-cloud-starter-netflix-archaius</artifactId>
            <optional>true</optional>
        </dependency>
    </dependencies>
```

7.2 FeignClient 详解

为了深入理解 Feign，下面将从源码的角度来讲解 Feign。首先来查看 FeignClient 注解 @FeignClient 的源码，其代码如下：

```java
@Target(ElementType.TYPE)
@Retention(RetentionPolicy.RUNTIME)
@Documented
public @interface FeignClient {
  @AliasFor("name")
  String value() default "";
  @AliasFor("value")
  String name() default "";
  @AliasFor("value")
  String name() default "";
  String url() default "";
  boolean decode404() default false;
  Class<?>[] configuration() default {};
  Class<?> fallback() default void.class;
  Class<?> fallbackFactory() default void.class;
  String path() default "";
  boolean primary() default true;
}
```

FeignClient 注解被@Target(ElementType.TYPE)修饰，表示 FeignClient 注解的作用目标在接口上。@Retention(RetentionPolicy.RUNTIME)注解表明该注解会在 Class 字节码文件中存在，在运行时可以通过反射获取到。@Documented 表示该注解将被包含在 Javadoc 中。

@FeignClient 注解用于创建声明式 API 接口,该接口是 RESTful 风格的。Feign 被设计成插拔式的,可以注入其他组件和 Feign 一起使用。最典型的是如果 Ribbon 可用,Feign 会和 Ribbon 相结合进行负载均衡。

在代码中,value()方法和 name()方法一样,是被调用的服务的 ServiceId。url()方法直接填写硬编码的 Url 地址。decode404()方法即 404 是被解码,还是抛异常。configuration()方法指明 FeignClient 的配置类,默认的配置类为 FeignClientsConfiguration 类,在缺省的情况下,这个类注入了默认的 Decoder、Encoder 和 Contract 等配置的 Bean。fallback()为配置熔断器的处理类。

7.3 FeignClient 的配置

Feign Client 默认的配置类为 FeignClientsConfiguration,这个类在 spring-cloud-openfeign-core 的 jar 包下。打开这个类,可以发现这个类注入了很多 Feign 相关的配置 Bean,包括 FeignRetryer、FeignLoggerFactory 和 FormattingConversionService 等。另外,Decoder、Encoder 和 Contract 这 3 个类在没有 Bean 被注入的情况下,会自动注入默认配置的 Bean,即 ResponseEntityDecoder、SpringEncoder 和 SpringMvcContract。默认注入的配置如下。

- Decoder feignDecoder:ResponseEntityDecoder。
- Encoder feignEncoder:SpringEncoder。
- Logger feignLogger:Slf4jLogger。
- Contract feignContract:SpringMvcContract。
- Feign.Builder feignBuilder:HystrixFeign.Builder。

FeignClientsConfiguration 的配置类部分代码如下,@ConditionalOnMissingBean 注解表示如果没有注入该类的 Bean,那么就会默认注入一个 Bean。

```
@Configuration
public class FeignClientsConfiguration {
…//省略代码
    @Bean
    @ConditionalOnMissingBean
    public Decoder feignDecoder() {
      return new ResponseEntityDecoder(new SpringDecoder(this.messageConverters));
    }

    @Bean
    @ConditionalOnMissingBean
    public Encoder feignEncoder() {
        return new SpringEncoder(this.messageConverters);
    }

    @Bean
```

```
    @ConditionalOnMissingBean
    public Contract feignContract(ConversionService feignConversionService) {
        return new SpringMvcContract(this.parameterProcessors, feignConversionServic
);
    }
…//省略代码
}
```

重写 FeignClientsConfiguration 类中的 Bean，覆盖掉默认的配置 Bean，从而达到自定义配置的目的。例如 Feign 默认的配置在请求失败后，重试次数为 0，即不重试（Retryer.NEVER_RETRY）。现在希望在请求失败后能够重试，这时需要写一个配置 FeignConfig 类，在该类中注入 Retryer 的 Bean，覆盖掉默认的 Retryer 的 Bean，并将 FeignConfig 指定为 FeignClient 的配置类。FeignConfig 类的代码如下：

```
@Configuration
public class FeignConfig {
    @Bean
    public Retryer feignRetryer() {
        return new Retryer.Default(100, SECONDS.toMillis(1), 5);
    }
}
```

在上面的代码中，通过覆盖了默认的 Retryer 的 Bean，更改了该 FeignClient 的请求失败重试的策略，重试间隔为 100 毫秒，最大重试时间为 1 秒，重试次数为 5 次。

7.4 从源码的角度讲解 Feign 的工作原理

Feign 是一个伪 Java Http 客户端，Feign 不做任何的请求处理。Feign 通过处理注解生成 Request 模板，从而简化了 Http API 的开发。开发人员可以使用注解的方式定制 Request API 模板。在发送 Http Request 请求之前，Feign 通过处理注解的方式替换掉 Request 模板中的参数，生成真正的 Request，并交给 Java Http 客户端去处理。利用这种方式，开发者只需要关注 Feign 注解模板的开发，而不用关注 Http 请求本身，简化了 Http 请求的过程，使得 Http 请求变得简单和容易理解。

Feign 通过包扫描注入 FeignClient 的 Bean，该源码在 FeignClientsRegistrar 类中。首先在程序启动时，会检查是否有@EnableFeignClients 注解，如果有该注解，则开启包扫描，扫描被@FeignClient 注解的接口。代码如下：

```
private void registerDefaultConfiguration(AnnotationMetadata metadata,
            BeanDefinitionRegistry registry) {
        Map<String, Object> defaultAttrs = metadata
                .getAnnotationAttributes(EnableFeignClients.class.getName(), true);
```

```
            if (defaultAttrs != null && defaultAttrs.containsKey("defaultConfiguration")) {
                String name;
                if (metadata.hasEnclosingClass()) {
                    name = "default." + metadata.getEnclosingClassName();
                }
                else {
                    name = "default." + metadata.getClassName();
                }
                registerClientConfiguration(registry, name,
                        defaultAttrs.get("defaultConfiguration"));
            }
        }
```

当程序的启动类上有@EnableFeignClients 注解。在程序启动后，程序会通过包扫描将有 @FeignClient 注解修饰的接口连同接口名和注解的信息一起取出，赋给 BeanDefinitionBuilder，然后根据 BeanDefinitionBuilder 得到 BeanDefinition，最后将 BeanDefinition 注入 IoC 容器中，源码如下：

```
public void registerFeignClients(AnnotationMetadata metadata,
        BeanDefinitionRegistry registry) {
    …//省略代码
        scanner.setResourceLoader(this.resourceLoader);

                    Map<String, Object> attributes = annotationMetadata
                            .getAnnotationAttributes(
                                    FeignClient.class.getCanonicalName());

                    String name = getClientName(attributes);
                    registerClientConfiguration(registry, name,
                            attributes.get("configuration"));

                    registerFeignClient(registry, annotationMetadata, attributes);
                }
            }
        }
    }
    private void registerFeignClient(BeanDefinitionRegistry registry,
            AnnotationMetadata annotationMetadata, Map<String, Object> attributes) {
        String className = annotationMetadata.getClassName();
        BeanDefinitionBuilder definition = BeanDefinitionBuilder
                .genericBeanDefinition(FeignClientFactoryBean.class);
        …//省略代码
            BeanDefinitionHolder holder = new BeanDefinitionHolder(beanDefinition,
className,
            new String[] { alias });
```

```
                BeanDefinitionReaderUtils.registerBeanDefinition(holder, registry);
    }
```

注入 BeanDefinition 之后，通过 JDK 的代理，当调用 Feign Client 接口里面的方法时，该方法会被拦截，源码在 ReflectiveFeign 类，代码如下：

```
public <T> T newInstance(Target<T> target) {
    ...//省略代码
      for (Method method : target.type().getMethods()) {
      if (method.getDeclaringClass() == Object.class) {
        continue;
      } else if(Util.isDefault(method)) {
        DefaultMethodHandler handler = new DefaultMethodHandler(method);
        defaultMethodHandlers.add(handler);
        methodToHandler.put(method, handler);
      } else {
        methodToHandler.put(method, nameToHandler.get(Feign.configKey(target.type(), method)));
      }
    }
    InvocationHandler handler = factory.create(target, methodToHandler);
     T proxy = (T) Proxy.newProxyInstance(target.type().getClassLoader(), new Class<?>[]{target.type()}, handler);
      for(DefaultMethodHandler defaultMethodHandler : defaultMethodHandlers) {
        defaultMethodHandler.bindTo(proxy);
      }
      return proxy;
  }
```

在 SynchronousMethodHandler 类进行拦截处理，会根据参数生成 RequestTemplate 对象，该对象是 Http 请求的模板，代码如下：

```
@Override
  public Object invoke(Object[] argv) throws Throwable {
    RequestTemplate template = buildTemplateFromArgs.create(argv);
    Retryer retryer = this.retryer.clone();
    while (true) {
      try {
        return executeAndDecode(template);
      } catch (RetryableException e) {
        retryer.continueOrPropagate(e);
        if (logLevel != Logger.Level.NONE) {
          logger.logRetry(metadata.configKey(), logLevel);
        }
        continue;
      }
```

       }
    }

在上述代码中，有一个 executeAndDecode()方法，该方法通过 RequestTemplate 生成 Request 请求对象，然后用 Http Client 获取 Response，即通过 Http Client 进行 Http 请求来获取响应，代码如下：

```
Object executeAndDecode(RequestTemplate template) throws Throwable {
   Request request = targetRequest(template);
   …//省略代码
   response = client.execute(request, options);
   …//省略代码
}
```

7.5 在 Feign 中使用 HttpClient 和 OkHttp

在 Feign 中，Client 是一个非常重要的组件，Feign 最终发送 Request 请求以及接收 Response 响应都是由 Client 组件完成的。Client 在 Feign 源码中是一个接口，在默认情况下，Client 的实现类是 Client.Default，Client.Default 是由 HttpURLConnnection 来实现网络请求的。另外，Client 还支持 HttpClient 和 OkHttp 来进行网络请求。

首先查看 FeignRibbonClient 的自动配置类 FeignRibbonClientAutoConfiguration，该类在工程启动时注入一些 Bean，其中注入了一个 BeanName 为 feignClient 的 Client 类型的 Bean，代码如下：

```
@ConditionalOnClass({ ILoadBalancer.class, Feign.class })
@Configuration
@AutoConfigureBefore(FeignAutoConfiguration.class)
public class FeignRibbonClientAutoConfiguration {
…//省略代码
    @Bean
    @ConditionalOnMissingBean
    public Client feignClient(CachingSpringLoadBalancerFactory cachingFactory,
            SpringClientFactory clientFactory) {
        return new LoadBalancerFeignClient(new Client.Default(null, null),
                cachingFactory, clientFactory);
    }
…//省略代码
}
```

在缺省配置 BeanName 为 FeignClient 的 Bean 的情况下，会自动注入 Client.Default 这个对象，跟踪 Client.Default 源码，Client.Default 使用的网络请求框架为 HttpURLConnection，代码如下：

```
@Override
  public Response execute(Request request, Options options) throws IOException {
    HttpURLConnection connection = convertAndSend(request, options);
    return convertResponse(connection).toBuilder().request(request).build();
  }
```

那么，如何在 Feign 中使用 HttpClient 的网络请求框架呢？下面继续查看 FeignRibbonClientAutoConfiguration 的源码：

```
@ConditionalOnClass({ ILoadBalancer.class, Feign.class })
@Configuration
@AutoConfigureBefore(FeignAutoConfiguration.class)
public class FeignRibbonClientAutoConfiguration {
…//省略代码

    @Configuration
    @ConditionalOnClass(ApacheHttpClient.class)
    @ConditionalOnProperty(value = "feign.httpclient.enabled", matchIfMissing = true)
    protected static class HttpClientFeignLoadBalancedConfiguration {
        @Autowired(required = false)
        private HttpClient httpClient;
        @Bean
        @ConditionalOnMissingBean(Client.class)
        public Client feignClient(CachingSpringLoadBalancerFactory cachingFactory,
                SpringClientFactory clientFactory) {
            ApacheHttpClient delegate;
            if (this.httpClient != null) {
                delegate = new ApacheHttpClient(this.httpClient);
            }
            else {
                delegate = new ApacheHttpClient();
            }
            return new LoadBalancerFeignClient(delegate, cachingFactory, clientFactory);
        }
    }
…//省略代码
}
```

从代码@ConditionalOnClass(ApacheHttpClient.class)注解可知道，只需要在 pom 文件加上 HttpClient 的 Classpath 即可。另外需要在配置文件 application.yml 中配置 feign.httpclient.enabled 为 true，从@ConditionalOnProperty 注解可知，这个配置可以不写，因为在默认的情况下就为 true。

在工程的 pom 文件加上 feign-httpclient 的依赖，Feign 就会采用 HttpClient 作为网络请求框架，而不是默认的 HttpURLConnection。代码如下：

```xml
<dependency>
    <groupId>io.github.openfeign</groupId>
    <artifactId>feign-httpclient</artifactId>
    <version>RELEASE</version>
</dependency>
```

同理，如果想要 Feign 中使用 Okhttp 作为网络请求框架，则只需要在 pom 文件上加上 feign-okhttp 的依赖，代码如下：

```xml
<dependency>
    <groupId>com.netflix.feign</groupId>
    <artifactId>feign-okhttp</artifactId>
    <version>RELEASE</version>
</dependency>
```

7.6 Feign 是如何实现负载均衡的

FeignRibbonClientAutoConfiguration 类配置了 Client 的类型（包括 HttpURLConnection、OkHttp 和 HttpClient），最终向容器注入的是 Client 的实现类 LoadBalancerFeignClient，即负载均衡客户端。查看 LoadBalancerFeignClient 类中的 execute 方法，即执行请求的方法，代码如下：

```java
@Override
    public Response execute(Request request, Request.Options options) throws IOException {
        try {
            URI asUri = URI.create(request.url());
            String clientName = asUri.getHost();
            URI uriWithoutHost = cleanUrl(request.url(), clientName);
            FeignLoadBalancer.RibbonRequestribbonRequest = new FeignLoadBalancer.RibbonRequest(
                    this.delegate, request, uriWithoutHost);

            IClientConfig requestConfig = getClientConfig(options, clientName);
            return lbClient(clientName).executeWithLoadBalancer(ribbonRequest,
                    requestConfig).toResponse();
        }
        catch (ClientException e) {
            IOException io = findIOException(e);
            if (io != null) {
                throw io;
            }
            throw new RuntimeException(e);
        }
    }
```

7.6 Feign 是如何实现负载均衡的

其中有一个 executeWithLoadBalancer()方法,即通过负载均衡的方式来执行网络请求,代码如下:

```
public T executeWithLoadBalancer(final S request, final IClientConfig requestConfig)
throws ClientException {
        …//省略代码
        try {
            return command.submit(
                new ServerOperation<T>() {
                    …//省略代码
                })
                .toBlocking()
                .single();
        } catch (Exception e) {
            …//省略代码
        }
    }
```

在上述代码中,有一个 submit()方法,进入 submit() 方法的内部可以看出它是 LoadBalancer-Command 类的方法,代码如下:

```
Observable<T> o =
            (server == null ? selectServer() : Observable.just(server))
            .concatMap(new Func1<Server, Observable<T>>() {
                @Override
                // Called for each server being selected
                public Observable<T> call(Server server) {
                    context.setServer(server);
}});
```

在上述代码中,有一个 selectServer()方法,用于选择服务进行负载均衡,代码如下:

```
private Observable<Server> selectServer() {
        return Observable.create(new OnSubscribe<Server>() {
            @Override
            public void call(Subscriber<? super Server> next) {
                try {
                    Server server = loadBalancerContext.getServerFromLoadBalancer(lo
adBalancerURI, loadBalancerKey);
                    next.onNext(server);
                    next.onCompleted();
                } catch (Exception e) {
                    next.onError(e);
                }
            }
        });
    }
```

由上述代码可知，最终负载均衡交给 loadBalancerContext 来处理，即第 6 章讲述的 Ribbon，这里不再重复。此时案例的架构图如图 7-2 所示。

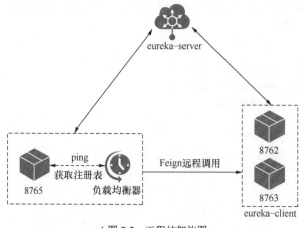

▲图 7-2　工程的架构图

7.7　总结

总的来说，Feign 的源码实现过程如下。

（1）首先通过@EnableFeignClients 注解开启 FeignClient 的功能。只有这个注解存在，才会在程序启动时开启对@FeignClient 注解的包扫描。

（2）根据 Feign 的规则实现接口，并在接口上面加上@FeignClient 注解。

（3）程序启动后，会进行包扫描，扫描所有的@FeignClient 的注解的类，并将这些信息注入 IoC 容器中。

（4）当接口的方法被调用时，通过 JDK 的代理来生成具体的 RequestTemplate 模板对象。

（5）根据 RequestTemplate 再生成 Http 请求的 Request 对象。

（6）Request 对象交给 Client 去处理，其中 Client 的网络请求框架可以是 HttpURLConnection、HttpClient 和 OkHttp。

（7）最后 Client 被封装到 LoadBalanceClient 类，这个类结合类 Ribbon 做到了负载均衡。

第 8 章 熔断器 Hystrix

前两章讲述了如何使用 RestTemplate 和 Feign 去消费服务，并详细地讲述了 Ribbon 做负载均衡的原理和 Feign 的工作原理。本章将讲述如何在用 RestTemplate 和 Feign 消费服务时使用熔断器 Hystrix，将从以下 7 个方面进行讲解。

- 什么是 Hystrix。
- Hystrix 解决了什么问题。
- Hystrix 的工作原理。
- 如何在 RestTemplate 和 Ribbon 作为服务消费者时使用 Hystrix。
- 如何在 Feign 作为服务消费者时使用 Hystrix。
- 如何使用 Hystrix Dashboard 监控熔断器的状况。
- 如何使用 Turbine 聚合多个 Hystrix Dashboard。

8.1 Hystrix 简介

在分布式系统中，服务与服务之间的依赖错综复杂，一种不可避免的情况就是某些服务会出现故障，导致依赖于它们的其他服务出现远程调度的线程阻塞。Hystrix 是 Netflix 公司开源的一个项目，它提供了熔断器功能，能够阻止分布式系统中出现联动故障。Hystrix 是通过隔离服务的访问点阻止联动故障的，并提供了故障的解决方案，从而提高了整个分布式系统的弹性。

8.2 Hystrix 解决的问题

在复杂的分布式系统中，可能有几十个服务相互依赖，这些服务由于某些原因，例如机房的不可靠性、网络服务商的不可靠性等，导致某个服务不可用。如果系统不隔离该不可用的服务，可能会导致整个系统不可用。

例如，对于依赖 30 个服务的应用程序，每个服务的正常运行时间为 99.99%，对于单个服务来说，99.99%的可用是非常完美的。

有 $99.99^{30} = 99.7\%$ 的可正常运行时间和 0.3% 的不可用时间，那么 10 亿次请求中有 3000000 次失败，实际的情况可能比这更糟糕。

如果不设计整个系统的韧性，即使所有依赖关系表现良好，单个服务只有 0.01% 的不可用，由于整个系统的服务相互依赖，最终对整个系统的影响是非常大的。

在微服务系统中，一个用户请求可能需要调用几个服务才能完成。如图 8-1 所示，在所有的服务都处于可用状态时，一个用户请求需要调用 A、H、I 和 P 服务。

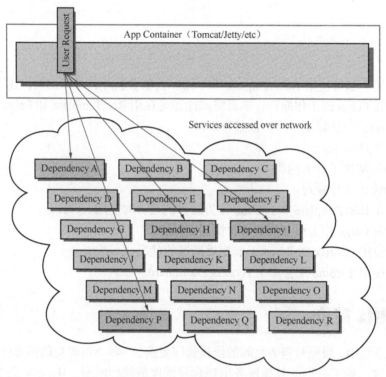

▲图 8-1　正常情况下一个请求的状态（图片来源于网络）

当某一个服务，例如服务 I，出现网络延迟或者故障时，即使服务 A、H 和 P 可用，由于服务 I 的不可用，整个用户请求会处于阻塞状态，并等待服务 I 的响应，如图 8-2 所示。

在高并发的情况下，单个服务的延迟会导致整个请求都处于延迟状态，可能在几秒钟就使整个服务处于线程负载饱和的状态。

某个服务的单个点的请求故障会导致用户的请求处于阻塞状态，最终的结果就是整个服务的线程资源消耗殆尽。服务的依赖性会导致依赖于该故障服务的其他服务也处于线程阻塞状态，最终导致这些服务的线程资源消耗殆尽，直到不可用，从而导致整个微服务系统都不可用，即雪崩效应。

为了防止雪崩效应，因而产生了熔断器模型。Hystrix 是在业界表现非常好的一个熔断器模型实现的开源组件，它是 Spring Cloud 组件不可缺少的一部分。

8.4 Hystrix 的工作机制

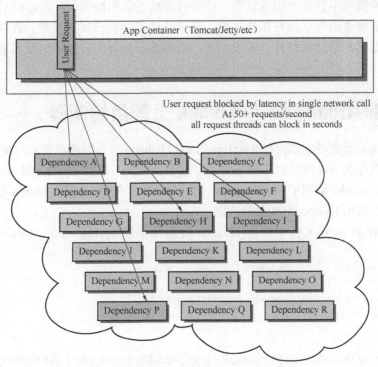

▲图 8-2 当某个服务出现故障（图片来源于网络）

8.3 Hystrix 的设计原则

总的来说，Hystrix 的设计原则如下。
- 防止单个服务的故障耗尽整个服务的 Servlet 容器（例如 Tomcat）的线程资源。
- 快速失败机制，如果某个服务出现了故障，则调用该服务的请求快速失败，而不是线程等待。
- 提供回退（fallback）方案，在请求发生故障时，提供设定好的回退方案。
- 使用熔断机制，防止故障扩散到其他服务。
- 提供熔断器的监控组件 Hystrix Dashboard，可以实时监控熔断器的状态。

8.4 Hystrix 的工作机制

第 2 章的图 2-5 展示了 Hystrix 的工作机制。首先，当服务的某个 API 接口的失败次数在一定时间内小于设定的阀值时，熔断器处于关闭状态，该 API 接口正常提供服务。当该 API 接口处理请求的失败次数大于设定的阀值时，Hystrix 判定该 API 接口出现了故障，打开熔断器，这时请求该 API 接口会执行快速失败的逻辑（即 fallback 回退的逻辑），不执行业

115

务逻辑，请求的线程不会处于阻塞状态。处于打开状态的熔断器，一段时间后会处于半打开状态，并将一定数量的请求执行正常逻辑。剩余的请求会执行快速失败，若执行正常逻辑的请求失败了，则熔断器继续打开；若成功了，则将熔断器关闭。这样熔断器就具有了自我修复的能力。

8.5 在 RestTemplate 和 Ribbon 上使用熔断器

本节以案例的形式讲解如何在 RestTemplate 和 Ribbon 作为服务消费者时使用 Hystrix 熔断器。本节的案例在上一章的案例基础之上进行改造。在上一章的 eureka-ribbon-client 工程中，我们使用 RestTempalte 调用了 eureka-client 的 "/hi" API 接口，并用 Ribbon 做了负载均衡，本节在此基础上增加 Hystrix 熔断器的功能。

首先在工程的 pom 文件中引用 Hystrix 的起步依赖 spring-cloud-starter-hystrix，代码如下：

```
<dependency>
    <groupId>org.springframework.cloud</groupId>
    <artifactId>spring-cloud-starter-netflix-hystrix</artifactId>
</dependency>
```

然后在 Spring Boot 的启动类 EurekaRibbonClientApplication 加上 @EnableHystrix 注解开启 Hystrix 的熔断器功能，代码如下：

```
@SpringBootApplication
@EnableEurekaClient
@EnableHystrix
public class EurekaRibbonClientApplication {
    public static void main(String[] args) {
        SpringApplication.run(EurekaRibbonClientApplication.class, args);
    }
}
```

修改 RibbonService 的代码，在 hi() 方法上加 @HystrixCommand 注解。有了 @HystrixCommand 注解，hi() 方法就启用 Hystrix 熔断器的功能，其中，fallbackMethod 为处理回退（fallback）逻辑的方法。在本例中，直接返回了一个字符串。在熔断器打开的状态下，会执行 fallback 逻辑。fallback 的逻辑最好是返回一些静态的字符串，不需要处理复杂的逻辑，也不需要远程调度其他服务，这样方便执行快速失败，释放线程资源。如果一定要在 fallback 逻辑中远程调度其他服务，最好在远程调度其他服务时，也加上熔断器。案例代码如下：

```
@Service
public class RibbonService {
    @Autowired
    RestTemplate restTemplate;
```

```
    @HystrixCommand(fallbackMethod = "hiError")
    public String hi(String name) {
        return restTemplate.getForObject("http://eureka-client/hi?name="+name,String.class);
    }
    public String hiError(String name) {
        return "hi,"+name+",sorry,error!";
    }
}
```

依次启动工程 eureka-server、eureka-client 和 eureka-ribbon-client。等所有的工程都启动完毕，在浏览器上访问 http://localhost:8764/hi，浏览器会显示：

```
hi forezp,i am from port:8762
```

关闭 eureka-client，即它处于不可用的状态，此时 eureka-ribbon-client 无法调用 eureka-client 的 "/hi" 接口，访问 http://localhost:8764/hi，浏览器会显示：

```
hi,forezp,sorry,error!
```

由此可见，当 eureka-client 不可用时，调用 eureka-ribbon-client 的 "/hi" 接口会进入 RibbonService 类的 "/hi" 方法中。由于 eureka-client 没有响应，判定 eureka-client 不可用，开启了熔断器，最后进入了 fallbackMethod 的逻辑。当熔断器打开了，之后的请求会直接执行 fallbackMethod 的逻辑。这样做的好处就是通过快速失败，请求能够得到及时处理，线程不再阻塞。

8.6　在 Feign 上使用熔断器

由于 Feign 的起步依赖中已经引入了 Hystrix 的依赖，所以在 Feign 中使用 Hystrix 不需要引入任何的依赖。只需要在 eureka-feign-client 工程的配置文件 application.yml 中配置开启 Hystrix 的功能，配置文件 application.yml 中加以下配置：

```
feign:
  hystrix:
    enabled: true
```

然后修改 eureka-feign-client 工程中的 EurekaClientFeign 代码，在@FeignClient 注解的 fallback 配置加上快速失败的处理类。该处理类是作为 Feign 熔断器的逻辑处理类，必须实现被@FeignClient 修饰的接口。例如案例中的 HiHystrix 类实现了接口 EurekaClientFeign，最后需要以 Spring Bean 的形式注入 IoC 容器中。代码如下：

```
@FeignClient(value = "eureka-client",
             configuration = FeignConfig.class,fallback = HiHystrix.class)
public interface EurekaClientFeign {
    @GetMapping(value = "/hi")
```

```
    String sayHiFromClientEureka(@RequestParam(value = "name") String name);
}
```

HiHystrix 作为熔断器的逻辑处理类，需要实现 EurekaClientFeign 接口，并需要在接口方法 sayHiFromClientEureka() 里写处理熔断的具体逻辑，同时还需要在 HiHystrix 类上加 @Component 注解，注入 IoC 容器中。代码如下：

```
@Component
public class HiHystrix implements EurekaClientFeign {
    @Override
    public String sayHiFromClientEureka(String name) {
        return "hi,"+name+",sorry,error!";
    }
}
```

依次启动工程 eureka-server、eureka-client 和 eureka-feign-client。在浏览器上访问 http://localhost:8765/hi，浏览器会显示：

```
hi forezp,i am from port:8762
```

关闭 eureka-client，即它处于不可用的状态，此时 eureka-feign-client 无法调用 eureka-client 的 "/hi" 接口，在浏览器上访问 http://localhost:8765/hi，浏览器会显示：

```
hi,forezp,sorry,error!
```

由此可见，当 eureka-client 不可用时，eureka-feign-client 进入了 fallback 的逻辑处理类（即 HiHystrix），由这个类来执行熔断器打开时的处理逻辑。

8.7 使用 Hystrix Dashboard 监控熔断器的状态

在微服务架构中，为了保证服务实例的可用性，防止服务实例出现故障导致线程阻塞，而出现了熔断器模型。熔断器的状况反映了一个程序的可用性和健壮性，是一个重要指标。Hystrix Dashboard 是监控 Hystrix 的熔断器状况的一个组件，提供了数据监控和友好的图形化展示界面。本节在上一节的基础上，以案例的形式讲述如何使用 Hystrix Dashboard 监控熔断器的状态。

8.7.1 在 RestTemplate 中使用 Hystrix Dashboard

改造上一节的工程，首先在 eureka-ribbon-client 工程的 pom 文件上加上 Actuator 的起步依赖、Hystrix Dashboard 的起步依赖和 Hystrix 的起步依赖，这 3 个依赖是必需的。代码如下：

```
<dependency>
    <groupId>org.springframework.boot</groupId>
```

```
    <artifactId>spring-boot-starter-actuator</artifactId>
</dependency>
 <dependency>
    <groupId>org.springframework.cloud</groupId>
    <artifactId>spring-cloud-starter-netflix-hystrix-dashboard</artifactId>
</dependency>
<dependency>
    <groupId>org.springframework.cloud</groupId>
    <artifactId>spring-cloud-starter-netflix-hystrix</artifactId>
</dependency>
```

在程序的启动类 EurekaRibbonClientApplication 加上@EnableHystrixDashboard 开启 Hystrix Dashboard 的功能，完整的代码如下：

```
@SpringBootApplication
@EnableEurekaClient
@EnableHystrix
@EnableHystrixDashboard
public class EurekaRibbonClientApplication {
    public static void main(String[] args) {
        SpringApplication.run(EurekaRibbonClientApplication.class, args);
    }
}
```

依次启动工程 eureka-server、eureka-client 和 eureka-ribbon-client，在浏览器上访问 http://localhost:8764/hi。

然后在浏览器上访问 http://localhost:8764/hystrix.stream，浏览器上会显示熔断器的数据指标，如图 8-3 所示。

ping:

data:
{"type":"HystrixCommand","name":"hi","group":"RibbonService","currentTime":1498027270668,"isCircuitBreakerOpen":false,"errorPe
ountEmit":0,"rollingCountExceptionsThrown":0,"rollingCountFailure":0,"rollingCountFallbackEmit":0,"rollingCountFallbackFailure
ResponsesFromCache":0,"rollingCountSemaphoreRejected":0,"rollingCountShortCircuited":0,"rollingCountSuccess":0,"rollingCountTh
":0,"latencyExecute_mean":0,"latencyExecute":{"0":0,"25":0,"50":0,"75":0,"90":0,"95":0,"99":0,"99.5":0,"100":0},"latencyTotal_
{"0":0,"25":0,"50":0,"75":0,"90":0,"95":0,"99":0,"99.5":0,"100":0},"propertyValue_circuitBreakerRequestVolumeThreshold":20,"pr
,"propertyValue_circuitBreakerForceOpen":false,"propertyValue_circuitBreakerForceClosed":false,"propertyValue_circuitBreakerEn
liseconds":1000,"propertyValue_executionTimeoutInMilliseconds":1000,"propertyValue_executionIsolationThreadInterruptOnTimeout"
currentRequests":10,"propertyValue_fallbackIsolationSemaphoreMaxConcurrentRequests":10,"propertyValue_metricsRollingStatistica
tingHosts":1,"threadPool":"RibbonService"}

data:
{"type":"HystrixThreadPool","name":"RibbonService","currentTime":1498027270694,"currentActiveCount":0,"currentCompletedTaskCou
ueueSize":0,"currentTaskCount":1,"rollingCountThreadsExecuted":0,"rollingMaxActiveThreads":0,"rollingCountCommandRejections":0
"reportingHosts":1}

▲图 8-3 Hystrix 的数据指标图

在浏览器上访问 http://localhost:8764/hystrix，浏览器显示的界面如图 8-4 所示。

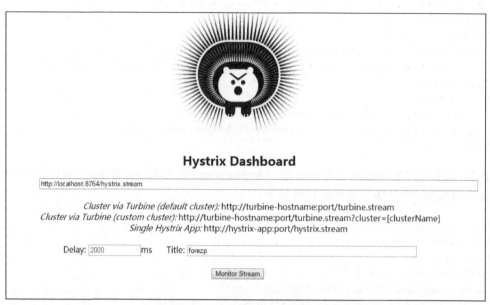

▲图 8-4　Hystrix Dashboard 的主页图

在界面上依次填写 http://localhost:8764/hystrix.stream、2000、forezp（这个可以随意填写），单击"monitor"，进入页面，如图 8-5 所示。

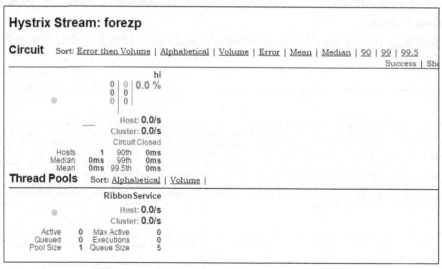

▲图 8-5　eureka-ribbon-client 的 Hystrix Dashboard 展示图

在该页面显示了熔断器的各种数据指标，这些数据指标所表示的含义如图 8-6 所示，该图来自于 Hystrix 的官方文档，更多信息可以到 GitHub 中查阅官方文档。

8.7 使用 Hystrix Dashboard 监控熔断器的状态

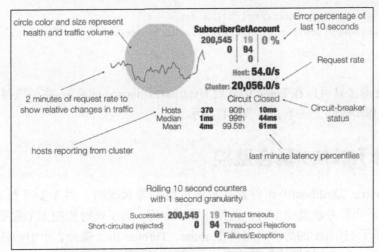

▲图 8-6 Hystrix Dashboard 的各种数据指标的含义

8.7.2 在 Feign 中使用 Hystrix Dashboard

同 eureka-ribbon-client 类似，eureka-feign-client 工程的 pom 文件需要加上 Actuator、Hystrix 和 Hystrix Dashboard 的起步依赖。可能有读者会疑惑：Feign 不是自带 Hystrix 吗？为什么还需要加入 spring-cloud-starter-hystrix？这是因为 Feign 自带的 Hystrix 的依赖不是起步依赖。Feign 的起步依赖包含的依赖如下：

```xml
<dependency>
    <groupId>org.springframework.boot</groupId>
    <artifactId>spring-boot-starter-actuator</artifactId>
</dependency>
<dependency>
    <groupId>org.springframework.cloud</groupId>
    <artifactId>spring-cloud-starter-netflix-hystrix-dashboard</artifactId>
</dependency>
<dependency>
    <groupId>org.springframework.cloud</groupId>
    <artifactId>spring-cloud-starter-netflix-hystrix</artifactId>
</dependency>
```

需要在程序的启动类 EurekaFeignClientApplication 加上注解@EnableHystrixDashboard 开启 HystrixDashboard 的功能。完整的代码如下：

```
@SpringBootApplication
@EnableEurekaClient
@EnableFeignClients
@EnableHystrixDashboard
@EnableHystrix
public class EurekaFeignClientApplication {
```

```
    public static void main(String[] args) {
        SpringApplication.run(EurekaFeignClientApplication.class, args);
    }
}
```

只需要上述两步就可以在 Feign 中开启 Hystrix Dashboard 的功能。在浏览器上展示 Hystrix Dashboard 的操作步骤同上一节，本节不再演示。

8.8 使用 Turbine 聚合监控

在使用 Hystrix Dashboard 组件监控服务的熔断器状况时，每个服务都有一个 Hystrix Dashboard 主页，当服务数量很多时，监控非常不方便。为了同时监控多个服务的熔断器的状况，Netflix 开源了 Hystrix 的另一个组件 Turbine。Turbine 用于聚合多个 Hystrix Dashboard，将多个 Hystrix Dashboard 组件的数据放在一个页面上展示，进行集中监控。

在上一节的例子上继续进行改造，在主 Maven 工程下新建一个 Module 工程，作为 Turbine 聚合监控的工程，取名为 eureka-monitor-client。首先，在工程的 pom 文件引入工程所需的依赖，包括 hystrix dashboard、turbine、actuator 和 test 的起步依赖，完整的代码如下：

```xml
<dependencies>
    <dependency>
    <groupId>org.springframework.cloud</groupId>
    <artifactId>spring-cloud-starter-netflix-hystrix-dashboard</artifactId>
    </dependency>
    <dependency>
        <groupId>org.springframework.cloud</groupId>
        <artifactId>spring-cloud-starter-netflix-turbine</artifactId>
    </dependency>
    <dependency>
        <groupId>org.springframework.boot</groupId>
        <artifactId>spring-boot-starter-actuator</artifactId>
    </dependency>
    <dependency>
        <groupId>org.springframework.boot</groupId>
        <artifactId>spring-boot-starter-test</artifactId>
        <scope>test</scope>
    </dependency>
</dependencies>
```

然后在工程的配置文件 application 加上相关的配置，具体配置代码如下：

```
spring:
  application.name: service-turbine
server:
  port: 8769
```

8.8 使用 Turbine 聚合监控

```
turbine:
  combine-host-port: true
  app-config: eureka-ribbon-client,eureka-feign-client
  cluster-name-expression: new String("default")
  aggregator:
    cluster-config: default
  instanceUrlSuffix: /hystrix.stream
eureka:
  client:
    serviceUrl:
      defaultZone: http://localhost:8761/eureka/
```

上述配置代码指定了工程的端口号为 8769，服务名为 service-turbine。turbine.aggregator.app-config 配置了需要监控的服务名，如本例中的 eureka-ribbon-client 和 eureka-feign-client。clusterNameExpression 默认为服务名的集群，此时用默认的即可。turbine.aggregator.cluster-config 可以不写，因为默认就是 default。turbine.instanceUrlSuffix 必须填写为/histrix.stream，如果不填写，就会从/actuator/hystrix.stream 读取。最后指定了服务注册中心的地址为 http://localhost:8761/eureka/。

启动工程 eureka-server、eureka-client、eureka-ribbon-client 和 eureka-monitor-client。在浏览器上访问 http://localhost:8764/hi?name=forezp 和 http://localhost:8765/hi?name=forezp。

在浏览器上打开网址 http://localhost:8765/hystrix，这个界面为 Hystrix Dashboard 界面。在界面上依次输入监控流的 Url 地址 http://localhost:8769/turbine.stream、监控时间间隔 2000 毫秒和 title，单击 "monitor"，可以看到如图 8-7 所示的界面。

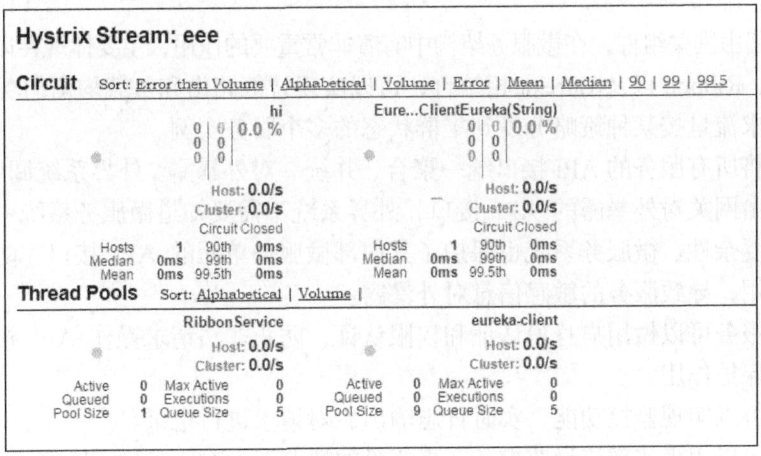

▲图 8-7　Hystrix 的 Turbine 聚合监控

从图 8-7 中可以看到，这个页面聚合了 eureka-ribbon-client 和 eureka-feign-client 的 Hystrix Dashboard 数据。

第 9 章 路由网关 Spring Cloud Zuul

前文已经讲解了 Netflix 的一系列组件，包括服务发现和注册组件 Eureka、负载均衡组件 Ribbon、声明式调用组件 Feign 和熔断器组件 Hystrix。本章讲解 Netflix 构建微服务的另一个组件——智能路由网关组件 Zuul。Zuul 作为微服务系统的网关组件，用于构建边界服务（Edge Service），致力于动态路由、过滤、监控、弹性伸缩和安全。

本章将从以下 3 个方面来讲述 Zuul。
- 为什么需要 Zuul。
- Zuul 的工作原理。
- Zuul 的案例实战。

9.1 为什么需要 Zuul

Zuul 作为路由网关组件，在微服务架构中有着非常重要的作用，主要体现在以下 6 个方面。
- Zuul、Ribbon 以及 Eureka 相结合，可以实现智能路由和负载均衡的功能，Zuul 能够将请求流量按某种策略分发到集群状态的多个服务实例。
- 网关将所有服务的 API 接口统一聚合，并统一对外暴露。外界系统调用 API 接口时，都是由网关对外暴露的 API 接口，外界系统不需要知道微服务系统中各服务相互调用的复杂性。微服务系统也保护了其内部微服务单元的 API 接口，防止其被外界直接调用，导致服务的敏感信息对外暴露。
- 网关服务可以做用户身份认证和权限认证，防止非法请求操作 API 接口，对服务器起到保护作用。
- 网关可以实现监控功能，实时日志输出，对请求进行记录。
- 网关可以用来实现流量监控，在高流量的情况下，对服务进行降级。
- API 接口从内部服务分离出来，方便做测试。

9.2 Zuul 的工作原理

Zuul 是通过 Servlet 来实现的，Zuul 通过自定义的 ZuulServlet（类似于 Spring MVC 的

DispatcServlet）来对请求进行控制。Zuul 的核心是一系列过滤器，可以在 Http 请求的发起和响应返回期间执行一系列的过滤器。Zuul 包括以下 4 种过滤器。

- PRE 过滤器：它是在请求路由到具体的服务之前执行的，这种类型的过滤器可以做安全验证，例如身份验证、参数验证等。
- ROUTING 过滤器：它用于将请求路由到具体的微服务实例。在默认情况下，它使用 Http Client 进行网络请求。
- POST 过滤器：它是在请求已被路由到微服务后执行的。一般情况下，用作收集统计信息、指标，以及将响应传输到客户端。
- ERROR 过滤器：它是在其他过滤器发生错误时执行的。

Zuul 采取了动态读取、编译和运行这些过滤器。过滤器之间不能直接相互通信，而是通过 RequestContext 对象来共享数据，每个请求都会创建一个 RequestContext 对象。Zuul 过滤器具有以下关键特性。

- Type（类型）：Zuul 过滤器的类型，这个类型决定了过滤器在请求的哪个阶段起作用，例如 Pre、Post 阶段等。
- Execution Order（执行顺序）：规定了过滤器的执行顺序，Order 的值越小，越先执行。
- Criteria（标准）：过滤器执行所需的条件。
- Action（行动）：如果符合执行条件，则执行 Action（即逻辑代码）。

Zuul 请求的生命周期如图 9-1 所示，该图来自 Zuul 的官方文档。

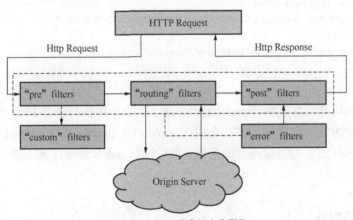

▲图 9-1　Zuul 请求的生命周期

当一个客户端 Request 请求进入 Zuul 网关服务时，网关先进入"pre filter"，进行一系列的验证、操作或者判断。然后交给"routing filter"进行路由转发，转发到具体的服务实例进行逻辑处理、返回数据。当具体的服务处理完后，最后由"post filter"进行处理，该类型的处理器处理完之后，将 Response 信息返回给客户端。

ZuulServlet 是 Zuul 的核心 Servlet。ZuulServlet 的作用是初始化 ZuulFilter，并编排这些 ZuulFilter 的执行顺序。该类中有一个 service()方法，执行了过滤器执行的逻辑。

```
@Override
  public void service() throws ServletException, IOException {
     try {
         try {
             preRoute();
         } catch (ZuulException e) {
             error(e);
             postRoute();
             return;
         }
         try {
             route();
         } catch (ZuulException e) {
             error(e);
             postRoute();
             return;
         }
         try {
             postRoute();
         } catch (ZuulException e) {
             error(e);
             return;
         }
     } catch (Throwable e) {
         error(new ZuulException(e, 500, "UNHANDLED_EXCEPTION_" + e.getClass().getName()));
     } finally {
         RequestContext.getCurrentContext().unset();
     }
  }
```

从上面的代码可知，首先执行 preRoute()方法，这个方法执行的是 PRE 类型的过滤器的逻辑。如果执行这个方法时出错了，那么会执行 error(e)和 postRoute()。然后执行 route()方法，该方法是执行 ROUTING 类型过滤器的逻辑。最后执行 postRoute()，该方法执行了 POST 类型过滤器的逻辑。

9.3 案例实战

9.3.1 搭建 Zuul 服务

本章的案例是在上一章案例的基础上进行讲解的。新建一个 Spring Boot 工程，取名为 eureka-zuul-client，在 pom 文件中引入相关依赖，包括继承了主 Maven 工程的 pom 文件，引入 Eureka Client 的起步依赖 spring-cloud-starter-netflix-eureka-client、Zuul 的起步依赖 spring-cloud-starter-netflix-zuul、Web 功能的起步依赖 spring-boot-starter-web，以及 Spring Boot

测试的起步依赖 spring-boot-starter- test。代码如下:

```xml
<parent>
    <groupId>com.forezp</groupId>
    <artifactId>chapter5-2</artifactId>
    <version>1.0-SNAPSHOT</version>
</parent>
<dependencies>
    <dependency>
        <groupId>org.springframework.cloud</groupId>
        <artifactId>spring-cloud-starter-netflix-eureka-client</artifactId>
    </dependency>
    <dependency>
         <groupId>org.springframework.cloud</groupId>
        <artifactId>spring-cloud-starter-netflix-zuul</artifactId>
    </dependency>
    <dependency>
        <groupId>org.springframework.boot</groupId>
        <artifactId>spring-boot-starter-web</artifactId>
    </dependency>
    <dependency>
        <groupId>org.springframework.boot</groupId>
        <artifactId>spring-boot-starter-test</artifactId>
        <scope>test</scope>
    </dependency>
</dependencies>
```

在程序的启动类 EurekaZuulClientApplication 加上 @EnableEurekaClient 注解，开启 EurekaClient 的功能；加上@SpringBootApplication 注解，表明自己是一个 Spring Boot 工程；加上@EnableZuulProxy 注解，开启 Zuul 的功能。代码如下:

```
@EnableZuulProxy
@EnableEurekaClient
@SpringBootApplication
public class EurekaZuulClientApplication {
    public static void main(String[] args) {
        SpringApplication.run(EurekaZuulClientApplication.class, args);
    }
}
```

在工程的配置文件 application.yml 中做相关的配置，包括配置服务注册中心的地址为 http://localhost:8761/eureka，程序的端口号为 5000，程序名为 service-zuul。

最后来重点讲解一下 Zuul 路由的配置写法，在本案例中，zuul.routes.hiapi.path 为 "/hiapi/**"，zuul.routes.hiapi.serviceId 为 "eureka-client"，这两个配置就可以将以 "/hiapi" 开头的 Url 路由到 eureka-client 服务。其中，zuul.routes.hiapi 中的 "hiapi" 是自己定义的，需要

指定它的 path 和 serviceId，两者配合使用，就可以将指定类型的请求 Url 路由到指定的 ServiceId。同理，满足以"/ribbonapi"开头的请求 Url 都会被分发到 eureka-ribbon- client，满足以"/feignapi/"开头的请求 Url 都会被分发到 eureka-feign-client 服务。如果某服务存在多个实例，Zuul 结合 Ribbon 会做负载均衡，将请求均分的部分路由到不同的服务实例。

```
eureka:
  client:
    serviceUrl:
      defaultZone: http://localhost:8761/eureka/
server:
  port: 5000
spring:
  application:
    name: service-zuul
zuul:
  routes:
    hiapi:
      path: /hiapi/**
      serviceId: eureka-client
    ribbonapi:
      path: /ribbonapi/**
      serviceId: eureka-ribbon-client
    feignapi:
      path: /feignapi/**
      serviceId: eureka-feign-client
```

依次启动工程 eureka-server、eureka-client、eureka-ribbon-client、eureka-feign-client 和 eureka-zuul-client，其中 eureka-client 启动两个实例，端口为 8762 和 8763。在浏览器上多次访问 http://localhost:5000/hiapi/hi?name=forezp，浏览器会交替显示以下内容：

```
hi forezp,i am from port:8762
hi forezp,i am from port:8763
```

可见 Zuul 在路由转发做了负载均衡。同理，多次访问 http://localhost:5000/feignapi/ hi?name=forezp 和 http://localhost:5000/ribbonapi/hi? name=forezp，也可以看到相似的内容。

如果不需要用 Ribbon 做负载均衡，可以指定服务实例的 Url，用 zuul.routes.hiapi.url 配置指定，这时就不需要配置 zuul.routes.hiapi.serviceId 了。一旦指定了 Url，Zuul 就不能做负载均衡了，而是直接访问指定的 Url，在实际的开发中这种做法是不可取的。修改配置的代码如下：

```
zuul:
  routes:
    hiapi:
      path: /hiapi/**
      url: http://localhost:8762
```

重新启动 eureka-zuul-service 服务，请求 http://localhost:5000/hiapi/hi?name=forezp，浏览器只会显示以下内容：

```
hi forezp,i am from port:8762
```

如果你想指定 Url，并且想做负载均衡，那么就需要自己维护负载均衡的服务注册列表。首先，将 ribbon.eureka.enabled 改为 false，即 Ribbon 负载均衡客户端不向 Eureka Client 获取服务注册列表信息。然后需要自己维护一份注册列表，该注册列表对应的服务名为 hiapi-v1（这个名字可自定义），通过配置 hiapi-v1.ribbon.listOfServers 来配置多个负载均衡的 Url。代码如下：

```
zuul:
  routes:
    hiapi:
      path: /hiapi/**
      serviceId: hiapi-v1
ribbon:
  eureka:
    enabled: false
hiapi-v1:
  ribbon:
    listOfServers: http://localhost:8762,http://localhost:8763
```

重新启动 eureka-zuul-service 服务，在浏览器上访问 http://localhost:5000/hiapi/hi?name=forezp，浏览器会显示如下内容：

```
hi forezp,i am from port:8762
hi forezp,i am from port:8763
```

9.3.2　在 Zuul 上配置 API 接口的版本号

如果想给每一个服务的 API 接口加前缀，例如 http://localhost:5000 /v1/hiapi/hi?name=forezp/，即在所有的 API 接口上加一个 v1 作为版本号。这时需要用到 zuul.prefix 的配置，配置示例代码如下：

```
zuul:
  routes:
    hiapi:
      path: /hiapi/**
      serviceId: eureka-client
    ribbonapi:
      path: /ribbonapi/**
      serviceId: eureka-ribbon-client
    feignapi:
```

```
        path: /feignapi/**
        serviceId: eureka-feign-client
zuul.prefix: /v1
```

重新启动 eureka-zuul-service 服务，在浏览器上访问 http://localhost:5000/v1/hiapi /hi?name=forezp，浏览器会显示：

```
hi forezp,i am from port:8762
hi forezp,i am from port:8763
```

9.3.3 在 Zuul 上配置熔断器

Zuul 作为 Netflix 组件，可以与 Ribbon、Eureka 和 Hystrix 等组件相结合，实现负载均衡、熔断器的功能。在默认情况下，Zuul 和 Ribbon 相结合，实现了负载均衡的功能。下面来讲解如何在 Zuul 上实现熔断功能。

在 Zuul 中实现熔断功能需要实现 ZuulFallbackProvider 的接口。实现该接口有两个方法，一个是 getRoute()方法，用于指定熔断功能应用于哪些路由的服务；另一个方法 fallbackResponse()为进入熔断功能时执行的逻辑。ZuulFallbackProvider 的源码如下：

```
public interface ZuulFallbackProvider {
public String getRoute();
    public ClientHttpResponse fallbackResponse();
}
```

实现一个针对 eureka-client 服务的熔断器，当 eureka-client 的服务出现故障时，进入熔断逻辑，向浏览器输入一句错误提示，代码如下：

```
@Component
class MyFallbackProvider implements ZuulFallbackProvider {
    @Override
    public String getRoute() {
        return "eureka-client";
    }
    @Override
    public ClientHttpResponse fallbackResponse() {
        return new ClientHttpResponse() {
            @Override
            public HttpStatus getStatusCode() throws IOException {
                return HttpStatus.OK;
            }
            @Override
            public int getRawStatusCode() throws IOException {
                return 200;
            }
            @Override
```

```java
            public String getStatusText() throws IOException {
                return "OK";
            }
            @Override
            public void close() {
            }
            @Override
            public InputStream getBody() throws IOException {
                return new ByteArrayInputStream("oooops!error, i'm the fallback.".getBytes());
            }
            @Override
            public HttpHeaders getHeaders() {
                HttpHeaders headers = new HttpHeaders();
                headers.setContentType(MediaType.APPLICATION_JSON);
                return headers;
            }
        };
    }
}
```

重新启动 eureka-zuul-client 工程,并且关闭 eureka-client 的所有实例,在浏览器上访问 http://localhost:5000/hiapi/hi?name=forezp,浏览器显示:

oooops!error, i'm the fallback.

如果需要所有的路由服务都加熔断功能,只需要在 getRoute()方法上返回 "*" 的匹配符,代码如下:

```java
@Override
public String getRoute() {
    return "*";
}
```

9.3.4 在 Zuul 中使用过滤器

在前面的章节讲述了过滤器的作用和种类,下面来讲解如何实现一个自定义的过滤器。实现过滤器很简单,只需要继承 ZuulFilter,并实现 ZuulFilter 中的抽象方法,包括 filterType()和 filterOrder(),以及 IZuulFilter 的 shouldFilter()和 Object run()的两个方法。其中, filterType()即过滤器的类型,在前文已经讲解过了,它有 4 种类型,分别是 "pre" "post" "routing" 和 "error"。filterOrder()是过滤顺序,它为一个 Int 类型的值,值越小,越早执行该过滤器。shouldFilter()表示该过滤器是否过滤逻辑,如果为 true,则执行 run()方法;如果为 false,则不执行 run()方法。run()方法写具体的过滤的逻辑。在本例中,检查请求的参数中是否传了 token 这个参数,如果没有传,则请求不被路由到具体的服务实例,直接返回响应,状态码

为 401。代码如下:

```java
@Component
public class MyFilter extends ZuulFilter {
    private static Logger log = LoggerFactory.getLogger(MyFilter.class);
    @Override
    public String filterType() {
        return PRE_TYPE;
    }
    @Override
    public int filterOrder() {
        return 0;
    }
    @Override
    public boolean shouldFilter() {
        return true;
    }
    @Override
    public Object run() {
        RequestContext ctx = RequestContext.getCurrentContext();
        HttpServletRequest request = ctx.getRequest();
        Object accessToken = request.getParameter("token");
        if(accessToken == null) {
            log.warn("token is empty");
            ctx.setSendZuulResponse(false);
            ctx.setResponseStatusCode(401);
            try {
                ctx.getResponse().getWriter().write("token is empty");
            }catch (Exception e){}
            return null;
        }
        log.info("ok");
        return null;
    }
}
```

重新启动服务,打开浏览器,访问 http://localhost:5000/hiapi/hi?name=forezp,浏览器显示:

```
token is empty
```

再次在浏览器上输入 http://localhost:5000/hiapi/hi?name=forezp&token=xsddd,即加上了 token 这个请求参数,浏览器显示:

```
hi forezp,i am from port:8762
```

可见，MyFilter 这个 Bean 注入 IoC 容器之后，对请求进行了过滤，并在请求路由转发之前进行了逻辑判断。在实际开发中，可以用此过滤器进行安全验证。本例的架构图如图 9-2 所示。

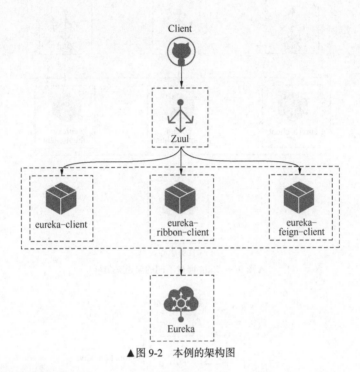

▲图 9-2　本例的架构图

9.3.5　Zuul 的常见使用方式

Zuul 是采用了类似于 Spring MVC 的 DispatchServlet 来实现的，采用的是异步阻塞模型，所以性能比 Ngnix 差。由于 Zuul 和其他 Netflix 组件可以相互配合、无缝集成，Zuul 很容易就能实现负载均衡、智能路由和熔断器等功能。在大多数情况下，Zuul 都是以集群的形式存在的。由于 Zuul 的横向扩展能力非常好，所以当负载过高时，可以通过添加实例来解决性能瓶颈。

一种常见的使用方式是对不同的渠道使用不同的 Zuul 来进行路由，例如移动端共用一个 Zuul 网关实例，Web 端用另一个 Zuul 网关实例，其他的客户端用另一个 Zuul 实例进行路由。这种不同的渠道用不同 Zuul 实例的架构如图 9-3 所示。

另一种常见的集群是通过 Ngnix 和 Zuul 相互结合来做负载均衡。暴露在最外面的是 Ngnix 主从双热备进行 Keepalive，Ngnix 经过某种路由策略，将请求路由转发到 Zuul 集群上，Zuul 最终将请求分发到具体的服务上，架构图如图 9-4 所示。

第 9 章 路由网关 Spring Cloud Zuul

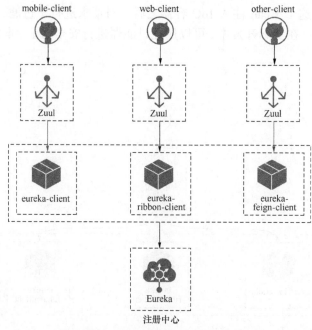

▲图 9-3 Zuul 通过不同的渠道来集群

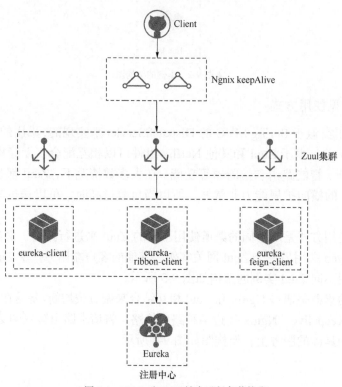

▲图 9-4 Ngnix 和 Zuul 结合进行负载均衡

第10章 服务网关

服务网关（Spring Cloud Gateway）是 Spring Cloud 官方推出的第二代网关框架，用于替代第一代网关 Netflix Zuul，其不仅提供统一的路由方式，并且基于 Filter 链的方式提供了网关的基本功能。服务网关建立在 Spring Framework 5 之上，使用非阻塞模式，并且支持长连接 Websocket。Netflix Zuul 是基于 Servlet 的，采用 HttpClient 进行请求转发，使用阻塞模式。在性能上，服务网关优于 Netflix Zuul，并且服务网关几乎实现了 Netflix Zuul 的全部功能。在使用和功能上，用服务网关替换掉 Netflix Zuul 的成本上是非常低的，几乎可以实现无缝切换。

服务网关作为整个分布式系统的流量入口，有着举足轻重的作用，列举如下。
- 协议转换，路由转发。
- 流量聚合，对流量进行监控，日志输出。
- 作为整个系统的前端工程，对流量进行控制，有限流的作用。
- 作为系统的前端边界，外部流量只能通过网关才能访问系统。
- 可以在网关层做权限判断。
- 可以在网关层做缓存。

10.1 服务网关的实现原理

Spring Cloud 的第一代网关 Netflix Zuul 有两大核心组件，分别为路由（Router）和过滤器（Filter）。和 Netflix Zuul 一样，服务网关的核心组件也有路由和过滤器，不同之处在于多了一个断言（Predicate），用来判断请求到底交给哪一个 Gateway Web Handler 处理。如图 10-1 所示，当客户端向服务网关服务网关发出请求时，首先将请求交给 Gateway Handler Mapping 处理，如果请求与路由匹配（这时就会用到断言），则将其发送到相应的 Gateway Web Handler 处理。Gateway Web Handler 处理请求时会经过一系列的过滤器链。在图 10-1 中，过滤器链被虚线划分，左半部分是过滤器链在发送代理请求之前处理，右半部分是发送代理请求之后处理。类似于 Netflix Zuul，先执行所有的 "pre" 过滤器逻辑，然后进行代理请求。在发出代理请求后且收到代理服务的响应后，执行 "post" 过滤器逻辑。这与 Netflix Zuul 的处理过程十分相似。在执行所有的 "pre" 过滤器逻辑时，一般可以实现鉴权、限流、日志输出、更改请求头和转换协议等功能；在收到响应之后，会执行所有"post"过滤器的逻辑，这里可以对响应数据进行修改，比如更改响应头和转换协议等。

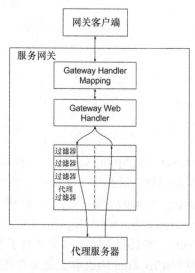

▲图 10-1 服务网关实现原理图

在上述处理过程中，有一个重要的点是将请求和路由进行匹配，这时需要用到断言来决定请求应该走哪一个路由。

10.2 断言工厂

断言（Predicate）来自于 Java 8 的接口。该接口接受一个输入参数，返回一个布尔值结果，包含多种默认方法将断言组合成其他复杂的逻辑（比如：与、或、非）。

当一个请求到来时，需要首先将其交给断言工厂去处理。根据配置的断言规则进行，如果匹配成功，则进行下一步处理；如果没有匹配成功，则返回错误信息。服务网关内置了许多断言工厂（Predicate Factory），能够满足大部分的业务场景，当然用户也可以自己实现断言工厂。内置的断言工厂的源码在 org.springframework.cloud.gateway.handler.predicate 包中，有兴趣的读者请自行阅读。服务网关内置的断言工厂如图 10-2 所示。

到目前为止，很多读者可能并不了解断言的概念，下面以案例的形式来讲解服务网关内置的断言工厂。

10.2.1 After 路由断言工厂

After 路由断言工厂可配置一个时间，只有请求的时间在配置时间之后，才交给路由去处理；否则报错，不通过路由。

10.2 断言工厂

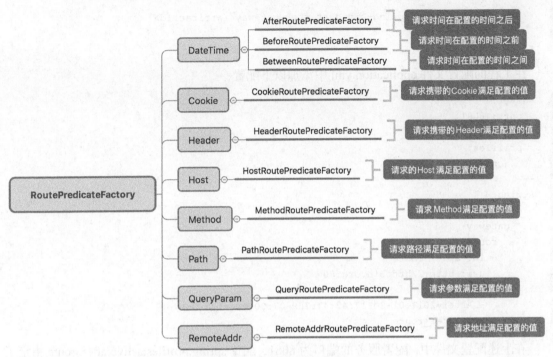

▲图 10-2 服务网关内置的断言工厂

新建一个 Spring Boot 工程，在工程的 pom 文件引入服务网关的起步依赖 spring-cloud-starter-gateway。该工程使用的 Spring Cloud 版本为 Greenwich，Spring Boot 版本为 2.1.0，代码如下所示。

```
<parent>
    <groupId>org.springframework.boot</groupId>
    <artifactId>spring-boot-starter-parent</artifactId>
    <version>2.1.0.RELEASE</version>
</parent>
<dependencyManagement>
    <dependencies>
        <dependency>
            <groupId>org.springframework.cloud</groupId>
            <artifactId>spring-cloud-dependencies</artifactId>
            <version>Greenwich.RELEASE</version>
            <type>pom</type>
            <scope>import</scope>
        </dependency>
    </dependencies>
</dependencyManagement>
<dependencies>
    <dependency>
        <groupId>org.springframework.cloud</groupId>
```

```
            <artifactId>spring-cloud-starter-gateway</artifactId>
        </dependency>
</dependencies>
```

在工程的配置文件 application.yml 中添加以下配置：

```yaml
server:
  port: 8081
spring:
  profiles:
    active: after_route
---
spring:
  cloud:
    gateway:
      routes:
      - id: after_route
        uri: http://httpbin.org:80
        predicates:
        - After=2017-01-20T17:42:47.789-07:00[America/Denver]
  profiles: after_route
```

在上述配置文件中，配置服务的端口为 8081，配置 spring.profiles.active:after_route 指定了程序的 Spring 启动文件为 after_route 文件。在 application.yml 中再建一个配置文件，语法是 3 个横线，在此配置文件中通过 spring.profiles 来配置文件名，这里与 spring.profiles.active 一致。然后开始服务网关的相关配置，id 标签配置的是路由的 ID，每个路由都需要一个唯一的 ID，uri 配置的是将请求路由转发的地址，本案例请求全部路由到 http://httpbin.org:80 这个 Url。

配置 predicates：After=2017-01-20T17:42:47.789-07:00[America/Denver] 会被解析成 PredicateDefinition 对象（name =After, args= 2017-01-20T17:42:47.789-07:00[America/Denver]）。这里需要注意，在 predicates 的 After 配置中，遵循"契约大于配置"的规则，它实际被 AfterRoutePredicateFactory 这个类处理，这里的"After"指定了它的 Gateway Web Handler 类为 After 路由断言工厂，同理，其他类型的断言也遵循这个规则。

当请求的时间在这个配置的时间之后，请求会被路由转发到 http://httpbin.org:80。

启动工程，在浏览器中访问 http://localhost:8081/get，会显示 http://httpbin.org:80/get 返回结果，此时网关路由到了配置的 Url。如果我们将配置的时间设置到当前时间之后，浏览器会显示错误信息 404，此时请求没有路由到配置的 Url。

与时间相关的断言工厂还有 Before 路由断言工厂和 Between 路由断言工厂，读者可以自行查阅官方文档，这里不再演示。

10.2.2　Header 断言工厂

Header 路由断言工厂需要 2 个参数，分别是 Header 的键和 Header 的值。Header 的值可以是一个正则表达式。当此请求头匹配了断言的 Header 的键和 Header 的值时，断言通过，进入路由的逻辑中去；否则，返回错误信息。

在工程的配置文件 application.yml 中添加以下配置：

```
spring:
  profiles:
    active: header_route
---
spring:
  cloud:
    gateway:
      routes:
      - id: header_route
        uri: http://httpbin.org:80
        predicates:
        - Header=X-Request-Id, \d+
profiles: header_route
```

该配置指定了断言为 Header 断言工厂，请求需要传 Header 的键为 Request-Id，Header 的值为数字时才能匹配该断言。

重新启动工程，待工程启动成功后，使用 curl 执行以下命令：

```
curl -H 'X-Request-Id:1' localhost:8081/get
```

命令执行成功后会得到正确的返回结果，结果省略。如果在请求中没有带上 X-Request-Id 的 Header 的键，或者 Header 的值不为数字时，路由请求不会被正确执行，并报 404 错误信息。

10.2.3　Cookie 路由断言工厂

Cookie 路由断言工厂需要 2 个参数，分别是 Cookie 名和 Cookie 值。Cookie 值可以为正则表达式。当请求头带有 Cookie，并且请求的 Cookie 和断言配置的 Cookie 相匹配时，请求能够被正确路由，否则报 404 错误信息。

在工程的配置文件 application.yml 中添加以下配置：

```
spring:
  profiles:
    active: cookie_route
---
spring:
  cloud:
    gateway:
      routes:
      - id: cookie_route
        uri: http://httpbin.org:80
        predicates:
        - Cookie=name, forezp
profiles: cookie_route
```

该配置指定了断言为 Cookie 断言工厂，请求需要 Cookie 名为 name，Cookie 值为 forezp，才能匹配该断言。

重新启动工程，待启动成功后，使用 curl 执行以下命令：

```
curl -H 'Cookie:name=forezp' localhost:8081/get
```

使用 curl 命令进行请求，在请求中带上 Cookie，并且和断言配置的 Cookie 相匹配，会返回正确结果，否则请求会报 404 错误。

10.2.4　Host 路由断言工厂

Host 路由断言工厂需要一个参数——Hostname，它可以使用.*等去匹配 Host。这个参数会匹配请求头中的 Host 的值，如果匹配成功，则请求正确转发；否则，报 404 错误信息。

在工程的配置文件 application.yml 中添加以下配置：

```
spring:
  profiles:
    active: host_route
---
spring:
  cloud:
    gateway:
      routes:
      - id: host_route
        uri: http://httpbin.org:80
        predicates:
        - Host=**.fangzhipeng.com
  profiles: host_route
```

在上面的配置中，请求头中含有 Host 后缀为 fangzhipeng.com 的请求都会被路由转发到配置的 Url。启动工程，执行以下的 curl 命令，会返回正确的请求结果。

```
curl -H 'Host:www.fangzhipeng.com' localhost:8081/get
```

10.2.5　Method 路由断言工厂

Method 路由断言工厂即方法路由断言工厂，只允许配置请求类型的请求路由通过。该路由断言工厂需要一个参数，即请求的类型，比如 GET、POST、PUT 和 DELETED 等。在工程的配置文件 application.yml 中添加以下配置：

```
spring:
  profiles:
    active: method_route
---
spring:
  cloud:
```

```yaml
    gateway:
      routes:
      - id: method_route
        uri: http://httpbin.org:80
        predicates:
        - Method=GET
profiles: method_route
```

在上面的配置中，所有 GET 类型的请求都会路由转发到配置的 Url。使用以下的 curl 命令模拟 GET 类型的请求，会得到正确的返回结果。

```
curl localhost:8081/get
```

使用以下的 curl 命令模拟 POST 请求，则会返回 404 错误信息。

```
curl -XPOST localhost:8081/get
```

10.2.6　Path 路由断言工厂

Path 路由断言工厂即路径路由断言工厂，当请求的路径和配置的请求路径相匹配时，则路由通过。该断言工厂需要配置一个参数——应用匹配路径，可以是一个 spel 表达式。

在工程的配置文件 application.yml 中添加以下配置：

```yaml
spring:
  profiles:
    active: path_route
---
spring:
  cloud:
    gateway:
      routes:
      - id: path_route
        uri: https://blog.csdn.net
        predicates:
        - Path=/forezp/article/details/{segment}
profiles: path_route
```

在上面的配置中，所有满足/forezp/article/details/{segment}路径的请求都会和配置的路径相匹配，并被路由。比如路径为/forezp/article/details/87273153 的请求，将会命中匹配，并成功转发。

使用 curl 命令模拟一个请求，命令如下，执行后会返回正确的请求结果。

```
curl localhost:8081/forezp/article/details/87273153
```

10.2.7　Query 路由断言工厂

Query 路由断言工厂，即请求参数断言工厂，当请求携带的参数和配置的参数匹配时，路由被正确转发；否则，报 404 错误信息。该路由断言工厂需要配置 2 个参数，分别是参数名和参数值。其中，参数值可以是正则表达式。

在工程的配置文件 application.yml 中添加以下配置：

```
spring:
  profiles:
    active: query_route
---
spring:
  cloud:
    gateway:
      routes:
      - id: query_route
        uri: http://httpbin.org
        predicates:
        - Query=foo, ba.
  profiles: query_route
```

在上述配置文件中，如果请求参数有 foo，并且 foo 参数的值与 ba.相匹配，则请求命中路由。比如一个请求中含有参数名为 foo，值为 bar，则能够被正确路由转发。

使用以下的 curl 命令模拟请求，能够返回正确的请求信息。

```
curl localhost:8081/get?foo=bar
```

Query 路由断言工厂也可以只填一个参数，这时只匹配参数名，即请求的参数中含有配置的参数，则命中路由。比如在以下的配置中，请求参数中含有参数名为 foo 的参数，将会被请求转发到 http://httpbin.org:80 的 Uri。

```
spring:
  cloud:
    gateway:
      routes:
      - id: query_route
        uri: http://httpbin.org:80/get
        predicates:
        - Query=foo
  profiles: query_route2
```

本节首先介绍了服务网关的工作流程和原理,然后介绍了服务网关框架内置的断言及其分类，最后以案例的形式重点讲解了几个重要的断言。断言（Predicate）决定了请求会被路由到配置的 Router 中。在断言之后，请求会进入过滤器链（Filter Chain）的逻辑中。

10.3 过滤器

上一节详细讲解了服务网关的断言，断言决定了请求由哪一个路由处理。在路由处理之前，需要经过"pre"类型的过滤器处理，处理返回响应后，可以由"post"类型的过滤器处理。

10.3.1 过滤器的作用

由过滤器工作流程点可以知道过滤器有着非常重要的作用，在"pre"类型的过滤器可以实现参数校验、权限校验、流量监控、日志输出、协议转换等功能，在"post"类型的过滤器中可以做响应内容、响应头的修改、日志输出、流量监控等功能。要弄清楚为什么需要网关这一层，就不得不提到过滤器的作用了。

当我们有很多个服务时，以图 10-3 中的 user-service、goods-service、sales-service 等服务为例，客户端在请求各个服务的 API 时，每个服务都需要做相同的事情，比如鉴权、限流、日志输出等。

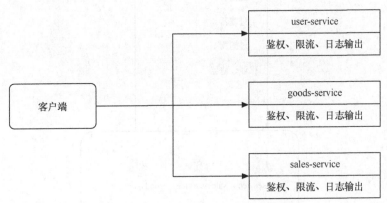

▲图 10-3　每个服务都鉴权、限流、日志输出

对于这样重复的工作，有没有办法做到更好呢？答案是肯定的。在微服务的上一层加一个全局的权限控制、限流、日志输出的 API 网关服务，然后将请求转发到具体的业务服务层。这个 API 网关服务起到服务边界的作用，外接的请求访问系统，必须先通过网关层，如图 10-4 所示。

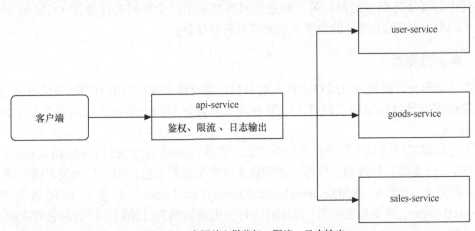

▲图 10-4　在网关上做鉴权、限流、日志输出

10.3.2 过滤器的生命周期

服务网关与 Zuul 类似，有"pre"和"post"两种方式的过滤器。客户端的请求先经过"pre"类型的过滤器，然后将请求转发到具体的业务服务，比如图 10-5 中的 user-service，收到业务服务的响应之后，再经过"post"类型的过滤器处理，最后返回响应到客户端。

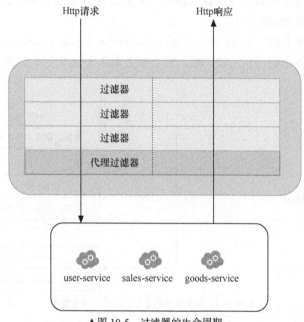

▲图 10-5　过滤器的生命周期

与 Zuul 不同的是，过滤器除了分为"pre"和"post"两种方式外，在服务网关中，从作用范围可将过滤器分为另外两种，一种是针对单个路由的网关过滤器（Gateway Filter），它在配置文件中的写法与断言类似；另一种是针对所有路由的全局网关过滤器（Global Gateway Filter）。下面从作用范围划分的角度来讲解这两种过滤器。

10.3.3 网关过滤器

网关过滤器允许以某种方式修改传入的 HTTP 请求报文或传出的 HTTP 响应报文。过滤器可以限定作用在某些特定请求路径上。服务网关包含许多内置的网关过滤器工厂（Gateway Filter Factory）。

网关过滤器工厂同 10.2 节中介绍的断言工厂类似，都是在配置文件 application.yml 中配置，遵循"约定大于配置"的规则，只需要在配置文件中配置网关过滤器工厂的类名的前缀，而不需要写全类名。比如 AddRequestHeaderGatewayFilterFactory 只需要在配置文件中写 AddRequestHeader，而不是全类名。在配置文件中配置的网关过滤器工厂会由它对应的过滤器工厂类处理。

10.3 过滤器

服务网关内置的过滤器工厂如表 10-1 所示。

表 10-1　　　　　　　　　　　　服务网关内置的过滤器工厂

过滤器名称	描 述
AddRequestHeader GatewayFilter Factory	添加请求头网关过滤器工厂
AddRequestParameter GatewayFilter Factory	添加请求参数网关过滤器工厂
AddResponseHeader GatewayFilter Factory	添加响应头网关过滤器工厂
Hystrix GatewayFilter Factory	Hystrix 熔断的网关过滤器工厂
PrefixPath GatewayFilter Factory	PrefixPath 的网关过滤器工厂
PreserveHostHeader GatewayFilter Factory	保留原请求头的过滤器工厂
RequestRateLimiter GatewayFilter Factory	请求限流的网关过滤器工厂
RedirectTo GatewayFilter Factory	重定向的网关过滤器工厂网关过滤器工厂
RemoveRequestHeader GatewayFilter Factory	删除请求头的网关过滤器工厂
RemoveResponseHeader GatewayFilter Factory	删除响应头的网关过滤器工厂
RewritePath GatewayFilter Factory	重写路径的网关过滤器工厂
SaveSession GatewayFilter Factory	保存会话的网关过滤器工厂
SecureHeaders GatewayFilter Factory	安全头的网关过滤器工厂
SetPath GatewayFilter Factory	设置路径的网关过滤器工厂
SetResponseHeader GatewayFilter Factory	设置响应的网关过滤器工厂
SetStatus GatewayFilter Factory	设置状态的网关过滤器工厂
StripPrefix GatewayFilter Factory	StripPrefix 的网关过滤器工厂
Retry GatewayFilter Factory	重试的网关过滤器工厂

下面讲解常见的过滤器工厂，每一个过滤器工厂的官方文档中都给出了详细的使用案例，读者也可以在 org.springframework.cloud.gateway.filter.factory 中阅读过滤器工厂的源码。

1. AddRequestHeader 过滤器工厂

创建工程，在工程的 pom 文件引入相关的依赖，包括 Spring Boot 的起步依赖版本为 2.1.0；Spring Cloud 的依赖版本为 Greenwich，Gateway 的起步依赖为 spring-cloud-starter-gateway。

在工程的配置文件 application.yml 中添加以下配置：

```
server:
  port: 8081
spring:
  profiles:
    active: add_request_header_route
---
spring:
  cloud:
    gateway:
      routes:
```

```
      - id: add_request_header_route
        uri: http://httpbin.org:80
        filters:
        - AddRequestHeader=X-Request-Foo, Bar
        predicates:
        - After=2017-01-20T17:42:47.789-07:00[America/Denver]
  profiles: add_request_header_route
```

在上述的配置中,工程的启动端口为 8081,配置文件为 add_request_header_route,在 add_request_header_route 配置文件中,配置了路由的 ID 为 add_request_header_route,路由地址为 http://httpbin.org:80。该路由有一个 After 断言工厂类配置,有一个过滤器为 AddRequestHeaderGatewayFilterFactory(约定写为 AddRequestHeader),AddRequestHeader 过滤器工厂会在请求头加上一对请求头,名称为 X-Request-Foo,值为 Bar。下面通过查看 AddRequestHeaderGatewayFilterFactory 的源码来验证它是如何工作的,其源码如下:

```java
public class AddRequestHeaderGatewayFilterFactory extends AbstractNameValueGatewayFilterFactory {

    @Override
    public GatewayFilter apply(NameValueConfig config) {
        return (exchange, chain) -> {
            ServerHttpRequest request = exchange.getRequest().mutate()
                    .header(config.getName(), config.getValue())
                    .build();
            return chain.filter(exchange.mutate().request(request).build());
        };
    }
}
```

由上述代码可知,这里根据旧的 ServerHttpRequest 创建新的 ServerHttpRequest,在新的 ServerHttpRequest 加了一个请求头,然后根据 ServerHttpRequest 创建了一个新的 ServerWebExchange,提交过滤器链继续过滤。

工程启动完成后,通过如下的 curl 命令来模拟请求:

```
curl localhost:8081/get
```

最终显示从 http://httpbin.org:80/get 得到了请求,响应如下:

```
{
  "args": {},
  "headers": {
    "Accept": "*/*",
    "Connection": "close",
    "Forwarded": "proto=http;host=\"localhost:8081\";for=\"0:0:0:0:0:0:0:1:56248\"",
    "Host": "httpbin.org",
```

```
    "User-Agent": "curl/7.58.0",
    "X-Forwarded-Host": "localhost:8081",
    "X-Request-Foo": "Bar"
  },
  "origin": "0:0:0:0:0:0:0:1, 210.22.21.66",
  "url": "http://localhost:8081/get"
}
```

从上面的响应可知，确实在请求头中加入了 X-Request-Foo 请求头，这就说明在配置文件 application.yml 中配置的添加请求头过滤器工厂生效了。

和添加请求头过滤器工厂类似的还有添加响应头过滤器工厂，在此不再重复。

2. RewritePath 过滤器工厂

Nginx 的强大功能之一就是重写路径，服务网关默认也提供了这样的功能，而 Zuul 没有这个功能。在配置文件 application.yml 中添加以下配置：

```yaml
spring:
  profiles:
    active: rewritepath_route
---
spring:
  cloud:
    gateway:
      routes:
      - id: rewritepath_route
        uri: https://blog.csdn.net
        predicates:
        - Path=/foo/**
        filters:
        - RewritePath=/foo/(?<segment>.*), /$\{segment}
  profiles: rewritepath_route
```

在上述配置中，所有以/foo/**开始的路径都会命中配置的路由，并执行过滤器的逻辑。在本案例中配置了 RewritePath 过滤器工厂，此工厂将/foo/(?<segment>.*)重写为{segment}，然后转发到 https://blog.csdn.net。比如在网页上请求 localhost:8081/foo/forezp，此时会将请求转发到 https://blog.csdn.net/forezp 页面；比如在网页上请求 localhost:8081/foo/forezp/goo，页面显示 404 错误，就是因为不存在 https://blog.csdn.net/forezp/goo 这个页面。读者可以自行测试重写路径的功能。

3. 自定义过滤器

服务网关内置了 19 种强大的过滤器工厂，能够满足很多场景的需求，那么能不能自定义过滤器呢？当然是可以的。在 Spring Cloud Gateway 中，过滤器需要实现 GatewayFilter 和

Ordered 这两个接口。现在写一个打印请求耗时的过滤器 RequestTimeFilter，代码如下：

```java
public class RequestTimeFilter implements GatewayFilter, Ordered {

    private static final Log log = LogFactory.getLog(GatewayFilter.class);
    private static final String REQUEST_TIME_BEGIN = "requestTimeBegin";

    @Override
    public Mono<Void> filter(ServerWebExchange exchange, GatewayFilterChain chain) {
        exchange.getAttributes().put(REQUEST_TIME_BEGIN, System.currentTimeMillis());
        return chain.filter(exchange).then(
                Mono.fromRunnable(() -> {
                    Long startTime = exchange.getAttribute(REQUEST_TIME_BEGIN);
                    if (startTime != null) {
                        log.info(exchange.getRequest().getURI().getRawPath() + ": " +
(System.currentTimeMillis() - startTime) + "ms");
                    }
                })
        );

    }
    @Override
    public int getOrder() {
        return 0;
    }
}
```

在上述代码中，getOrder()方法用来给过滤器设定优先级别，值越大，则优先级越低。另有一个 filter(exchange,chain)方法，该方法中先记录了请求的开始时间，并保存在 ServerWebExchange 中，此处是一个"pre"类型的过滤器。chain.filter(exchange)的内部类中的 run()方法相当于"post"类型的过滤器，在此处打印了请求所消耗的时间，然后将该过滤器注册到路由中，代码如下：

```java
@Bean
public RouteLocator customerRouteLocator(RouteLocatorBuilder builder) {
    // @formatter:off
    return builder.routes()
            .route(r -> r.path("/get/**")
                    .filters(f -> f.filter(new RequestTimeFilter())
                            .addResponseHeader("X-Response-Default-Foo", "Default-Bar"))
                    .uri("http://httpbin.org:80")
                    .order(0)
                    .id("customer_filter_router")
            )
```

```
            .build();
}
```

重启应用,通过如下的 curl 命令模拟请求:

```
curl localhost:8081/get
```

在程序的控制台输出以下请求信息的日志,打印出来请求的耗时,证明自定义的过滤器已生效。

```
2019-03-22 17:28:04.450  INFO 13676 --- [ctor-http-nio-2] o.s.cloud.gateway.filter.Ga
tewayFilter       : /get: 310ms
```

4. 自定义过滤器工厂

上述的是自定义过滤器,下面来看如何自定义过滤器工厂。在实现一个过滤器工厂时,可以在打印时设置在配置文件中配置是否打印的参数。查看 GatewayFilterFactory 的源码,可以发现 GatewayFilterfactory 类的层级如图 10-6 所示。

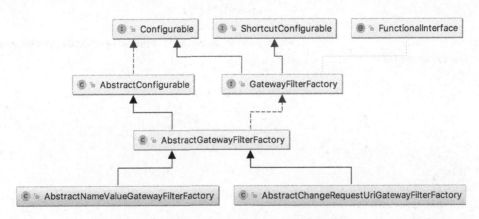

▲图 10-6　GatewayFilterfactory 类的层级关系

过滤器工厂的顶级接口是 GatewayFilterFactory,有两个较接近具体实现的抽象类,分别为 AbstractGatewayFilterFactory 和 AbstractNameValueGatewayFilterFactory。在这两个类中,前者接收一个参数,比如它的实现类 RedirectToGatewayFilterFactory;后者接收两个参数,比如它的实现类 AddRequestHeaderGatewayFilterFactory。现在需要将请求的日志打印出来,要使用到一个参数,这时可以参照 RedirectToGatewayFilterFactory 的写法,代码如下:

```
public class RequestTimeGatewayFilterFactory extends AbstractGatewayFilterFactory<Req
uestTimeGatewayFilterFactory.Config> {
    private static final Log log = LogFactory.getLog(GatewayFilter.class);
    private static final String REQUEST_TIME_BEGIN = "requestTimeBegin";
    private static final String KEY = "withParams";
```

```java
    @Override
    public List<String> shortcutFieldOrder() {
        return Arrays.asList(KEY);
    }
    public RequestTimeGatewayFilterFactory() {
        super(Config.class);
    }
    @Override
    public GatewayFilter apply(Config config) {
        return (exchange, chain) -> {
            exchange.getAttributes().put(REQUEST_TIME_BEGIN, System.currentTimeMillis());
            return chain.filter(exchange).then(
                    Mono.fromRunnable(() -> {
                        Long startTime = exchange.getAttribute(REQUEST_TIME_BEGIN);
                        if (startTime != null) {
                            StringBuilder sb = new StringBuilder(exchange.getRequest().getURI().getRawPath())
                                    .append(": ")
                                    .append(System.currentTimeMillis() - startTime)
                                    .append("ms");
                            if (config.isWithParams()) {
                                sb.append(" params:").append(exchange.getRequest().getQueryParams());
                            }
                            log.info(sb.toString());
                        }
                    })
            );
        };
    }
    public static class Config {
        private boolean withParams;
        public boolean isWithParams() {
            return withParams;
        }
        public void setWithParams(boolean withParams) {
            this.withParams = withParams;
        }
    }
}
```

在上述代码中，apply(Config config)方法中创建了一个 GatewayFilter 的匿名类，具体的实现逻辑和之前一样，但额外增加了是否打印请求参数的逻辑，这个逻辑的开关是 config.isWithParams()。静态内部类 Config 是为了接收 Boolean 类型的参数服务的，类的变量名可以随意写，但是要重写 List shortcutFieldOrder()方法。

需要注意的是，在类的构造器中一定要调用父类的构造器把 Config 类型传过去，否则会报 ClassCastException。

最后，需要在工程的启动文件 Application 类中向 Srping Ioc 容器注册 RequestTimeGatewayFilterFactory 类型的 Bean。

```
@Bean
public RequestTimeGatewayFilterFactory elapsedGatewayFilterFactory() {
    return new RequestTimeGatewayFilterFactory();
}
```

然后在工程的配置文件 application.yml 中添加以下配置：

```
spring:
  profiles:
    active: elapse_route
---
spring:
  cloud:
    gateway:
      routes:
      - id: elapse_route
        uri: http://httpbin.org:80
        filters:
        - RequestTime=false
        predicates:
        - After=2017-01-20T17:42:47.789-07:00[America/Denver]
  profiles: elapse_route
```

启动工程，在浏览器上访问 localhost:8081/get?name=forezp，可以在控制台上看到日志输出了请求消耗的时间和请求参数。

10.3.4　全局过滤器

服务网关根据作用范围划分为网关过滤器（GatewayFilter）和全局过滤器（GlobalFilter），二者区别如下。

- ❑ GatewayFilter：需要通过 spring.cloud.routes.filters 配置在具体路由下，只作用在当前路由上；或通过 spring.cloud.default-filters 配置在全局中，作用在所有路由上。
- ❑ GlobalFilter：不需要在配置文件中配置，作用在所有路由上，最终通过 GatewayFilterAdapter 包装成 GatewayFilterChain 可识别的过滤器。它是将请求业务以及路由的 Url 转换为真实业务服务的请求地址的核心过滤器，不需要配置，系统初始化时加载，并作用在每个路由上。

服务网关内置的 GlobalFilter 如图 10-7 所示。

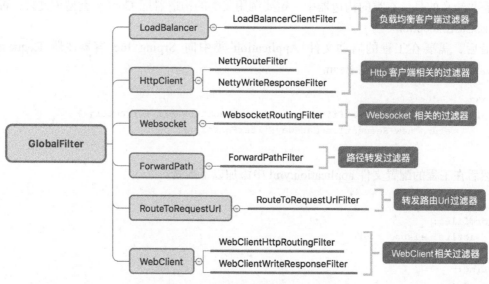

▲图 10-7　服务网关内置的 GlobalFilter

图 10-7 中的每一个 GlobalFilter 都作用在每一个路由上，能够满足大多数需求。如果遇到定制业务，可以编写满足特定需求的 GlobalFilter。在下面的案例中，将讲述如何编写自己的 GlobalFilter，该 GlobalFilter 会校验请求中是否包含请求参数"token"，如果不包含请求参数"token"，则不转发路由；否则，执行正常的逻辑。代码如下：

```
public class TokenFilter implements GlobalFilter, Ordered {

    Logger logger=LoggerFactory.getLogger( TokenFilter.class );
    @Override
    public Mono<Void> filter(ServerWebExchange exchange, GatewayFilterChain chain) {
        String token = exchange.getRequest().getQueryParams().getFirst("token");
        if (token == null || token.isEmpty()) {
            logger.info( "token is empty..." );
            exchange.getResponse().setStatusCode(HttpStatus.UNAUTHORIZED);
            return exchange.getResponse().setComplete();
        }
        return chain.filter(exchange);
    }

    @Override
    public int getOrder() {
        return -100;
    }
}
```

上述的 TokenFilter 需要实现 GlobalFilter 接口和 Ordered 接口，这和实现 GatewayFilter 很

相似。根据 ServerWebExchange 获取 ServerHttpRequest，然后判断 ServerHttpRequest 中是否含有参数 token，如果没有，则完成请求，终止转发；否则，执行正常的逻辑。

接着需要将 TokenFilter 以 Bean 的形式注入 Spring Ioc 容器中，代码如下：

```
@Bean
public TokenFilter tokenFilter(){
    return new TokenFilter();
}
```

启动工程，使用如下的 curl 命令请求：

```
curl localhost:8081/get
```

可以看到请求没有被转发，而是被终止了，并在控制台打印了如下日志：

```
2018-11-16 15:30:13.543 INFO 19372 --- [ctor-http-nio-2] gateway.TokenFilter
```

上述日志显示了请求进入了没有传 "token" 的逻辑。

10.4 限流

高并发系统中往往需要做限流，一方面是为了防止流量突发使服务器过载，另一方面是为了防止流量攻击。

常见的限流方式有 Hystrix 适用线程池隔离，当超过线程池的负载时，走熔断的逻辑；在一般应用服务器中，比如 Tomcat 容器是通过限制它的线程数来控制并发的；也可以通过时间窗口的平均速度来控制流量。常见的限流纬度有通过 IP 限流、通过请求的 Url 限流、通过用户访问频次限流。

一般限流都发生在网关层，比如 Nginx、Openresty、Kong、Zuul 和服务网关等，也可以在应用层通过 AOP 方式去做限流。

10.4.1 常见的限流算法

1. 计数器算法

计数器算法是使用计数器实现的限流算法，实现简单。比如，限流策略为在 1 秒内只允许有 100 个请求通过，算法的实现思路是第一个请求进来时计数为 1，后面每通过一个请求计数加 1。当计数满 100 后，后面的请求全部被拒绝。这种技术算法非常简单，当流量突发时，它只允许前面的请求通过，一旦计数满了，拒绝所有后续请求，这种现象称为"突刺现象"。

2. 漏桶算法

漏桶算法可以消除"突刺现象"，其内部有一个容器，类似漏斗，当请求进来时，相当于水倒入漏斗，然后从容器中均匀地取出请求进行处理，处理速率是固定的。不管上面流量多大，都全部装进容器，下面流出的速率始终保持不变。当容器中的请求数装满了，就直接拒绝请求。

3. 令牌桶算法

令牌桶算法是对漏桶算法的改进，漏桶算法只能均匀地处理请求。令牌桶算法能够在均匀处理请求的情况下，应对一定程度上的突发流量。令牌桶算法需要一个容器来存储令牌，令牌以一定的速率均匀地向桶中存放，当超过桶的容量时，桶会丢弃多余的令牌。当一个请求进来时，需要从令牌桶获取令牌，获取令牌成功，则请求通过；如果令牌桶中的令牌消耗完了，则获取令牌失败，拒绝请求。

10.4.2 服务网关的限流

服务网关中过滤器，因此可以在"pre"类型的过滤器中自行实现上述 3 种限流算法。但限流作为网关最基本的功能，服务网关官方只提供了 RequestRateLimiterGatewayFilterFactory 这个类，使用 Redis 和 lua 脚本实现令牌桶算法进行限流。具体实现逻辑在 RequestRateLimiterGatewayFilterFactory 类中，lua 脚本在如图 10-8 所示的文件夹中。

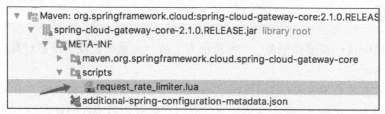

▲图 10-8　RequestRateLimiterGatewayFilterFactory 的限流脚本存放位置

具体源码这里不再讲解，请读者自行查看。下面以案例的形式讲解如何在服务网关中使用内置的限流过滤器工厂来实现限流的功能。

首先在工程的 pom 文件中引入 Gateway 的起步依赖和 Redis 的 reactive 依赖，代码如下：

```xml
<dependency>
    <groupId>org.springframework.cloud</groupId>
    <artifactId>spring-cloud-starter-gateway</artifactId>
</dependency>
<dependency>
    <groupId>org.springframework.boot</groupId>
    <artifatId>spring-boot-starter-data-redis-reactive</artifatId>
</dependency>
```

在工程的配置文件 application.yml 中添加以下配置：

```yaml
server:
  port: 8081
spring:
  cloud:
```

```yaml
    gateway:
      routes:
      - id: limit_route
        uri: http://httpbin.org:80
        predicates:
        - After=2017-01-20T17:42:47.789-07:00[America/Denver]
        filters:
        - name: RequestRateLimiter
          args:
            key-resolver: '#{@hostAddrKeyResolver}'
            redis-rate-limiter.replenishRate: 1
            redis-rate-limiter.burstCapacity: 3
application:
  name: gateway-limiter
redis:
  host: localhost
  port: 6379
  database: 0
```

在上述配置文件，指定应用的端口为 8081，配置 Redis 的连接信息，并配置了 Request RateLimiter 的限流过滤器，该过滤器需要配置如下 3 个参数。

❑ burstCapacity：令牌桶总容量。
❑ replenishRate：令牌桶每秒的平均填充速率。
❑ key-resolver：用于限流的键的解析器的 Bean 对象的名字。它使用 SpEL 表达式，根据#{@beanName}从 Spring 容器中获取 Bean 对象。

KeyResolver 需要实现 resolve 方法，比如在根据 Hostname 进行限流时，需要用 hostAddress 去判断。实现了 KeyResolver 之后，需要将这个类的 Bean 注册到 Ioc 容器中，具体代码如下：

```java
public class HostAddrKeyResolver implements KeyResolver {
    @Override
    public Mono<String> resolve(ServerWebExchange exchange) {
        return Mono.just(exchange.getRequest().getRemoteAddress().getAddress().getHostAddress());
    }
}

@Bean
public HostAddrKeyResolver hostAddrKeyResolver() {
   return new HostAddrKeyResolver();
}
```

可以根据 Url 去限流，这时的 KeyResolver 代码如下：

```java
public class UriKeyResolver  implements KeyResolver {
    @Override
```

```
    public Mono<String> resolve(ServerWebExchange exchange) {
        return Mono.just(exchange.getRequest().getURI().getPath());
    }
}
```

也可以以用户的维度去限流,这时的 KeyResolver 代码如下:

```
@Bean
KeyResolver userKeyResolver() {
        return exchange -> Mono.just(exchange.getRequest().getQueryParams().getFirst(
"user"));
}
```

用 Jmeter 进行压测,配置 10thread 去循环请求 lcoalhost:8081/get,循环间隔时间为 1 秒。从压测的结果中看到,有的部分请求通过,而部分请求失败。通过 Redis 客户端去查看 Redis 中存在的 Key,如图 10-9 所示。

▲图 10-9　服务网关在限流过程在 Redis 中创建的 Key

10.5 服务化

前面小节中介绍了服务网关的断言（Predicate）和过滤器（Filter）,想必读者对服务网关有了初步的认识,其中对服务路由转发采用了硬编码的 Url 方式。本节以案例的形式来讲解服务网关如何配合服务注册中心进行路由转发。

10.5.1　工程介绍

本案例中使用 Spring Boot 的版本为 2.1.0,Spring Cloud 版本为 Greenwich。案例中涉及 3 个工程,分别为注册中心 eureka-server、服务提供者 service-hi 和服务网关 service-gateway,具体如表 10-2 所示。

表 10-2　　　　　　　　　　　　案例工程信息

工 程 名	端 口	作 用
eureka-server	8761	注册中心、eureka server
service-hi	8762	服务提供者、eureka client
service-gateway	8801	路由网关、eureka client

10.5 服务化

在这 3 个工程中，service-hi 和 service-gateway 向注册中心 eureka-server 注册。用户的请求首先经过服务 service-gateway，服务 service-gateway 根据请求路径由网关的 Predicate 去断言进入哪一个路由，Router 经过各种过滤器处理后，最后路由到具体的业务服务，比如 service-hi。请求过程如图 10-10 所示。

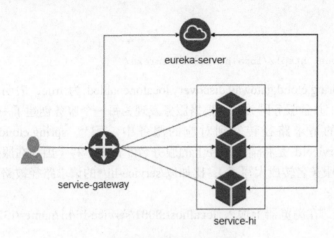

▲图 10-10 案例的请求过程图

eureka-server 和 service-hi 这两个工程请参考 5.2 节和 5.3 节中的源码，这里不再重复。其中，service-hi 服务对外暴露了一个 RESTFUL 接口 "/hi"。下面重点讲解工程 service-gateway。

10.5.2 service-gateway 工程详细介绍

在 service-gateway 工程中引入项目所需的依赖，包括 eureka-client 的起步依赖和 gateway 的起步依赖，代码如下：

```
<dependency>
    <groupId>org.springframework.cloud</groupId>
    <artifactId>spring-cloud-starter-netflix-eureka-client</artifactId>
</dependency>
<dependency>
    <groupId>org.springframework.cloud</groupId>
    <artifactId>spring-cloud-starter-gateway</artifactId>
</dependency>
```

在工程的配置文件 application.yml 中，配置应用的启动端口为 8081，并配置注册地址和 gateway 等信息，具体如下：

```
server:
  port: 8081
spring:
  application:
    name: sc-gateway-service
```

```yaml
    cloud:
      gateway:
        discovery:
          locator:
            enabled: true
            lowerCaseServiceId: true
eureka:
  client:
    service-url:
      defaultZone: http://localhost:8761/eureka/
```

其中，配置 spring.cloud.gateway.discovery.locator.enabled 为 true，表明服务网关开启服务注册和发现的功能，并且服务网关自动根据服务发现为每一个服务创建了一个路由，这个路由将以服务名开头的请求路径转发到对应的服务中。配置 spring.cloud.gateway.discovery.locator.lowerCaseServiceId 是将请求路径上的服务名配置为小写（因为在服务注册过程中，向注册中心注册时将服务名转成大写了），比如以/service-hi/*的请求路径被路由转发到服务名为 service-hi 的服务上。

启动所有工程，在浏览器上输入 localhost:8081/service-hi/hi?name=1323，网页显示如下信息：

```
hi 1323 ,i am from port:8762
```

在上述例子中，向 gateway-service 发送的请求时，url 必须带上服务名 service-hi 这个前缀，才能转发到 service-hi 上，转发之前会将 service-hi 去掉。

有时根据服务名转发会显得路径太长，或者由于历史原因不能根据服务名去路由，需要自定义路径。那么是否自定义请求路径呢？答案是肯定的，只需要修改工程的配置文件 application.yml，具体配置如下：

```yaml
spring:
  application:
    name: sc-gateway-server
  cloud:
    gateway:
      discovery:
        locator:
          enabled: false
          lowerCaseServiceId: true
      routes:
      - id: service-hi
        uri: lb://SERVICE-HI
        predicates:
          - Path=/demo/**
        filters:
          - StripPrefix=1
```

在上面的配置中，配置了一个 path 的断言，将以/demo/**开头的请求都转发到 uri 为 lb://SERVICE-HI 的地址上，lb://SERVICE-HI 即 service-hi 服务的负载均衡地址，并用 StripPrefix 的过滤器在转发之前将/demo 去掉。同时将 spring.cloud.gateway.discovery.locator.enabled 改为 false，如果不改，那么之前 localhost:8081/service-hi/hi?name=1323 这样的请求地址也能正常访问，这时为每个服务创建了两个路由。

在浏览器上请求 localhost:8081/demo/hi?name=1323，浏览器返回如下的响应，证明请求能够正确转发到 service-hi 服务上。

```
hi 1323 ,i am from port:8762
```

10.6 总结

本章全面介绍了服务网关组件，首先讲解了服务网关的原理和作用，然后讲解了服务网关的核心组件断言和过滤器，最后讲解了网关的限流和服务化。

第 11 章 服务注册和发现 Consul

第 5 章已全面讲解了服务注册和发现组件 Eureka，本章讲解另一个服务注册和发现组件 Consul。

11.1 什么是 Consul

Consul 是 HashiCorp 公司推出的开源软件，使用 Go 语言编写，提供了分布式系统的服务注册和发现、配置等功能，这些功能中的每一个都可以根据需要单独使用，也可以一起使用以构建全方位的服务网格。Consul 不仅具有服务治理的功能，而且使用分布式一致协议 RAFT 算法实现，有多数据中心的高可用方案，并且很容易和 Spring Cloud 等微服务框架集成，具有简单、易用、可插排等特点。简而言之，Consul 提供了一种完整的服务网格解决方案。

11.1.1 基本术语

- 代理（Agent）：是一直运行在 Consul 集群中每个节点上的守护进程，通过运行 consul agent 命令来启动。代理可以以客户端或服务端模式运行。无论是客户端节点，还是服务端节点，都必须运行代理，因此将节点称为客户端或服务器更容易理解。所有代理都可以通过 DNS 或 HTTP 接口来检查服务，并保持服务同步。
- 客户端（Client）：客户端是所有 RPC 转发到服务端的代理。这个客户端是相对无状态的。客户端唯一执行的后台活动是加入 LAN gossip 池，资源开销很小。
- 服务端（Server）：服务端是具有扩展责任的代理，包括参与 Raft 选举、维护集群状态、响应 RPC 查询、与其他数据中心交换 WAN，以及将查询转发给领导者（Leader）或远程数据中心。
- 数据中心（Data Center）：是一个私有的、低延迟且高带宽的网络环境，由多个客户端和服务端构成。
- 共识（Consensus）：在文档中，我们使用共识来表示对当选领导者的协议以及交易顺序的协议。由于这些事务应用于有限状态机，因此我们对共识的定义意味着复制状态机的一致性。

- Gossip：Consul 建立在 Serf 的基础上，它提供了一个完整的 Gossip 协议。
- LAN Gossip：是指局域网 Gossip，包含位于同一个数据中心的所有节点。
- WAN Gossip：是指仅包含服务端的 WAN Gossip 池。这些服务端位于不同的数据中心，通常通过互联网或广域网进行通信。
- 远程调用（RPC）：是一个允许客户端请求服务端的请求-响应机制。

11.1.2 Consul 的特点和功能

- 服务发现：Consul 客户端可以向 Consul 注册服务，例如 API 服务或者 MySQL 服务，其他客户端可以使用 Consul 来发现服务的提供者。Consul 支持使用 DNS 或 HTTP 来注册和发现服务。
- 运行时健康检查：Consul 客户端可以提供任意数量的运行状况检查机制，这些检查机制可以与给定服务（Web 服务器返回 200 OK）或本地节点（内存利用率低于 90%）相关联。这些信息可以用来监控群集的运行状况，服务发现组件可以使用监控信息来路由流量，使流量远离不健康的服务。
- KV 存储：应用程序可以将 Consul 的键/值存储起来用于任何需求，包括动态配置、功能标记、协调、领导者选举等。KV 存储采用 HTTP API，因此易于使用。
- 安全服务通信：Consul 可以为服务生成和分发 TLS 证书，以建立相互的 TLS 连接。
- 多数据中心：Consul 支持多个数据中心，这意味着 Consul 用户不必担心构建额外的抽象层来扩展到多个区域。

11.1.3 Consul 的原理

每个提供服务的节点都运行了 Consul 的代理（Agent），运行代理时不需要服务发现和获取配置的 KV 键值对，代理只负责监控检查。代理节点可以和一个或多个 Consul 服务端通信。Consul 服务端是存储和复制数据的节点，采用 RAFT 算法保证了数据一致性，并选出了领导者，建议使用 3 台或 5 台 Consul 服务端，以避免发生数据丢失的情况。Consul 支持多个数据中心，建议每个数据中心使用多个 Consul Server 作为一个集群。

如果微服务组件需要发现服务，可以查询任何数据中心的 Consul 服务端或 Consul 客户端，Consul 客户端会自动将查询转发给 Consul 服务端。

需要发现其他服务或节点的基础架构组件可以查询任何 Consul 服务端或任何 Consul 代理。如果是查询 Consul Agent，Consul Agent 会自动将查询请求转发给 Consul 服务端。发生跨数据中心服务发现或配置请求时，本地 Consul 服务端会将请求转发到远程数据中心，并返回结果。

11.1.4 Consul 的基本架构

Consul 的基本架构如图 11-1 所示，其中有两个数据中心，标记为"数据中心 1"和"数据中心 2"。在大型分布式系统中，多数据中心是十分常见的，Consul 对多数据中心有着非常强大的支持。

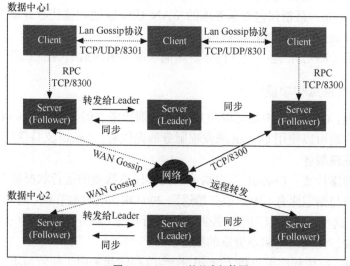

▲图 11-1　Consul 的基本架构图

在每个数据中心中，客户端和服务端是混合的。一般建议使用奇数个服务端，比如 3 台或 5 台。这是基于有故障情况下的可用性和性能之间的权衡结果，因为越多的机器加入，则达成共识的速度越慢。但这并不是限制客户端的数量，客户端可以很容易地扩展到数千台或数万台。

同一个数据中心的所有节点都加入了 Gossip 协议，意味着 Gossip 协议池包含该数据中心的所有节点，这样做有如下 3 个目的。

- 不需要在客户端上配置服务端地址，服务发现都是自动完成的。
- 检测节点故障的工作不放在服务端上，而是分布式的，使得故障检测比心跳机制有更高的可扩展性。
- 数据中心可被用作消息传递层，比如发生领导者选举等重要事件时起到通知作用。

数据中心中的每个服务端节点都是 Raft 节点集合的一部分。它们共同选举一个领导者，即一个具有额外职责的选定服务端。领导者负责处理所有查询和事务，作为共识协议的一部分，还必须将事务复制到所有对等体。因此当非领导者的服务端收到 RPC 请求时，它会将请求转发给群集的领导者。

服务端节点也作为 WAN Gossip 协议池的一部分，不同于 LAN Gossip 协议池的是，它对较高的网络延迟进行了优化，并且只包含其他 Consul 服务端节点。这个协议池的作用是允许数据中心能够以低接触的方式发现彼此，使得一个新数据中心可以很容易地加入现存的 WAN Gossip 协议池。因为服务端都运行在这个协议池中，支持跨数据中心请求。当一个服务端收到来自另一个数据中心的请求时，它会将其转发到正确数据中心的随机服务端。该服务端再转发给本地领导者。

数据中心之间的耦合度非常低，但由于故障检测、连接缓存和多路复用等机制，跨数据中心请求相对快速且可靠。

11.1.5 Consul 服务注册发现流程

Consul 最广泛的用途之一就是作为服务注册中心，同时也可以作为配置中心。作为服务注册中心时，Consul 同 Eureka 类似，其注册和发现过程如图 11-2 所示。

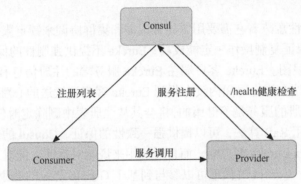

▲图 11-2 Consul 作为服务和发现的过程

在图 11-2 所示的过程中有 3 个角色，分别是服务注册中心、服务提供者、服务消费者。

- 服务提供者（Provider）在启动时，会向 Consul 发送一个请求，将其 Host、IP、应用名、健康检查等元数据信息发送给 Consul。
- Consul 接收到服务提供者的注册后，定期向其发送健康检查的请求，检验服务提供者是否健康。
- 服务消费者（Consumer）会从注册中心 Consul 中获取服务注册列表，当服务消费者消费服务时，会根据服务名从服务注册列表中获取具体服务的实例（一个或者多个）信息，再根据负载均衡策略完成服务的调用。

11.2 Consul 与 Eureka 比较

Eureka 是 Netflix 公司开源的服务注册中心组件，是 Spring Cloud 官方比较推荐的服务注册中心解决方案。目前大部分企业级应用都在使用 Consul 作为服务注册中心。

在 Eureka 的架构体系中，分为 Eureka 服务端和 Eureka 客户端。Eureka 服务端可以支持多数据中心，每个数据中心有一组 Eureka 服务端。通常，Eureka 客户端使用嵌入式 SDK 来注册和发现服务。

Eureka 使用注册列表复制的方式提供弱一致的服务视图。当 Eureka 客户端向 Eureka 服务端注册时，该 Eureka 服务端将尝试复制到其他 Eureka 服务端，但不提供强一致性保证。服务注册成功后，要求 Eureka 客户端对 Eureka 服务端进行心跳健康检测。不健康的服务或节点将停止心跳，从而导致它们的监控检查超时，并从注册表中删除。服务注册的请求可以路由到任何 Eureka 服务端，Eureka 服务端可以提供过时或丢失的数据。这种简化的模型能够轻松地搭建 Eureka 服务端集群的高可用和强扩展性。

相比 Eureka，Consul 提供了更多高级功能，包括更丰富的运行时健康检查、键值存储和多数据中心的相互感知。Consul 提供了强一致性的保证，因为 Consul 服务端使用 Raft 协议进行状态的复制。Consul 支持丰富的运行时健康检查，包括 TCP、HTTP、Nagios、Sensu 兼容脚本等。Consul 客户端基于 Gossip 的健康检查。服务注册请求会被路由到 Consul 领导者的节点。

Consul 的强一致性意味着它需要用领导者选举和集群协调来锁定服务。Eureka 采用的是 P2P 的复制模式，不保证复制操作一定能成功；Eureka 不提供强制性的保证，而是提供一个最终一致性的服务实例视图。Eureka 客户端在 Eureka 服务端的注册信息有一个带期限的服务续约，一旦 Eureka 服务端在指定时间内没有收到 Eureka 客户端发送的心跳，则 Eureka 服务端会认定 Eureka 客户端注册的服务是不健康的，将会其从注册表中删除定时任务。Consul 与 Eureka 不同的是，Consul 采用 Raft 算法，可以提供强一致性的保证，Consul 的代理（Agent）相当于 Netflix Ribbon + Netflix Eureka 客户端，而且对应用来说相对透明。同时，相比 Eureka 这种集中式的心跳检测机制，Consul 的代理可以参与到基于 Goosip 协议的健康检查中，分散了服务端的心跳检测压力。除此之外，Consul 为多数据中心提供了开箱即用的原生支持。

11.3 下载和安装 Consul

Consul 使用 Go 语言编写，支持 Linux、Mac、Windows 等操作系统。本书使用 Windows 操作系统，请读者到 Consul 官网中下载安装包，下载完成后解压到计算机目录下，解压成功后，只有一个可执行的 consul.exe 文件。打开 cmd 终端，切换到安装目录下，执行以下命令：

```
consul --version
```

终端显示如下信息：

```
Consul v1.4.2
Protocol 2 spoken by default, understands 2 to 3 (agent will automatically use p
rotocol >2 when speaking to compatible agents)
```

这样证明 Consul 下载成功，并可执行。

Consul 的常见执行命令如表 11-1 所示。

表 11-1　　　　　　　　　　Consul 的常见执行命令

命　　令	解　　释	示　　例
agent	运行一个 consul agent	consul agent -dev
join	将 agent 加入 consul 集群	consul join IP
members	列出 consul cluster 集群中的 members	consul members

更多的 Consul 执行命令，请读者自行到 Consul 官方网站查看。

11.4 使用 Spring Cloud Consul 进行服务注册和发现

现在以开发模式启动 Consul，使用 cmd 命令终端启动，启动命令如下：

```
consul agent -dev
```

在终端界面上，可以看到启动的日志，Consul 默认的访问端口为 8500。启动成功后，在浏览器上访问 http://localhost:8500，显示的主界面如图 11-3 所示。

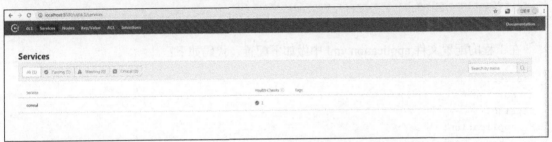

▲图 11-3　Consul 的主界面

随着 Eureka 2.0 版本的闭源，作为服务注册中心，Consul 在以企业级 Spring Cloud 为服务系统中将有着更加广泛的应用。接下来以案例的形式来讲解如何使用 Consul 作为服务注册中心和分布式配置中心。有关分布式配置中心的概念，详见第 12 章。

11.4　使用 Spring Cloud Consul 进行服务注册和发现

本节以案例的形式来讲解如何使用 Spring Cloud Consul 进行服务注册和发现，并使用 Feign 来消费服务。首先启动 Consul，本案例以开发模式来启动。启动 Consul 成功后，在浏览器上访问 http://localhost:8500，能够显示 Consul 的主页面。本案例一共有两个应用，应用信息如表 11-2 所示。

表 11-2　应用信息

应 用 名	端　　口	描　　述
consul-provider	8763	服务提供者
consul-consumer	8765	服务消费者

其中，服务提供者和服务消费者都向 Consul 注册，注册完成后，服务消费者通过 FeignClient 来消费服务提供者的服务。

11.4.1　服务提供者 consul-provider

创建一个 Spring Boot 工程 consul-provider，在工程的 pom 文件中引入以下依赖，包括 consul-discovery 的起步依赖，该依赖是 spring cloud consul 用来向 consul 注册和发现服务的依赖，采用 REST API 方式进行通信。另外加上 Web 的起步依赖，用于对外提供 REST API。代码如下：

```xml
<dependency>
    <groupId>org.springframework.cloud</groupId>
    <artifactId>spring-cloud-starter-consul-discovery</artifactId>
</dependency>
<dependency>
    <groupId>org.springframework.boot</groupId>
    <artifactId>spring-boot-starter-web</artifactId>
</dependency>
```

在工程的配置文件 application.yml 中做如下配置，代码如下：

```yaml
server:
  port: 8763
spring:
  application:
    name: consul-provider
  cloud:
    consul:
      host: localhost
      port: 8500
      discovery:
        serviceName: consul-provider
```

在上述配置中，指定了程序的启动端口为 8763，应用名为 consul-provider，consul 注册中心的地址为 localhost:8500。

在程序的启动类 ConsulProviderApplication 中加上 @EnableDiscoveryClient 注解，开启服务发现的功能，代码如下：

```java
@SpringBootApplication
@EnableDiscoveryClient
public class ConsulProviderApplication {

    public static void main(String[] args) {
        SpringApplication.run(ConsulProviderApplication.class, args);
    }
}
```

写 RESTAPI，该 API 为一个 GET 请求，返回当前程序的启动端口，代码如下：

```java
@RestController
public class HiController {

    @Value("${server.port}")
    String port;
    @GetMapping("/hi")
    public String home(@RequestParam String name) {
```

```
        return "hi "+name+",i am from port:" +port;
    }
}
```

启动工程,在浏览器上访问 http://localhost:8500,页面显示 consul-provider,表示已经成功注册到 Consul 注册中心,如图 11-4 所示。

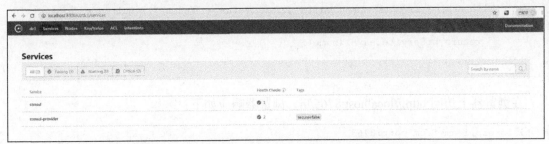

▲图 11-4   consul-provider 已经成功注册到 Consul 注册中心

11.4.2   服务消费者 consul-provider

服务消费者的搭建过程与服务提供者类似,在 pom 文件中引入依赖,在配置文件 application.yml 做与服务提供者相同的配置,不同之处在于端口为 8765,服务名为 consul-consumer。

然后写一个 FeignClient,该 FeignClient 调用 consul-provider 的 REST API,代码如下:

```
@FeignClient(value = "consul-provider")
public interface EurekaClientFeign {

    @GetMapping(value = "/hi")
    String sayHiFromClientEureka(@RequestParam(value = "name") String name);
}
```

Service 层代码如下:

```
@Service
public class HiService {

    @Autowired
    EurekaClientFeign eurekaClientFeign;

    public String sayHi(String name){
        return  eurekaClientFeign.sayHiFromClientEureka(name);
    }
}
```

对外提供一个 REST API,该 API 调用了 consul-provider 的服务,代码如下:

```
@RestController
public class HiController {
    @Autowired
    HiService hiService;

    @GetMapping("/hi")
    public String sayHi(@RequestParam( defaultValue = "forezp",required = false)String name){
        return hiService.sayHi(name);
    }
}
```

在浏览器上访问 http://localhost:8765/hi，浏览器响应如下：

```
hi forezp,i am from port:8763
```

这说明 consul-consumer 已经成功调用了 consul-provider 服务。

11.5 使用 Spring Cloud Consul Config 做服务配置中心

Consul 不仅能用来服务注册和发现，而且 Consul 支持键值对的存储，可以用来做分布式配置中心。Spring Cloud 提供了 Spring Cloud Consul Config 依赖去和 Consul 相集成，用来做分布式配置中心。

下面通过案例来讲解如何使用 Consul 作为分布式配置中心，本案例在上一个案例的 consul-provider 基础上进行改造。首先在工程的 pom 文件中加上 consul-config 的起步依赖，代码如下：

```
<dependency>
    <groupId>org.springframework.cloud</groupId>
    <artifactId>spring-cloud-starter-consul-config</artifactId>
</dependency>
```

然后在配置文件 application.yml 中加上以下配置，代码如下：

```
spring:
  profiles:
    active: dev
```

上述配置指定了 Spring Boot 工程在启动时读取的 profiles 为 dev。然后在工程的启动配置文件 bootstrap.yml 文件中加上以下配置，代码如下：

```
spring:
  application:
    name: consul-provider
```

11.5 使用 Spring Cloud Consul Config 做服务配置中心

```yaml
cloud:
  consul:
    host: localhost
    port: 8500
    discovery:
      serviceName: consul-provider
    config:
      enabled: true
      format: yaml
      prefix: config
      profile-separator: ':'
      data-key: data
```

spring.cloud.consul.config 的配置项描述信息如下。

- Enabled：设置 config 是否启用，默认为 true。
- Format：设置配置的值的格式，可以为 yaml 和 properties。
- Prefix：设置配置的基本目录，比如 config。
- defaultContext：设置默认的配置，被所有的应用读取，本例中未用。
- profileSeparator profiles：配置分隔符，默认为 ","。
- date-key：为应用配置的 key 名字，值为整个应用配置的字符串。

在浏览器上访问 consul 的 Key/Value 存储的管理界面，即 http://localhost:8500/ui/dc1/kv，创建一条记录，如图 11-5 所示。其中，Key 值为 config/consul-provider:dev/data，Value 值如下所示。

```
foo:
  bar: bar1
server:
  port: 8081
```

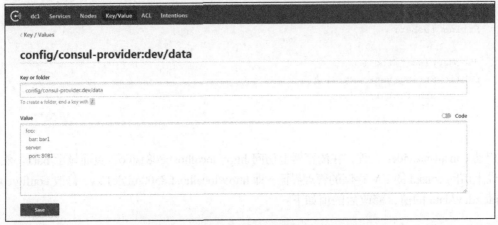

▲图 11-5 在 Consul 配置界面创建 Key/Value 配置

在 consul-provider 工程中新建一个 REST API，该 API 返回从 Consul 配置中心读取 foo.bar 的值，代码如下：

```
@RestController
public class FooBarController {

    @Value("${foo.bar}")
    String fooBar;

    @GetMapping("/foo")
    public String getFooBar() {
        return fooBar;
    }
}
```

启动工程，可以看到程序的启动端口为 8081，也就是在 Consul 的配置中心配置的 server.port 端口。工程启动完成后，在浏览器上访问 http://localhost:8081/foo，页面显示 bar1。由此可知，应用 consul-provider 已经成功从 Consul 的配置中心读取了 foo.bar 的配置。

11.6 动态刷新配置

在使用 Spring Cloud Config 作为配置中心时，可以使用 Spring Cloud Config Bus 动态刷新配置。Spring Cloud Consul Config 默认支持动态刷新，在需要动态刷新的类加上 @RefreshScope 注解即可，修改代码如下：

```
@RestController
@RefreshScope
public class FooBarController {

    @Value("${foo.bar}")
    String fooBar;

    @GetMapping("/foo")
    public String getFooBar() {
        return fooBar;
    }
}
```

启动 consul-provider 工程，在浏览器上访问 http://localhost:8081/foo，页面显示 bar1。然后在浏览器上访问 consul 的 KV 存储的管理界面，即 http://localhost:8500/ui/dc1/kv，修改 config/consul-provider:dev/data 的值，修改后的值如下：

```
foo:
  bar: bar2
server:
  port: 8081
```

此时在不重启 consul-provider 工程的情况下，在浏览器上访问 http://localhost:8081/foo，页面显示 bar2，可见 foo.bar 的最新配置在工程不重启的情况下已经生效。

11.7 总结

本章首先讲解了 Consul 的基本架构和原理，以及它和 Eureka 的区别，然后以案例的形式讲解了如何使用 Consul 作为注册中心和分布式配置中心。

需要注意的是，Consul 支持的 KV 存储的 value 值不能超过 512KB；在 dev 模式启动下，所有数据都存储在内存中，重启 Consul 时会导致所有数据丢失；使用非 dev 模式启动时，Consul 的数据会持久化，数据不会丢失。

第 12 章　配置中心 Spring Cloud Config

前面的章节详细讲解了 Spring Cloud Netflix 组件，包括服务注册和发现组件 Eureka、负载均衡组件 Ribbon、声明式调用 Feign、熔断器组件 Hystrix 和路由网关组件 Zuul。本章讲述 Spring Cloud 的另一组件——分布式配置中心 Spring Cloud Config。

本章以案例的形式来全面讲解 Spring Cloud Config 的知识，分为以下 4 个方面。

- Config Server 从本地读取配置文件。
- Config Server 从远程 Git 仓库读取配置文件。
- 搭建高可用 Config Server 集群。
- 使用 Spring Cloud Bus 刷新配置。

12.1 Config Server 从本地读取配置文件

Config Server 可以从本地仓库读取配置文件，也可以从远处 Git 仓库读取。本地仓库是指将所有的配置文件统一写在 Config Server 工程目录下。Config Sever 暴露 Http API 接口，Config Client 通过调用 Config Server 的 Http API 接口来读取配置文件。

为了讲解得更清楚，本章将不在之前章节的工程的基础上改造，而是重新建工程。和之前的工程一样，采用多 Module 形式。需要新建一个主 Maven 工程，创建过程同 5.2 节，这里不再重复。主要指定了 Spring Boot 的版本为 2.1.0，Spring Cloud 版本为 Greenwich.RELEASE。

12.1.1　构建 Config Server

在主 Maven 工程下，创建一个 Module 工程，工程名取为 config-server，其 pom 文件继承主 Maven 工程的 pom 文件，并在 pom 文件中引入 Config Server 的起步依赖 spring-cloud-config-server。pom 文件代码如下：

```
<parent>
    <groupId>com.forezp</groupId>
    <artifactId>chapter10</artifactId>
    <version>1.0-SNAPSHOT</version>
```

12.1 Config Server 从本地读取配置文件

```xml
</parent>
<dependencies>
    <dependency>
        <groupId>org.springframework.cloud</groupId>
        <artifactId>spring-cloud-config-server</artifactId>
    </dependency>
</dependencies>
```

在程序的启动类 ConfigServerApplication 加上 @EnableConfigServer 注解，开启 Config Server 的功能，代码如下：

```java
@SpringBootApplication
@EnableConfigServer
public class ConfigServerApplication {
    public static void main(String[] args) {
        SpringApplication.run(ConfigServerApplication.class, args);
    }
}
```

在工程的配置文件 application.yml 中做相关的配置，包括指定程序名为 config-server，端口号为 8769。通过 spring.profiles.active=native 来配置 Config Server 从本地读取配置，读取配置的路径为 classpath 下的 shared 目录。application.yml 配置文件的代码如下：

```yaml
spring:
  cloud:
    config:
      server:
        native:
          search-locations: classpath:/shared
  profiles:
    active: native
  application:
    name: config-server
server:
  port: 8769
```

在工程的 Resources 目录下建一个 shared 文件夹，用于存放本地配置文件。在 shared 目录下，新建一个 config-client-dev.yml 文件，用作 config-client 工程的 dev（开发环境）的配置文件。在 config-client-dev.yml 配置文件中，指定程序的端口号为 8762，并定义一个变量 foo，该变量的值为 foo version 1，代码如下：

```yaml
server:
  port: 8762
foo: foo version 1
```

12.1.2 构建 Config Client

新建一个工程，取名为 config-client，该工程作为 Config Client 从 Config Server 读取配置文件，该工程的 pom 文件继承了主 Maven 工程的 pom 文件，并在其 pom 文件引入 Config 的起步依赖 spring-cloud-starter-config 和 Web 功能的起步依赖 spring-boot-starter-web，代码如下：

```xml
<parent>
    <groupId>com.forezp</groupId>
    <artifactId>chapter10</artifactId>
    <version>1.0-SNAPSHOT</version>
</parent>
<dependencies>
    <dependency>
        <groupId>org.springframework.boot</groupId>
        <artifactId>spring-boot-starter-web</artifactId>
    </dependency>
    <dependency>
        <groupId>org.springframework.cloud</groupId>
        <artifactId>spring-cloud-starter-config</artifactId>
    </dependency>
</dependencies>
```

在其配置文件 bootstrap.yml 中做程序的配置，注意这里用的是 bootstrap.yml，而不是 application.yml，bootstrap 相对于 application 具有优先的执行顺序。在 bootstrap.yml 配置文件中指定了程序名为 config-client，向 Url 地址为 http://localhost:8769 的 Config Server 读取配置文件。如果没有读取成功，则执行快速失败（fail-fast），读取的是 dev 文件。bootstrap.yml 配置文件中的变量{spring.application.name}和变量{spring.profiles.active}，两者以"-"相连，构成了向 Config Server 读取的配置文件名，所以本案例在配置中心读取的配置文件名为 config-client-dev.yml 文件。配置文件 bootstrap.yml 的代码如下：

```yaml
spring:
  application:
    name: config-client
  cloud:
    config:
      uri: http://localhost:8769
      fail-fast: true
  profiles:
    active: dev
```

eureka-server 工程启动成功后，启动 eureka-client 工程，你会在控制台的日志中发现 eureka-client 向 Url 地址为 http://localhost:8769 的 Config Server 读取了配置文件。最终程序启动的端口为 8762，这个端口是在 config-server 的 Resources/shared 目录中的 eureka-client-dev.yml

的配置文件中配置的，可见 config-client 成功地向 eureka-server 读取了配置文件。

为了进一步验证，在 eureka-client 工程写一个 API 接口，读取配置文件的 foo 变量，并通过 API 接口返回，代码如下：

```
@SpringBootApplication
@RestController
public class ConfigClientApplication {
    public static void main(String[] args) {
        SpringApplication.run(ConfigClientApplication.class, args);
    }
    @Value("${foo}")
    String foo;
    @RequestMapping(value = "/foo")
    public String hi(){
        return foo;
    }
}
```

打开浏览器，访问 http://localhost:8762/foo，浏览器显示：

```
foo version 1
```

可见 config-client 工程成功地向 eureka-server 工程读取了配置文件中 foo 变量的值。

12.2 Config Server 从远程 Git 仓库读取配置文件

Spring Cloud Config 支持从远程 Git 仓库读取配置文件，即 Config Server 可以不从本地的仓库读取，而是从远程 Git 仓库读取。这样做的好处就是将配置统一管理，并且可以通过 Spring Cloud Bus 在不人工启动程序的情况下对 Config Client 的配置进行刷新。本例采用 GitHub 作为远程 Git 仓库。

首先，修改 Config Server 的配置文件 application.yml，代码如下：

```
server:
  port: 8769
spring:
  cloud:
    config:
      server:
        git:
          uri: https://github.com/forezp/SpringcloudConfig
          searchPaths: respo
          username: miles02@163.com
          password:
        label: master
```

```
    application:
      name: config-server
```

其中，uri 为远程 Git 仓库的地址，searchPaths 为搜索远程仓库的文件夹地址，username 和 password 为 Git 仓库的登录名和密码。如果是私人 Git 仓库，登录名和密码是必需的；如果是公开的 Git 仓库，可以不需要。label 为 git 仓库的分支名，本例从 master 读取。

将上一节的 eureka-client-dev.yml 上传到远程仓库中，上传的路径为 https://github.com/forezp/SpringcloudConfig。读者可以自己申请 GitHub 账号，并在 GitHub 上创建代码仓库，将 eureka-client-dev.yml 上传到自己的仓库。

重新启动 config-server，config-server 启动成功后，启动 config-client，可以发现 config-client 的端口为 8762。像上一节一样，访问 http://localhost:8762/foo，浏览器显示：

```
foo version 1
```

可见，config-server 从远程 Git 仓库读取了配置文件，config-client 从 config-server 读取了配置文件。

12.3 构建高可用的 Config Server

在上一节讲解了 Config Client 如何从配置中心 Config Server 读取配置文件，配置中心如何从远程 Git 仓库读取配置文件。当服务实例很多时，所有的服务实例需要同时从配置中心 Config Server 读取配置文件，这时可以考虑将配置中心 Config Server 做成一个微服务，并且将其集群化，从而达到高可用。配置中心 Config Server 高可用的架构图如图 12-1 所示。Config Server 和 Config Client 向 Eureka Server 注册，且将 Config Server 多实例集群部署。

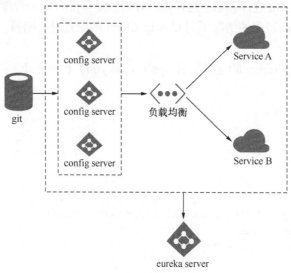

▲图 12-1　高可用的 Config Server

12.3.1 构建 Eureka Server

新建一个 eureka-server 工程，eureka-server 工程的 pom 文件继承了主 Maven 的 pom 文件，eureka-server 工程的 pom 文件引入 Eureka Server 的起步依赖 spring-cloud-starter-netflix-eureka-server 和 Web 功能的起步依赖 spring-boot-starter-web，配置代码如下：

```xml
<parent>
    <groupId>com.forezp</groupId>
    <artifactId>chapter10</artifactId>
    <version>1.0-SNAPSHOT</version>
</parent>
<dependencies>
    <dependency>
        <groupId>org.springframework.cloud</groupId>
        <artifactId>spring-cloud-starter-netflix-eureka-server</artifactId>
    </dependency>
    <dependency>
        <groupId>org.springframework.boot</groupId>
        <artifactId>spring-boot-starter-web</artifactId>
    </dependency>
</dependencies>
```

在工程的配置文件 application.yml 中做程序的相关配置，指定程序的端口号为 8761，并不自注册（即将配置 register-with-eureka 和 fetch-registry 设置为 false），代码如下：

```yaml
server:
  port: 8761
eureka:
  client:
    register-with-eureka: false
    fetch-registry: false
    serviceUrl:
      defaultZone: http://localhost:${server.port}/eureka/
```

在程序的启动类 EurekaServerApplication 上加@EnableEurekaServer 注解，开启 Eureka Server 的功能，代码如下：

```java
@SpringBootApplication
@EnableEurekaServer
public class EurekaServerApplication {
    public static void main(String[] args) {
        SpringApplication.run(EurekaServerApplication.class, args);
    }
}
```

12.3.2 改造 Config Server

Config Server 作为 Eureka Client,需要在工程中的 pom 文件引入 spring-cloud-starter-netflix-eureka-client 起步依赖,代码如下:

```
<dependency>
    <groupId>org.springframework.cloud</groupId>
    <artifactId>spring-cloud-starter-netflix-eureka-client</artifactId>
</dependency>
```

在工程的启动类 ConfigServerApplication 加上 @EnableEurekaClient 注解,开启 EurekaClient 的功能,代码如下:

```
@SpringBootApplication
@EnableConfigServer
@EnableEurekaClient
public class ConfigServerApplication {
    public static void main(String[] args) {
        SpringApplication.run(ConfigServerApplication.class, args);
    }
}
```

在工程的配置文件 application.yml 文件中制定服务注册的地址,代码如下:

```
eureka:
  client:
    serviceUrl:
      defaultZone: http://localhost:8761/eureka/
```

12.3.3 改造 Config Client

和 Config Server 一样作为 Eureka Client,在 pom 文件加上 spring-cloud-starter-netflix-eureka-client 起步依赖,在工程的启动类加上 @EnableEurekaClient 注解,开启 EurekaClient 的功能。

在工程的配置文件 application.yml 加上相关配置,指定服务注册中心的地址为 http://localhost:8761/eureka/,向 Service Id 为 config-server 的配置服务读取配置文件,代码如下:

```
spring:
  application:
    name: config-client
  cloud:
    config:
      fail-fast: true
      discovery:
        enabled: true
```

12.3 构建高可用的 Config Server

```
      serviceId: config-server
  profiles:
    active: dev
server:
  port: 8762
eureka:
  client:
    serviceUrl:
      defaultZone: http://localhost:8761/eureka/
```

依次启动 eureka-server、config-server 和 config-client 工程，注意这里需要 config-server 启动成功并且向 eureka-server 注册完成后，才能启动 config-client，否则 config-client 找不到 config-server。

通过控制台可以发现，config-client 向地址为 http://localhost:8769 的 config-server 读取了配置文件。访问 http://localhost:8762/foo，浏览器显示：

```
foo version 1
```

可见，config-server 从远程 Git 仓库读取了配置文件，config-client 从 config-server 读取了配置文件。

那么如何搭建高可用的 Config Server 呢？只需要将 Config Server 多实例部署，用 IDEA 开启多个 Config Server 实例，端口分别为 8769 和 8768。在浏览器上访问 Eureka Server 的主页 http://localhost:8761/，界面如图 12-2 所示。

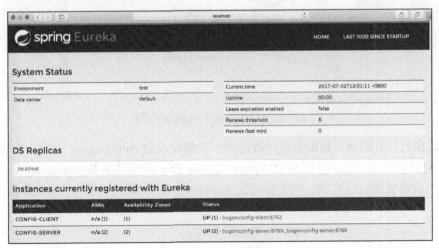

▲图 12-2 Eureka 界面

多次启动 config-client 工程，从控制台可以发现它会轮流地从 http://localhost:8768 和

http://localhost:8769 的 Config Server 读取配置文件，并且做了负载均衡。

12.4 使用 Spring Cloud Bus 刷新配置

Spring Cloud Bus 是用轻量的消息代理将分布式的节点连接起来，可以用于广播配置文件的更改或者服务的监控管理。一个关键的思想就是，消息总线可以为微服务做监控，也可以实现应用程序之间相互通信。Spring Cloud Bus 可选的消息代理组件包括 RabbitMQ、AMQP 和 Kafka 等。本节讲述的是用 RabbitMQ 作为 Spring Cloud 的消息组件去刷新更改微服务的配置文件。

为什么需要用 Spring Cloud Bus 去刷新配置呢？

如果有几十个微服务，而每一个服务又是多实例，当更改配置时，需要重新启动多个微服务实例，会非常麻烦。Spring Cloud Bus 的一个功能就是让这个过程变得简单，当远程 Git 仓库的配置更改后，只需要向某一个微服务实例发送一个 Post 请求，通过消息组件通知其他微服务实例重新拉取配置文件。如图 12-3 所示，当远程 Git 仓库的配置更改后，通过发送 "/bus/refresh" Post 请求给某一个微服务实例，通过消息组件，通知其他微服务实例，更新配置文件。

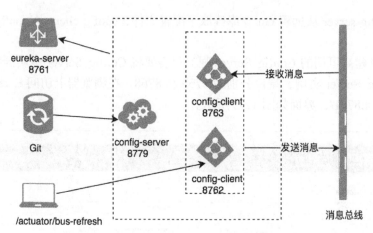

▲图 12-3　消息总线更新微服务的配置

本节是在上一节的例子基础上进行改造的，只需要改造 config-client 工程。首先，需要在 pom 文件中引入用 RabbitMQ 实现的 Spring Cloud Bus 的起步依赖 spring-cloud-starter-bus-amqp。如果读者需要自己实践，则需要安装 RabbitMQ 服务器。pom 文件添加的依赖如下：

```
<dependency>
    <groupId>org.springframework.cloud</groupId>
    <artifactId>spring-cloud-starter-bus-amqp</artifactId>
</dependency>
```

12.4 使用 Spring Cloud Bus 刷新配置

在工程的配置文件 application.yml 添加 RabbitMQ 的相关配置，host 为 RabbitMQ 服务器的 IP 地址，port 为 RabbitMQ 服务器的端口，username 和 password 为 RabbitMQ 服务器的用户名和密码。通过消息总线更改配置，需要经过安全验证，为了方便讲述，先把安全验证屏蔽掉，也就是将 management.security.enabled 改为 false，代码如下：

```yaml
spring:
  rabbitmq:
    host: localhost
    port: 5672
    username: guest
    password: guest
management:
  security:
    enabled: false
```

最后，需要在更新的配置类上加@ RefreshScope 注解，只有加上了该注解，才会在不重启服务的情况下更新配置，如本例中更新配置文件 foo 变量的值，代码如下：

```java
@RestController
@RefreshScope
public class ConfigClientApplication {
    @Value("${foo}")
    String foo;
    @GetMapping (value = "/foo")
     public String hi(){
        return foo;
     }
}
```

依次启动工程，其中 config-client 开启两个实例，端口分别为 8762 和 8763。启动完成后，在浏览器上访问 http://localhost:8762/foo 或者 http://localhost:8763/foo，浏览器显示：

foo version 1

更改远程 Git 仓库，将 foo 的值改为 "foo version 2"。通过 Postman 或者其他工具发送一个 Post 请求 http://localhost:8762/actuator/bus-refresh，请求发送成功，再访问 http://localhost:8762/foo 或者 http://localhost:8763/foo，浏览器都会显示：

foo version 2

可见，通过向 8762 端口的微服务实例发送 Post 请求 http://localhost:8762/actuator/bus-refresh，请求刷新配置，由于使用了 Spring Cloud Bus，其他服务实例（如案例中的 8763 端口的服务实例）会接收到刷新配置的消息，也会刷新配置。另外，"/actuaor/bus-refresh" API 接口可以指定服务，即使用"destination"参数，例如 "/actuator/bus-refresh?destination=eureka-client:**"，即刷新服务名为 eureka-client 的所有服务实例。

12.5 将配置存储在 MySQL 数据库中

在大多数情况下，我们将配置存储在 Git 仓库中，即可满足业务需求。Spring Cloud Config 没有界面展示的功能，当我们需要二次开发对配置进行展示和做管控功能时，将配置存储在关系型数据库 MySQL 中可能会更便捷。本节将以案例的形式来讲述如何将配置存储在 MySQL 数据库中。

本节的案例是在 12.1 节案例的基础上进行改造的，分为 config-server 和 config-client 两部分。其中，config-server 工程需要连接 MySQL 数据库，读取配置；config-client 则是在启动时从 config-server 工程读取。

12.5.1 改造 config-server 工程

在 config-server 工程的 pom 文件下引入 config-server 的起步依赖、mysql 的连接器、jdbc 的起步依赖，代码如下：

```
<dependency>
    <groupId>mysql</groupId>
    <artifactId>mysql-connector-java</artifactId>
</dependency>
<dependency>
    <groupId>org.springframework.boot</groupId>
    <artifactId>spring-boot-starter-jdbc</artifactId>
</dependency>
```

在 config-server 工程的配置文件 application.yml 下做以下配置：

```
spring:
  profiles:
    active: jdbc
  application:
    name: config-jdbc-server
  datasource:
url: jdbc:mysql://127.0.0.1:3306/config-jdbc?useUnicode=true&characterEncoding=utf8&characterSetResults=utf8&serverTimezone=GMT%2B8
    username: root
    password: 123456
    driver-class-name: com.mysql.jdbc.Driver
  cloud:
    config:
      label: master
      server:
        jdbc: true
server:
```

```
   port: 8769
spring.cloud.config.server.jdbc.sql: SELECT key1, value1 from config_properties where
APPLICATION=? and PROFILE=? and LABEL=?
```

其中，spring.profiles.active 为 spring 读取的配置文件名，从数据库中读取，必须为 jdbc。spring.datasource 配置了数据库相关的信息，spring.cloud.config.label 读取配置的分支，这需要在数据库中与数据对应，本案例中为 master。spring.cloud.config.server.jdbc.sql 为查询数据库的 sql 语句，该语句的查询字段必须与数据库的表字段一致。

12.5.2 初始化数据库

由于 config-server 使用的是数据库存储配置，因此读者需要先安装 MySQL 数据库。安装成功后，创建数据库名为 config-jdbc 的数据库，数据库编码为 utf-8，然后在 config-jdbc 数据库下执行以下数据库脚本：

```
CREATE TABLE `config_properties` (
    `id` bigint(20) NOT NULL AUTO_INCREMENT,
    `key1` varchar(50) COLLATE utf8_bin NOT NULL,
    `value1` varchar(500) COLLATE utf8_bin DEFAULT NULL,
    `application` varchar(50) COLLATE utf8_bin NOT NULL,
    `profile` varchar(50) COLLATE utf8_bin NOT NULL,
    `label` varchar(50) COLLATE utf8_bin DEFAULT NULL,
    PRIMARY KEY (`id`)
) ENGINE=InnoDB AUTO_INCREMENT=3 DEFAULT CHARSET=utf8 COLLATE=utf8_bin
```

其中，key1 字段为配置的 key1，value1 字段为配置的值，application 字段对应于应用名，profile 对应于环境，label 对应于读取的分支，一般为 master。

插入数据 config-client 的 2 条数据包括 server.port 和 foo 两个配置，具体数据库脚本如下：

```
nsert into `config_properties` (`id`, `key1`, `value1`, `application`, `profile`, `la
bel`) values('1','server.port','8083','config-client','dev','master');
insert into `config_properties` (`id`, `key1`, `value1`, `application`, `profile`, `l
abel`) values('2','foo','bar-jdbc','config-client','dev','master');
```

依次启动 config-server 和 config-client 两个工程，其中 config-client 的启动端口为 8083，这是在数据库中配置的，可见 config-client 从 config-server 中读取了配置。在浏览器上访问 http://localhost:8083/foo，浏览器显示 bar-jdbc，由此可见 config-client 从 config-server 中成功读取了配置，而配置是存储在数据库中的。

第 13 章　服务链路追踪 Spring Cloud Sleuth

Spring Cloud Sleuth 是 Spring Cloud 的一个组件，它的主要功能是在分布式系统中提供服务链路追踪的解决方案。

13.1 为什么需要 Spring Cloud Sleuth

微服务架构是一个分布式架构，微服务系统按业务划分服务单元，一个微服务系统往往有很多个服务单元。由于服务单元数量众多，业务的复杂性较高，如果出现了错误和异常，很难去定位。主要体现在一个请求可能需要调用很多个服务，而内部服务的调用复杂性决定了问题难以定位。所以在微服务架构中，必须实现分布式链路追踪，去跟进一个请求到底有哪些服务参与，参与的顺序又是怎样的，从而达到每个请求的步骤清晰可见，出现问题能够快速定位的目的。

以第 2 章的图 2-8 为例来说明，在微服务系统中，一个来自用户的请求先到达前端 A（如前端界面），然后通过远程调用，到达系统的中间件 B、C（如负载均衡、网关等），最后到达后端服务 D、E，后端经过一系列的业务逻辑计算，最后将数据返回给用户。对于这样一个请求，经历了这么多个服务，怎么样将它的请求过程用数据记录下来呢？这就需要用到服务链路追踪。

Google 开源了 Dapper 链路追踪组件，并在 2010 年发表了论文《Dapper, a Large-Scale Distributed Systems Tracing Infrastructure》，这篇论文是业内实现链路追踪的标杆和理论基础，具有很高的参考价值。

目前，常见的链路追踪组件有 Google 的 Dapper、Twitter 的 Zipkin，以及阿里的 Eagleeye（鹰眼）等，它们都是非常优秀的链路追踪开源组件。

本章主要讲述如何在 Spring Cloud Sleuth 中集成 Zipkin。在 Spring Cloud Sleuth 中集成 Zipkin 非常简单，只需要引入相应的依赖并做相关的配置即可。

13.2 基本术语

Spring Cloud Sleuth 采用了 Google 的开源项目 Dapper 的专业术语。

（1）Span：基本工作单元，发送一个远程调度任务就会产生一个 Span，Span 是用一个 64 位 ID 唯一标识的，Trace 是用另一个 64 位 ID 唯一标识的。Span 还包含了其他的信息，例如摘要、时间戳事件、Span 的 ID 以及进程 ID。

（2）Trace：由一系列 Span 组成的，呈树状结构。请求一个微服务系统的 API 接口，这个 API 接口需要调用多个微服务单元，调用每个微服务单元都会产生一个新的 Span，所有由这个请求产生的 Span 组成了这个 Trace。

（3）Annotation：用于记录一个事件，一些核心注解用于定义一个请求的开始和结束，这些注解如下。

- cs-Client Sent：客户端发送一个请求，这个注解描述了 Span 的开始。
- sr-Server Received：服务端获得请求并准备开始处理它，如果将其 sr 减去 cs 时间戳，便可得到网络传输的时间。
- ss-Server Sent：服务端发送响应，该注解表明请求处理的完成（当请求返回客户端），用 ss 的时间戳减去 sr 时间戳，便可以得到服务器请求的时间。
- cr-Client Received：客户端接收响应，此时 Span 结束，如果 cr 的时间戳减去 cs 时间戳，便可以得到整个请求所消耗的时间。

Spring Cloud Sleuth 提供了一套完整的链路解决方案，它可以结合 Zipkin，将链路数据发送到 Zipkin，并利用 Zipkin 来存储链路信息，也可以利用 Zipkin UI 来展示数据。

那么什么是 Zipkin 呢？

Zipkin 是 Twitter 的一个开源项目，它基于 Google 的 Dapper 实现，被业界广泛使用。Zipkin 致力于收集分布式系统的链路数据，提供了数据持久化策略，也提供面向开发者的 API 接口，用于查询数据，还提供了 UI 组件帮助我们查看具体的链路信息。

Zipkin 提供了可插拔式的数据存储方式，目前支持的数据存储有 In-Memory、MySQL、Cassandra 和 ElasticSearch。

Zipkin 的架构图如图 13-1 所示，它主要由 4 个核心组件构成。

- Collector：链路数据收集器，主要用于处理从链路客户端发送过来的链路数据，将这些数据转换为 Zipkin 内部处理的 Span 格式，以支持后续的存储、分析和展示等功能。
- Storage：存储组件，用来存储接收到的链路数据，默认会将这些数据存储在内存中，同时支持多种存储策略，比如将链路数据存储在 MySQL、Cassandra 和 ElasticSearch 中。
- RESTful API：API 组件，它是面向开发者的，提供外部访问 API 接口，可以通过这些 API 接口来自定义展示界面。
- Web UI：UI 组件，基于 API 接口实现的上层应用，用户利用 UI 组件可以很方便地查询和分析链路数据。

第 13 章　服务链路追踪 Spring Cloud Sleuth

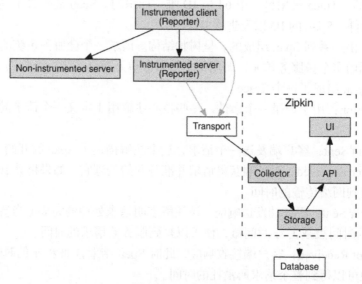

▲图 13-1　Zipkin 架构图

13.3 案例讲解

基本知识讲解完毕，下面来进行案例实战。本章的案例一共有 4 个工程，基本信息如表 13-1 所示。和之前的工程一样，采用 Maven 工程的多 Module 形式。新建一个主 Maven 工程，创建过程同 5.2 节，在此不再重复。在主 Maven 工程的 pom 文件里指定 Spring Boot 的版本为 2.1.0，Spring Cloud 版本为 Greenwich.RELEASE。eureka-server 工程作为服务注册中心，它的创建过程同 5.2 节。zipkin-server 作为链路追踪服务中心，负责存储链路数据，Spring Cloud 从 Edgware 版本开始，使用 Jar 包的形式启动，Jar 包需要从官方下载，用户不需要额外创建工程。eureka-client 工程是一个服务提供者，对外暴露 API 接口，同时它也作为链路追踪客户端，产生链路数据，并将链路数据传递给服务消费者。eureka-feign-client 作为服务消费者，调用 eureka-client 提供的服务，同时它也作为链路追踪客户端，产生链路数据，并将链路数据上传给链路追踪服务中心 zipkin-server。

表 13-1　案例工程

应　用　名	端　　口	作　　用
eureka-server	8761	注册中心
eureka-client	8763	服务提供者、链路追踪客户端
eureka-client-feign	8765	服务消费者、链路追踪客户端
Zipkin（以 Jar 包的形式启动）	9411	链路追踪服务端

13.3.1 启动 Zipkin Server

在 Spring Cloud Dalston 版本中，zipkin-server 可以通过引入相关依赖的方式构建工程。从 Edgware 版本之后，这一方式改变为强制采用官方提供的 Jar 包的形式启动。因此用户需要下载官方提供的 Jar 包，通过以下命令一键启动：

```
curl -sSL https://zipkin.io/quickstart.sh | bash -s
java -jar zipkin.jar
```

上述第一行命令会从 Zipkin 官网下载官方的 Jar 包，第二行命令用来运行 zipkin.jar 文件。

如果使用 Windows 操作系统，建议使用 Gitbash 命令窗口来执行上述命令。如果使用 Docker，则使用以下命令：

```
docker run -d -p 9411:9411 openzipkin/zipkin
```

通过 java -jar zipkin.jar 的方式启动之后，在浏览器上访问 lcoalhost:9411，显示的界面如图 13-2 所示。

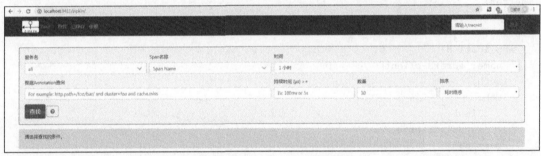

▲图 13-2　Zipkin UI 组件界面

13.3.2　构建服务提供者

在主 Maven 工程下建一个 Module 工程，取名为 eureka-client，作为服务提供者，对外暴露 API 接口。user-service 工程的 pom 文件继承了主 Maven 工程的 pom 文件，并引入了 Eureka 的起步依赖 spring-cloud-starter-netflix-eureka-client、Web 起步依赖 spring-boot-starter-web，以及 Zipkin 的起步依赖 spring-cloud-starter-zipkin 和 sleuth 的起步依赖 spring-cloud-starter-sleuth，代码如下：

```
<dependencies>
    <dependency>
        <groupId>org.springframework.cloud</groupId>
        <artifactId>spring-cloud-starter-netflix-eureka-client</artifactId>
    </dependency>
    <dependency>
        <groupId>org.springframework.boot</groupId>
```

```xml
            <artifactId>spring-boot-starter-web</artifactId>
        </dependency>
        <dependency>
            <groupId>org.springframework.cloud</groupId>
            <artifactId>spring-cloud-starter-sleuth</artifactId>
</dependency>
<dependency>
            <groupId>org.springframework.cloud</groupId>
            <artifactId>spring-cloud-starter-zipkin</artifactId>
</dependency>
</dependencies>
```

在程序的配置文件 applicatiom.yml 中,指定程序名为 eureka-client,端口号为 8762,服务注册地址 http://localhost:8761/eureka/,Zipkin Server 地址为 http://localhost:9411。spring.sleuth.sampler.percentage 为 1.0,即以 100%的概率将链路的数据上传给 Zipkin Server,在默认情况下,该值为 0.1。另外,需要通过配置 spring.sleuth.web.client.enable 为 "true" 来开启 Sleuth 的功能,具体配置文件代码如下:

```yaml
server:
  port: 8763
spring:
  application:
    name: eureka-client
  sleuth:
    web:
      client:
        enabled: true
    sampler:
      probability: 1.0 # 将采样比例设置为 1.0,也就是全部都需要,默认是 0.1
  zipkin:
    base-url: http://localhost:9411/ # 指定了 Zipkin 服务器的地址
eureka:
  client:
    serviceUrl:
      defaultZone: http://localhost:8761/eureka/
```

在 UserController 类建一个 "/hi" 的 API 接口,对外提供服务,代码如下:

```java
@RestController
public class HiController {

    @Autowired
    Tracer tracer;
    @Value("${server.port}")
    String port;
    @GetMapping("/hi")
```

```
    public String home(@RequestParam String name) {
        tracer.currentSpan().tag("name","forezp");
        return "hi "+name+",i am from port:" +port;
    }

}
```

最后作为 Eureka Client，需要在程序的启动类 EurekaClientApplication 加上 @EnableEurekaClient 注解，开启 Eureka Client 的功能。

13.3.3 构建服务消费者

新建一个名为 eureka-feign-client 的工程，这个工程作为服务消费者，使用 FeignClient 来消费服务；同时作为 Zipkin 客户端，将链路数据上传给 Zipkin Server。在工程的 pom 文件中除了需要继承主 Maven 工程的 pom 文件以外，还需引入如下的依赖，代码如下：

```xml
<dependencies>
    <dependency>
      <groupId>org.springframework.cloud</groupId>
      <artifactId>spring-cloud-starter-openfeign</artifactId>
    </dependency>
    <dependency>
      <groupId>org.springframework.cloud</groupId>
      <artifactId>spring-cloud-starter-netflix-eureka-client</artifactId>
    </dependency>
    <dependency>
      <groupId>org.springframework.boot</groupId>
      <artifactId>spring-boot-starter-web</artifactId>
    </dependency>
    <dependency>
      <groupId>org.springframework.cloud</groupId>
      <artifactId>spring-cloud-starter-sleuth</artifactId>
    </dependency>
    <dependency>
      <groupId>org.springframework.cloud</groupId>
      <artifactId>spring-cloud-starter-zipkin</artifactId>
    </dependency>
</dependencies>
```

在工程的配置文件 application.yml 中，配置程序名为 eureka-feign-client，端口号为 8765，服务注册地址为 http://localhost:8761/eureka/。另外，设置 spring.sleuth.web.client.enable 为 "true" 来使 Web 开启 Sleuth 功能；spring.sleuth.sampler.probability 可以被设置为小数，最大值为 1.0，表示链路数据 100% 收集到 zipkin-server；当设置为 0.1 时，表示以 10% 的概率收集链路数据；spring.zipkin.base-url 设置 zipkin-server 的地址。配置代码如下：

```yaml
spring:
  application:
    name: eureka-feign-client
  sleuth:
    web:
      client:
        enabled: true
    sampler:
      probability: 1.0
  zipkin:
    base-url: http://localhost:9411/  # 指定了 Zipkin 服务器的地址
server:
  port: 8765
eureka:
  client:
    serviceUrl:
      defaultZone: http://localhost:8761/eureka/
```

在程序的启动类 GatewayServiceApplication 上加@EnableEurekaClient 注解，开启 Eureka Client 的功能，代码如下：

```
@SpringBootApplication
@EnableEurekaClient
public class EurekaFeignClientApplication{
    public static void main(String[] args) {
        SpringApplication.run(GatewayServiceApplication.class, args);
    }
}
```

服务消费者通过 FeignClient 消费服务提供者提供的服务，FeignClient 的代码如下：

```
@FeignClient(value = "eureka-client")
public interface EurekaClientFeign {
    @GetMapping(value = "/hi")
    String sayHiFromClientEureka(@RequestParam(value = "name") String name);
}
```

在 Service 层，通过调用 EurekaClientFeign 来消费服务，代码如下：

```
@Service
public class HiService {
    @Autowired
    EurekaClientFeign eurekaClientFeign;
    public String sayHi(String name){
        return eurekaClientFeign.sayHiFromClientEureka(name);
```

      }
  }
```

在 Controller 层，对外暴露一个 API 接口，通过 HiService 来调用 eureka-client 的服务，代码如下：

```
@RestController
public class HiController {
 @Autowired
 HiService hiService;

 @GetMapping("/hi")
 public String sayHi(@RequestParam( defaultValue = "forezp",required = false)String name){
        return hiService.sayHi(name);
 }
}
```

13.3.4 项目演示

完整的项目搭建完毕，依次启动 eureka-server、eureka-client 和 eureka-feign-client，并启动 zipkin.jar。在浏览器上访问 http://localhost:8765/hi（如果报错，是因为服务与发现需要一定的时间，需耐心等待几十秒），浏览器显示如下：

```
I'm forezp
```

访问 http://localhost:9411，即访问 Zipkin 的展示界面，如图 13-2 所示。这个界面用于展示 Zipkin Server 收集的链路数据，可以根据服务名、开始时间、结束时间、请求消耗的时间等条件来查找。单击"查找"按钮，界面如图 13-3 所示，从图中可知请求的调用情况，例如请求的调用时间、消耗时间，以及请求调用的链路情况。

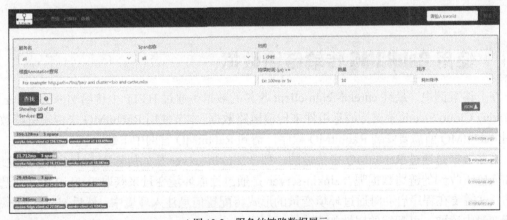

▲图 13-3 服务的链路数据展示
```

单击"依赖分析"按钮，可以查看服务的依赖关系。在本案例中，eureka-feign-client 消费了 eureka-client 提供的 API 服务，这两个服务的依赖关系如图 13-4 所示。

▲图 13-4 服务的依赖关系

13.4 在链路数据中添加自定义数据

现在需要实现这样一个功能：在链路数据中加上请求的操作人。本案例在 eureka-client 服务中实现。在 API 接口逻辑方法中，通过 Tracer 的 currentSpan 方法获取当前的链路数据的 Span，通过 tag 方法加上自定义的数据。在本案例中加上链路的操作人的代码如下：

```
@RestController
public class HiController {

    @Autowired
    Tracer tracer;
    @Value("${server.port}")
    String port;
    @GetMapping("/hi")
    public String home(@RequestParam String name) {
        tracer.currentSpan().tag("name","forezp");
        return "hi "+name+",i am from port:" +port;
    }
}
```

13.5 使用 RabbitMQ 传输链路数据

在上述案例中，最终 eureka-feign-client 收集的数据是通过 HTTP 上传给 zipkin-server 的。在 Spring Cloud Sleuth 中支持消息组件来传输链路数据，本节使用 RabbitMQ 来传输链路数据。使用 RabbitMQ 前需要安装 RabbitMQ 程序，请到 RabbitMQ 官网中下载。

链路数据是通过 RabbitMQ 来传输的，那么 zipkin-server 是如何知道 RabbitMQ 的地址，又如何监听收到的链路数据呢？zipkin-server 是通过读取环境变量来获取 RabbitMQ 的配置信息的，这需要在程序启动时通过环境变量的形式将配置信息注入环境中，然后 zipkin-server 从环境变量中读取，可配置的属性如表 13-2 所示。

表 13-2　Zipkin 连接 RabbitMQ 的属性所对应的环境变量

属　性	环境变量	描　述
zipkin.collector.rabbitmq.addresses	RABBIT_ADDRESSES	用逗号分隔的 RabbitMQ 地址列表，例如 localhost:5672,localhost:5673
zipkin.collector.rabbitmq.password	RABBIT_PASSWORD	连接到 RabbitMQ 时使用的密码，默认为 guest
zipkin.collector.rabbitmq.username	RABBIT_USER	连接到 RabbitMQ 时使用的用户名，默认为 guest
zipkin.collector.rabbitmq.virtual-host	RABBIT_VIRTUAL_HOST	使用的 RabbitMQ virtual host，默认为 /
zipkin.collector.rabbitmq.use-ssl	RABBIT_USE_SSL	设置为"true"，则用 SSL 的方式与 RabbitMQ 建立链接
zipkin.collector.rabbitmq.concurrency	RABBIT_CONCURRENCY	并发消费者数量，默认为 1
zipkin.collector.rabbitmq.connection-timeout	RABBIT_CONNECTION_TIMEOUT	建立连接时的超时时间，默认为 60000 毫秒，即 1 分钟
zipkin.collector.rabbitmq.queue	RABBIT_QUEUE	从中获取 span 信息的队列，默认为 zipkin

比如用以下命令启动 Zipkin 的服务：

```
RABBIT_ADDRESSES=localhost java -jar zipkin.jar
```

上述命令等同于以下命令：

```
java -jar zipkin.jar --zipkin.collector.rabbitmq.addressed=localhost
```

用上述两条命令中的任何一条重新启动 Zipkin 服务。下面来改造 Zipkin Client（包括 gateway-service 工程和 user-service 工程），在它们的 pom 文件中加上 spring-cloud-stream-binder-rabbit 的依赖，代码如下：

```
<dependency>
        <groupId>org.springframework.cloud</groupId>
        <artifactId>spring-cloud-stream-binder-rabbit</artifactId>
</dependency>
```

同时在配置文件 applicayion.yml 中加上 RabbitMQ 的配置，并去掉 spring.zipkin.base-url 的配置，代码如下：

```
spring:
  rabbitmq:
    host: localhost
    username: guest
    password: guest
    port: 5672
```

这样即可将链路的上传数据方式从 HTTP 改为消息代理组件 RabbitMQ。

13.6 在 MySQL 数据库中存储链路数据

在上面的例子中，Zipkin Server 将数据存储在内存中，一旦程序重启，之前的链路数据会全部丢失，那么怎么将链路数据存储起来呢？Zipkin 支持将链路数据存储在 MySQL、ElasticSearch 和 Cassandra 数据库中。本节讲解使用 MySQL 存储，下一节将讲解使用 ElasticSearch 存储。

首先需要初始化 Zipkin 存储在 MySQL 数据的脚本，具体可到 GitHub 中搜索 Zipkin 进行查看。本案例中的源码资源文件夹中也包含该数据库脚本。

在数据库中初始化上述脚本后，需要让 Zipkin 连接上数据库。Zipkin 连接数据库同连接 RabbitMQ 一样，都是从环境变量中读取的。Zipkin 连接数据库的属性所对应的环境变量如表 13-3 所示。

表 13-3　　Zipkin 连接 MySQL 的属性所对应的环境变量

属　　性	环 境 变 量	描　　述
zipkin.torage.type	STORAGE_TYPE	默认为 mem，即内存，其他可支持的为 Cassandra、Cassandra3、ElasticSearch、MySQL
zipkin.torage.mysql.host	MYSQL_HOST	数据库的 host，默认为 localhost
zipkin.torage.mysql.port	MYSQL_TCP_PORT	数据库的端口，默认为 3306
zipkin.torage.mysql.username	MYSQL_USER	连接数据库的用户名，默认为空
zipkin.torage.mysql.password	MYSQL_PASS	连接数据库的密码，默认为空
zipkin.torage.mysql.db	MYSQL_DB	Zipkin 使用的数据库名，默认为 zipkin
zipkin.torage.mysql.max-active	MYSQL_MAX_CONNECTIONS	最大连接数，默认为 10

使用以下命令启动，Zipkin 就可以启动时连接数据库，并将链路数据存储在数据库中，命令如下：

```
STORAGE_TYPE=mysql MYSQL_HOST=localhost MYSQL_TCP_PORT=3306 MYSQL_USER=root MYSQL_PASS=
123456 MYSQL_DB=zipkin java -jar zipkin.jar
```

上述命令等同于以下命令：

```
java -jar zipkin.jar --zipkin.torage.type=mysql --zipkin.torage.mysql.host=localhost
--zipkin.torage.mysql.port=3306 --zipkin.torage.mysql.username=root --zipkin.torage.
mysql.password=123456
```

使用上面的命令启动 zipkin.jar 工程，然后在浏览器上访问 http://localhost:8765/hi，再访问 http://localhost:9411/zipkin/，可以看到链路数据。这时去数据库查看数据，也可以看到存储在数据库的链路数据，如图 13-5 所示。

13.7 在 ElasticSearch 中存储链路数据

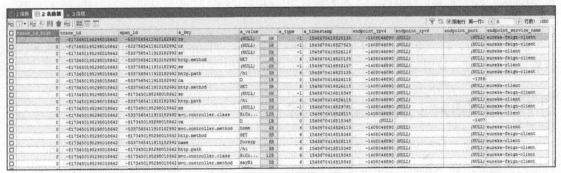

▲图 13-5　链路数据已经存储到了 MySQL 数据库

这时重启应用 zipkin.jar，再次在浏览器上访问 http://localhost:9411/zipkin/，仍然可以得到之前的结果，证明链路数据存储在数据库中，而不是内存中。

13.7　在 ElasticSearch 中存储链路数据

在高并发的情况下，使用 MySQL 存储链路数据显然不合理，这时可以选择使用 ElasticSearch 存储。读者需要自行安装 ElasticSearch 和 Kibana（下一节中使用），下载地址为 https://www.elastic.co/products/elasticsearch。安装完成后启动，其中 ElasticSearch 的默认端口号为 9200，Kibana 的默认端口号为 5601。

同理，Zipkin 连接 ElasticSearch 也是从环境变量中读取的连接属性的，ElasticSearch 相关的环境变量和对应的属性如表 13-4 所示。

表 13-4　ElasticSearch 相关的环境变量及其属性

属　性	环 境 变 量	描　述
zipkin.torage.elasticsearch.hosts	ES_HOSTS	默认为空
zipkin.torage.elasticsearch.pipeline	ES_PIPELINE	默认为空
zipkin.torage.elasticsearch.max-requests	ES_MAX_REQUESTS	默认为 64
zipkin.torage.elasticsearch.timeout	ES_TIMEOUT	默认为 10s
zipkin.torage.elasticsearch.index	ES_INDEX	默认为 zipkin
zipkin.torage.elasticsearch.date-separator	ES_DATE_SEPARATOR	默认为 "-"
zipkin.torage.elasticsearch.index-shards	ES_INDEX_SHARDS	默认为 5
zipkin.torage.elasticsearch.index-replicas	ES_INDEX_REPLICAS|ES_INDEX_REPLICAS	默认为 1
zipkin.torage.elasticsearch.username	ES_USERNAME	默认为空
zipkin.torage.elasticsearch.password	ES_PASSWORD	默认为空

使用以下命令启动 Zipkin，Zipkin 就将链路数据存储在 ElasticSearch 中，启动命令如下：

第 13 章 服务链路追踪 Spring Cloud Sleuth

```
STORAGE_TYPE=elasticsearch ES_HOSTS=http://localhost:9200 ES_INDEX=zipkin java -jar
zipkin.jar
```

启动完成后，在浏览器上访问 http://localhost:8765/hi，再访问 http://localhost:9411/zipkin/，可以看到链路数据，这时链路数据存储在 ElasticSearch 中。

13.8 用 Kibana 展示链路数据

上一节讲述了如何将链路数据存储在 ElasticSearch 中，ElasticSearch 可以和 Kibana 结合，将链路数据展示在 Kibana 上。安装完 Kibana 后启动，Kibana 默认会向本地端口为 9200 的 ElasticSearch 读取数据。Kibana 默认的端口为 5601，访问 Kibana 的主页 http://localhost:5601，其界面如图 13-6 所示。

▲图 13-6 Kibana 的主页界面

在图 13-6 的界面中，单击 "Management" 按钮，然后单击 "Add New"，添加一个 index。我们将在上节 ElasticSearch 中写入链路数据的 index 配置为 "zipkin"，那么在界面填写为 "zipkin-*"，单击 "Create" 按钮，界面如图 13-7 所示。

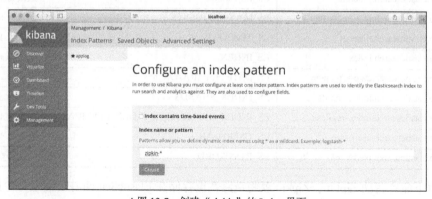

▲图 13-7 创建 "zipkin" 的 Index 界面

13.8 用 Kibana 展示链路数据

创建完成 index 后,单击"Discover",就可以在界面上展示链路数据了,展示界面如图 13-8 所示。

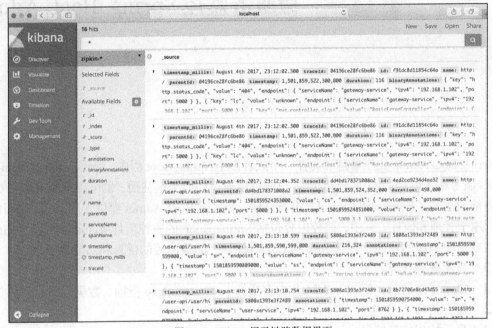

▲图 13-8　Kibana 展示链路数据界面

第14章 微服务监控 Spring Boot Admin

Spring Boot Admin 用于管理和监控一个或者多个 Spring Boot 程序。Spring Boot Admin 分为 Server（服务端）和 Client（客户端），客户端可以通过向服务端注册，也可以结合 Spring Cloud 的服务注册组件（Eureka 和 Consul）进行注册。Spring Boot Admin 提供了用 React 编写的 UI 界面，用于管理和监控。其中，监控内容包括 Spring Boot 的监控组件 Actuator 的各个 Http 节点，也支持更高级的功能，包括 Jmx 和 Loglevel 等。能够监控的信息和功能如下。

- 显示健康状况。
- 显示详细信息，例如：JVM 和内存指标、micrometer.io 指标、数据源指标。
- 缓存指标。
- 显示构建信息编号。
- 关注并下载日志文件。
- 查看 jvm 系统和环境属性。
- 查看 Spring Boot 配置属性。
- 支持 Spring Cloud 的 postable / env-和/ refresh-endpoint。
- 轻松的日志级管理。
- 与 JMX-beans 交互。
- 查看线程转储。
- 查看 Http 跟踪。
- 查看 auditevents。
- 查看 http-endpoints。
- 查看计划任务。
- 查看和删除活动会话（使用 spring-session）。
- 查看 Flyway / Liquibase 数据库迁移。
- 下载 heapdump。
- 状态变更通知（通过电子邮件、Slack、Hipchat 等方式）。
- 状态更改的事件日志（非持久性）。

本章主要从以下 3 个方面讲解 Spring Boot Admin 监控组件。
- 使用 Spring Boot Admin 监控 Spring Boot 应用程序。
- 使用 Spring Boot Admin 监控 Spring Cloud 微服务系统。
- Spring Boot Admin 集成 Security 安全验证和报警邮件的功能。

14.1 使用 Spring Boot Admin 监控 Spring Boot 应用程序

本节以案例的形式来讲解如何使用 Spring Boot Admin 监控 Spring Boot 应用程序。案例包括 2 个工程，如表 14-1 所示。

表 14-1　　　　　　　　　　　案例工程信息

应 用 名	端 口	说 明
amin-server	8769	Admin 服务端
admin-client	8768	Admin 客户端

14.1.1　创建 Spring Boot Admin Server

本书中所有案例的工程使用的 Spring Boot 版本为 2.1.0，采用 Maven 多 Module 形式，父 pom 文件引入以下的依赖（完整的依赖见源码）：

```
<parent>
    <groupId>org.springframework.boot</groupId>
    <artifactId>spring-boot-starter-parent</artifactId>
    <version>2.1.0.RELEASE</version>
    <relativePath/>
</parent>
```

在父工程下创建子工程 admin-server，在该工程引入 admin-server 的起步依赖和 Web 的起步依赖，代码如下：

```
<dependency>
    <groupId>de.codecentric</groupId>
    <artifactId>spring-boot-admin-starter-server</artifactId>
    <version>2.1.0</version>
</dependency>
<dependency>
    <groupId>org.springframework.boot</groupId>
    <artifactId>spring-boot-starter-web</artifactId>
</dependency>
```

然后在工程的启动类 AdminServerApplication 加上 @EnableAdminServer 注解，开启 AdminServer 的功能，代码如下：

```
@SpringBootApplication
@EnableAdminServer
public class AdminServerApplication {
    public static void main(String[] args) {
        SpringApplication.run( AdminServerApplication.class, args );
    }
}
```

在工程的配置文件 application.yml 中配置应用名和应用的端口,代码如下:

```
spring:
  application:
    name: admin-server
server:
  port: 8769
```

14.1.2 创建 Spring Boot Admin Client

在父工程下创建一个 admin-client 的子工程,在子工程的 pom 文件引入 admin-client 的起步依赖和 Web 的起步依赖,代码如下:

```
<dependency>
    <groupId>de.codecentric</groupId>
    <artifactId>spring-boot-admin-starter-client</artifactId>
    <version>2.1.0</version>
</dependency>
<dependency>
    <groupId>org.springframework.boot</groupId>
    <artifactId>spring-boot-starter-web</artifactId>
</dependency>
```

在工程的配置文件 application.yml 中配置应用名和端口信息,并向 admin-server 注册的地址为 http://localhost:8769,最后暴露自己的 Actuator 的所有端口信息,以供 admin-server 监控,具体配置如下:

```
spring:
  application:
    name: admin-client
  boot:
    admin:
      client:
        url: http://localhost:8769
server:
  port: 8768

management:
```

14.1 使用 Spring Boot Admin 监控 Spring Boot 应用程序

```
endpoints:
  web:
    exposure:
      include: '*'
endpoint:
  health:
    show-details: ALWAYS
```

依次启动 admin-server 和 admin-client 两个工程，在浏览器中输入 localhost:8769，浏览器显示的界面如图 14-1 所示。

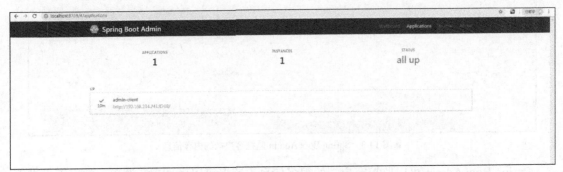

▲图 14-1　Spring Boot Admin 主界面

Wallboard 界面如图 14-2 所示，非常简洁大气。

▲图 14-2　Spring Boot Admin Wallboard 界面

单击 Wallboard 界面，进入客户端实例的详细界面，查看 admin-client 的具体信息。在详细界面中可以查看客户端实例的信息、日志信息、指标信息、环境信息、日志级别管理和 JMX 等。客户端实例的内存状态信息如图 14-3 所示。

第 14 章 微服务监控 Spring Boot Admin

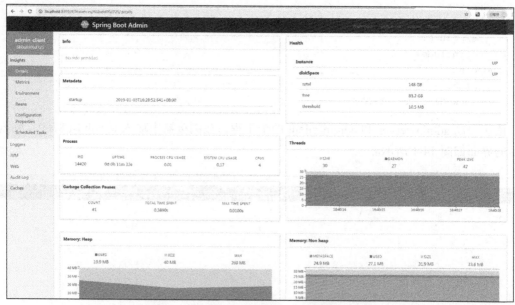

▲图 14-3 Spring Boot Admin 监控客户端的内存信息

Spring Boot Admin 可以监控客户端的很多信息,读者可以尝试运行源码,在界面中查看。

14.2 使用 Spring Boot Admin 监控 Spring Cloud 微服务

本案例需要使用 3 个工程,分别为服务注册中心 Eureka Server、服务客户端 Eureka Client 和 Spring Boot Admin Server。本案例是一个 Maven 多 Module 的工程,需要创建一个主 Maven 工程,主 Maven 工程指定了 Spring Boot 版本为 2.1.0,Spring Cloud 版本为 Greenwich.RELEASE。主 Maven 工程的创建过程和服务注册中心 Eureka Server 的创建过程同 5.2 节,这里不再重复,3 个工程的基本信息如表 14-2 所示。

表 14-2　　　　　　　　　　　　　案例工程信息

应 用 名	端　　口	说　　明
eureka-server	8761	服务注册中心
admin-server	8769	Admin 服务端,向注册中心注册
admin-client	8768	Admin 客户端,向注册中心注册

14.2.1 构建 Admin Server

在主 Maven 工程下创建一个 Module 工程,取名为 admin-server,该工程作为 Spring Boot Admin Server 工程,用于对微服务系统进行监控和管理。首先,在 admin-server 工程的 pom 文件引入相关的依赖,包括继承了主 Maven 的 pom 文件,引入 admin-server 的起步依赖、Web 的起步依赖、eureka-client 的起步依赖。完整的 pom 文件的依赖代码如下：

```xml
<dependency>
    <groupId>de.codecentric</groupId>
    <artifactId>spring-boot-admin-starter-server</artifactId>
    <version>2.1.0</version>
</dependency>

<dependency>
    <groupId>org.springframework.boot</groupId>
    <artifactId>spring-boot-starter-web</artifactId>
</dependency>

<dependency>
    <groupId>org.springframework.cloud</groupId>
    <artifactId>spring-cloud-starter-netflix-eureka-client</artifactId>
</dependency>
```

然后在工程的配置文件 application.yml 中配置应用名和端口信息，并向注册中心注册，注册地址为 http://localhost:8761，最后将 Actuator 组件的所有端口暴露出来，具体配置如下：

```yaml
spring:
  application:
    name: admin-server
server:
  port: 8769
eureka:
  client:
    registryFetchIntervalSeconds: 5
    service-url:
      defaultZone: ${EUREKA_SERVICE_URL:http://localhost:8761}/eureka/
  instance:
    leaseRenewalIntervalInSeconds: 10
    health-check-url-path: /actuator/health

management:
  endpoints:
    web:
      exposure:
        include: "*"
  endpoint:
    health:
      show-details: ALWAYS
```

在工程的启动类 AdminServerApplication 加上 @EnableAdminServer 注解，开启 admin-server 的功能，加上 @EnableDiscoveryClient 注解开启 Eureka Client 的功能，代码如下：

```
@SpringBootApplication
@EnableAdminServer
@EnableDiscoveryClient
public class AdminServerApplication {

    public static void main(String[] args) {
        SpringApplication.run( AdminServerApplication.class, args );
    }
}
```

14.2.2　构建 Admin Client

同 admin-server 工程一样，在主 Maven 工程下新建一个 Module 工程，取名为 admin-client。admin-client 工程的 pom 文件继承了主 Maven 的 pom 文件，并在 admin-client 工程的 pom 文件中引入了 Web 功能的起步依赖 spring-boot-starter-web、Eureka 的起步依赖 spring-cloud-starter-netflix-eureka-client、Actuator 的起步依赖 spring-boot-starter-actuator，以及 Jolokia 的依赖 jolokia-core，代码如下：

```
<dependency>
    <groupId>org.springframework.boot</groupId>
    <artifactId>spring-boot-starter-web</artifactId>
</dependency>
<dependency>
    <groupId>org.springframework.cloud</groupId>
    <artifactId>spring-cloud-starter-netflix-eureka-client</artifactId>
</dependency>
<dependency>
    <groupId>org.springframework.boot</groupId>
    <artifactId>spring-boot-starter-actuator</artifactId>
</dependency>
```

在工程的配置文件 application.yml 中指定服务注册的地址为 http://localhost:8761/eureka/，程序名为 admin-client-one，端口号为 8768，并暴露 Actuator 的所有端口，代码如下：

```
spring:
  application:
    name: admin-client
eureka:
  instance:
    leaseRenewalIntervalInSeconds: 10
    health-check-url-path: /actuator/health
  client:
    registryFetchIntervalSeconds: 5
```

```yaml
    service-url:
      defaultZone: ${EUREKA_SERVICE_URL:http://localhost:8761}/eureka/
management:
  endpoints:
    web:
      exposure:
        include: "*"
  endpoint:
    health:
      show-details: ALWAYS
server:
  port: 8762
```

在程序的启动类 AdminClientApplication 加上@EnableEurekaClient 注解，开启 EurekaClient 的功能。

```java
@SpringBootApplication
@EnableEurekaClient
public class AdminClientApplication{

    public static void main(String[] args) {
        SpringApplication.run(AdminClientApplication.class, args);
    }
}
```

依次启动 eureka-server、admin-client 和 admin-server，在浏览器上访问 admin-server 的主页 http://localhost:8769/，浏览器显示的 admin-server 的界面如图 14-4 所示。

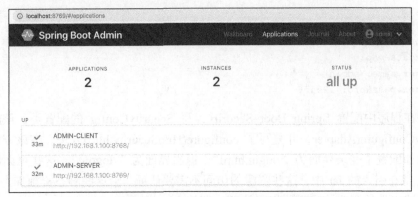

▲图 14-4　Spring Boot Admin Server 的主页

14.3　在 Spring Boot Admin 中添加 Security 和 Mail 组件

Spring Boot Admin 提供了非常良好的组件化功能，比如集成 Security 安全组件和 Mail 报警组件等。

14.3.1 Spring Boot Admin 集成 Security 组件

在生产环境中，不希望通过网址直接访问 Spring Boot Admin Server 的主页界面，因为这个界面包含了太多的服务信息，必须对这个界面的访问进行安全验证。Spring Boot Admin 提供了登录界面的组件，并且和 Spring Boot Security 相结合，需要用户登录才能访问 Spring Boot Admin Server 的界面。

下面来进行具体的案例讲解，本节的案例在上一节的案例基础之上进行改造。在 admin-server 工程的 pom 文件加上 Security 的起步依赖，代码如下：

```
<dependency>
    <groupId>org.springframework.boot</groupId>
    <artifactId>spring-boot-starter-security</artifactId>
</dependency>
```

在工程的配置文件 application.yml 中做以下的配置，创建一个 Security 的 user 用户，它的用户名为 admin，密码为 admin。通过 eureka.instance.metadata-map 配置带上该 Security 的 user 用户信息，因为在工程的 pom 文件加上 Spring Boot Security 的起步依赖以后，该项目的所有资源（包括静态资源 html、css，以及 API 接口等）都是受保护的，需要加上该管理员信息进行安全验证才能访问，代码如下：

```
security:
  user:
    name:admin
    password: admin

eureka:
  instance:
    metadata-map:
      user.name: admin
      user.password: 123456
```

然后，在程序中配置 Spring Boot Security，写 SecurityConfig 的配置类，该配置类继承 WebSecurityConfigurerAdapter，并复写了 configure(HttpSecurity http)方法。在该方法下做了各种配置，例如配置了登录界面为 "/login.html"，退出界面为 "/logout"。这些页面以及静态资源 css、img 都在引入的 Jar 中，这些资源的访问不需要认证。给这些静态资源加上 permitAll() 方法，除上述以外的资源访问需要权限认证，即加上 authenticated()方法。另外，这些静态资源界面不支持 CSFR（跨站请求伪造），所以禁用掉 CSFR，最后需要开启 Http 的基本认证，即 httpBasic()方法，代码如下：

```
@Configuration
public class SecuritySecureConfig extends WebSecurityConfigurerAdapter {
```

14.3　在 Spring Boot Admin 中添加 Security 和 Mail 组件

```
    private final String adminContextPath;

    public SecuritySecureConfig(AdminServerProperties adminServerProperties) {
        this.adminContextPath = adminServerProperties.getContextPath();
    }

    @Override
    protected void configure(HttpSecurity http) throws Exception {
        // @formatter:off
        SavedRequestAwareAuthenticationSuccessHandler successHandler = new SavedReque
stAwareAuthenticationSuccessHandler();
        successHandler.setTargetUrlParameter( "redirectTo" );

        http.authorizeRequests()
                .antMatchers( adminContextPath + "/assets/**" ).permitAll()
                .antMatchers( adminContextPath + "/login" ).permitAll()
                .anyRequest().authenticated()
                .and()
                .formLogin().loginPage( adminContextPath + "/login" ).successHandler( successHandler ).and()
                .logout().logoutUrl( adminContextPath + "/logout" ).and()
                .httpBasic().and()
                .csrf().disable();
        // @formatter:on
    }
}
```

重新启动 admin-server 工程，在浏览器中访问 http://localhost:8769/，浏览器显示的界面如图 14-5 所示。在界面上输入用户名为 admin，密码为 admin，单击"Login"按钮，登录成功就会跳转到 Spring Boot Admin 的主页。

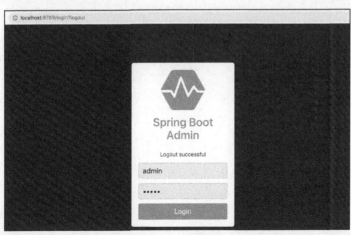

▲图 14-5　登录界面

14.3.2　Spring Boot Admin 集成 Mail 组件

在 Spring Boot Admin 中，也可以集成邮箱报警功能，比如服务不健康或者下线了，都可以给指定邮箱发送邮件。集成非常简单，只需要对 admin-server 工程进行改造即可。在 admin-server 工程 pom 文件中加上 mail 的起步依赖，代码如下：

```
<dependency>
    <groupId>org.springframework.boot</groupId>
    <artifactId>spring-boot-starter-mail</artifactId>
</dependency>
```

在 admin-server 工程的配置文件 application.yml 文件中，需要完成邮件相关的配置工作，代码如下：

```
spring.mail.host: smtp.163.com
spring.mail.username: miles02
spring.mail.password:
spring.boot.admin.notify.mail.to: 124746406@qq.com
```

做完以上配置后，当我们已注册的客户端状态从 UP 变为 OFFLINE 或其他状态时，admin-server 就会自动将电子邮件发送到上面配置的邮箱。

第15章 Spring Boot Security 详解

15.1 Spring Security 简介

15.1.1 什么是 Spring Security

Spring Security 是 Spring Resource 社区的一个安全组件，Spring Security 为 JavaEE 企业级开发提供了全面的安全防护。安全防护是一个不断变化的目标，Spring Security 通过版本不断迭代来实现这一目标。Spring Security 采用"安全层"的概念，使每一层都尽可能安全，连续的安全层可以达到全面的防护。Spring Security 可以在 Controller 层、Service 层、DAO 层等以加注解的方式来保护应用程序的安全。Spring Security 提供了细粒度的权限控制，可以精细到每一个 API 接口、每一个业务的方法，或者每一个操作数据库的 DAO 层的方法。Spring Security 提供的是应用程序层的安全解决方案，一个系统的安全还需要考虑传输层和系统层的安全，例如采用 Https 协议、服务器部署防火墙、服务器集群隔离部署等。

15.1.2 为什么选择 Spring Security

使用 Spring Security 有很多原因，其中一个重要原因是它对环境的无依赖性、低代码耦合性。将工程重现部署到一个新的服务器上，不需要为 Spring Security 做什么工作。Spring Security 提供了数十个安全模块，模块与模块间的耦合性低，模块之间可以自由组合来实现特定需求的安全功能，具有较高的可定制性。总而言之，Spring Security 具有很好的可复用性和可定制性。

在安全方面，有两个主要的领域，一是"认证"，即你是谁；二是"授权"，即你拥有什么权限，Spring Security 的主要目标就是在这两个领域。"认证"是认证主体的过程，通常是指可以在应用程序中执行操作的用户、设备或其他系统。"授权"是指决定是否允许已认证的主体执行某一项操作。

安全框架多种多样，那为什么选择 Spring Security 作为微服务开发的安全框架呢？JavaEE 有另一个优秀的安全框架 Apache Shiro，Apache Shiro 在企业级的项目开发中十分受欢迎，一般使用在单体服务中。Spring Security 来自 Spring Resource 社区，采用了注解的方式控制权限，熟悉 Spring 的开发者很容易上手 Spring Security。还有一个原因就是 Spring Security 易于应用于 Spring Boot 工程，也易于集成到采用 Spring Cloud 构建的微服务系统中。

15.1.3 Spring Security 提供的安全模块

在安全验证方面，Spring Security 提供了很多的安全验证模块。大部分的验证模块来自第三方的权威机构或者一些相关的标准制定组织，Spring Security 自身也提供了一些验证模型。Spring Security 目前支持对以下技术的整合。（注：这部分内容来自 Spring Security 官方文档。）

- HTTP BASIC 头认证（一个基于 IETF RFC 的标准）。
- HTTP Digest 头认证（一个基于 IETF RFC 的标准）。
- HTTP X.509 客户端证书交换认证（一个基于 IETF RFC 的标准）。
- LDAP（一种通用的跨平台身份验证，特别是在大型软件架构中）。
- 基于表单的验证。
- OpenID 验证。
- 基于预先建立的请求头的验证。
- Jasig Central Authentication Service，也被称作 CAS，是一个流行的开源单点登录系统。
- 远程方法调用（RMI）和 HttpInvoker（Spring 远程协议）的认证。
- 自动"记住我"的身份验证。
- 匿名验证（允许每一次未经身份验证的调用）。
- Run-as 身份验证（每一次调用都需要提供身份标识）。
- Java 认证和授权服务。
- Java EE 容器认证。
- Kerberos。
- Java 开源的单点登录*。
- OpenNMS 网络管理平台*。
- AppFuse *。
- AndroMDA *。
- Mule ESB *。
- Direct Web Request（DWR）*。
- Grails *。
- Tapestry *。
- JTrac *。
- Jasypt *。
- Roller *。
- Elastic Path *。
- Atlassian Crowd*。

- 自己创建的认证系统。

以上都是 Spring Security 支持的安全验证模块，其中带*的是来自第三方的安全验证模块，Spring Security 对这些模块做了整合和封装。

15.2 Spring Boot Security 与 Spring Security 的关系

在 Spring Security 框架中，主要包含了两个依赖 Jar，分别是 spring-security-web 依赖和 spring-security-config 依赖，代码如下：

```
<dependencies>
<dependency>
    <groupId>org.springframework.security</groupId>
    <artifactId>spring-security-web</artifactId>
    <version>4.2.2.RELEASE</version>
</dependency>
<dependency>
    <groupId>org.springframework.security</groupId>
    <artifactId>spring-security-config</artifactId>
    <version>4.2.2.RELEASE</version>
</dependency>
</dependencies>
```

Spring Boot 对 Spring Security 框架做了封装，仅仅是封装，并没有改动 Spring Security 这两个包的内容，并加上了 Spring Boot 的起步依赖的特性。spring-boot-starter-security 依赖如下：

```
<dependency>
    <groupId>org.springframework.boot</groupId>
    <artifactId>spring-boot-starter-security</artifactId>
</dependency>
```

进入 spring-boot-starter-security 的 pom 文件，可以发现 pom 文件包含了 Spring Security 的两个 Jar 包，并移除了这两个 Jar 包的 apo 功能，引入了 apo 的依赖，另外包含了 spring-boot-starter 的依赖。由此可见，spring-boot-starter-security 是对 Spring Security 的一个封装。

15.3 Spring Boot Security 案例详解

15.3.1 构建 Spring Boot Security 工程

使用 IDEA 的 Sping Initializr 方式建一个 Spring Boot 工程。创建完成后，在工程的 pom 文件中入相关依赖，包括版本为 2.1.0 的 Spring Boot 的起步依赖、Security 的起步依赖 spring-boot-starter-security、Web 模版引擎 Thymeleaf 的起步依赖 spring-boot-starter-thymeleaf、Web 功能的起步依赖 spring-boot-starter-web、Thymeleaf 和 Security 的依赖 thymeleaf-extras-springsecurity4。

第 15 章 Spring Boot Security 详解

完整的 pom 依赖如下:

```xml
<?xml version="1.0" encoding="UTF-8"?>
<project xmlns=http://maven.apache.org/POM/4.0.0 xmlns:xsi="http://www.w3.org/2001/
XMLSchema-instance"
    xsi:schemaLocation="http://maven.apache.org/POM/4.0.0 http://maven.apache.org/
xsd/maven-4.0.0.xsd">
    <modelVersion>4.0.0</modelVersion>
    <groupId>com.forezp</groupId>
    <artifactId>springboot-security</artifactId>
    <version>0.0.1-SNAPSHOT</version>
    <packaging>jar</packaging>
    <name>springboot-security</name>
    <description>Demo project for Spring Boot</description>
    <parent>
        <groupId>org.springframework.boot</groupId>
        <artifactId>spring-boot-starter-parent</artifactId>
        <version>2.1.0.RELEASE</version>
        <relativePath/> <!-- lookup parent from repository -->
    </parent>

    <properties>
        <project.build.sourceEncoding>UTF-8</project.build.sourceEncoding>
        <project.reporting.outputEncoding>UTF-8</project.reporting.outputEncoding>
        <java.version>1.8</java.version>
    </properties>
    <dependencies>
        <dependency>
            <groupId>org.springframework.boot</groupId>
            <artifactId>spring-boot-starter-security</artifactId>
        </dependency>
        <dependency>
            <groupId>org.springframework.boot</groupId>
            <artifactId>spring-boot-starter-thymeleaf</artifactId>
        </dependency>
        <dependency>
            <groupId>org.springframework.boot</groupId>
            <artifactId>spring-boot-starter-web</artifactId>
        </dependency>
        <dependency>
            <groupId>org.thymeleaf.extras</groupId>
            <artifactId>thymeleaf-extras-springsecurity4</artifactId>
        </dependency>
        <dependency>
            <groupId>org.springframework.boot</groupId>
            <artifactId>spring-boot-starter-test</artifactId>
            <scope>test</scope>
```

```xml
            </dependency>
        </dependencies>
        <build>
            <plugins>
                <plugin>
                    <groupId>org.springframework.boot</groupId>
                    <artifactId>spring-boot-maven-plugin</artifactId>
                </plugin>
            </plugins>
        </build>
</project>
```

15.3.2 配置 Spring Security

1. 配置 WebSecurityConfigurerAdapter

创建完 Spring Boot 工程并引入工程所需的依赖后，需要配置 Spring Security。新建一个 SecurityConfig 类，作为配置类，它继承了 WebSecurityConfigurerAdapter 类。在 SecurityConfig 类上加@EnableWebSecurity 注解，开启 WebSecurity 的功能，并需要注入 AuthenticationManagerBuilder 类的 Bean。代码如下：

```
@EnableWebSecurity
@Configuration
public class SecurityConfig extends WebSecurityConfigurerAdapter {
    @Autowired
      public void configureGlobal(AuthenticationManagerBuilder auth) throws     Exception {
    auth.inMemoryAuthentication().passwordEncoder(new BCryptPasswordEncoder()).withUser
("forezp").password(new BCryptPasswordEncoder().encode("123456")).roles("USER");
    }
```

上述代码做了 Spring Security 的基本配置，并通过 AuthenticationManagerBuilder 在内存中创建了一个认证用户的信息，该认证用户名为 forezp，密码为 123456，有 USER 的角色。需要注意的是，密码需要用 PasswordEncoder 去加密，比如本案例中使用的 BcryptPasswordEncoder。读者也可以自定义 PasswordEncoder，之前的版本密码可以不用加密。上述的代码内容虽少，但做了很多安全防护的工作，包括如下内容。

（1）应用的每一个请求都需要认证。
（2）自动生成了一个登录表单。
（3）可以用 username 和 password 来进行认证。
（4）用户可以注销。
（5）阻止了 CSRF 攻击。
（6）Session Fixation 保护。
（7）安全 Header 集成了以下内容。

- HTTP Strict Transport Security for secure requests
- X-Content-Type-Options integration
- Cache Control
- X-XSS-Protection integration
- XFrame-Options integration to help prevent Clickjacking

（8）集成了以下的 Servlet API 的方法。

- HttpServletRequest#getRemoteUser()
- HttpServletRequest.html#getUserPrincipal()
- HttpServletRequest.html#isUserInRole(java.lang.String)
- HttpServletRequest.html#login(java.lang.String, java.lang.String)
- HttpServletRequest.html#logout()

2. 配置 HttpSecurity

WebSecurityConfigurerAdapter 配置了如何验证用户信息。那么 Spring Security 如何知道是否所有的用户都需要身份验证呢？又如何知道要支持基于表单的身份验证呢？工程的哪些资源需要验证，哪些资源不需要验证？这时就需要配置 HttpSecurity。

新建一个 SecurityConfig 类继承 WebSecurityConfigurerAdapter 类作为 HttpSecurity 的配置类，通过复写 configure（HttpSecurity http）方法来配置 HttpSecurity。本案例的配置代码如下：

```
@Configuration
@EnableGlobalMethodSecurity(prePostEnabled = true)
public class SecurityConfig extends WebSecurityConfigurerAdapter {
    @Override
    protected void configure(HttpSecurity http) throws Exception {
        http
            .authorizeRequests()
            .antMatchers("/css/**", "/index").permitAll()
            .antMatchers("/user/**").hasRole("USER")
            .antMatchers("/blogs/**").hasRole("USER")
            .and()
            .formLogin().loginPage("/login").failureUrl("/login-error")
            .and()
            .exceptionHandling().accessDeniedPage("/401");
            http.logout().logoutSuccessUrl("/");
    }
...
}
```

在上述代码中，配置了如下内容。

- 以 "/css/**" 开头的资源和 "/index" 资源不需要验证，外界请求可以直接访问这些资源。

15.3　Spring Boot Security 案例详解

- 以 "/user/**" 和 "/blogs/**" 开头的资源需要验证，并且需要用户的角色是 "Role"。
- 表单登录的地址是 "/login"，登录失败的地址是 "/login-error"。
- 异常处理会重定向到 "/401" 界面。
- 注销登录成功，重定向到首页。

在上述的配置代码中配置了相关的界面，例如首页、登录页、用户首页等。配置这些界面在 Controller 层的代码如下：

```java
@Controller
public class MainController {
    @RequestMapping("/")
    public String root() {
        return "redirect:/index";
    }
    @RequestMapping("/index")
    public String index() {
        return "index";
    }
    @RequestMapping("/user/index")
    public String userIndex() {
        return "user/index";
    }
    @RequestMapping("/login")
    public String login() {
        return "login";
    }
    @RequestMapping("/login-error")
    public String loginError(Model model) {
        model.addAttribute("loginError", true);
        return "login";
    }
    @GetMapping("/401")
    public String accesssDenied() {
        return "401";
    }
}
```

15.3.3　编写相关界面

在上一节中配置了相关的界面，因为界面只是为了演示 Spring Boot Security 的案例，并不是本章的重点，所以界面做得非常简单。

在工程的配置文件 application.yml 中配置 thymeleaf 引擎，模式为 HTML5，编码为 UTF-8，开启热部署。配置代码如下：

```
spring:
  thymeleaf:
```

```
    mode: HTML5
    encoding: UTF-8
    cache: false
```

登录界面（login/html）的代码如下：

```
<!DOCTYPE html>
<html xmlns="http://www.w3.org/1999/xhtml" xmlns:th="http://www.thymeleaf.org">
    <head>
        <title>Login page</title>
        <meta charset="utf-8" />
        <link rel="stylesheet" href="/css/main.css" th:href="@{/css/main.css}" />
    </head>
    <body>
        <h1>Login page</h1>
        <p>User 角色用户: forezp / 123456</p>
        <p>Admin 角色用户: admin / 123456</p>
        <p th:if="${loginError}" class="error">用户名或密码错误</p>
        <form th:action="@{/login}" method="post">
            <label for="username">用户名</label>:
            <input type="text" id="username" name="username" autofocus="autofocus" /><br />
            <label for="password">密码</label>:
            <input type="password" id="password" name="password" /> <br />
            <input type="submit" value="登录" />
        </form>
        <p><a href="/index" th:href="@{/index}">返回首页</a></p>
    </body>
</html>
```

首页（index.html）的代码如下：

```
<!DOCTYPE html><html xmlns="http://www.w3.org/1999/xhtml" xmlns:th="http://www.thymeleaf.org" xmlns:sec="http://www.thymeleaf.org/thymeleaf-extras-springsecurity4">
    <head>
        <title>Hello Spring Security</title>
        <meta charset="utf-8" />
        <link rel="stylesheet" href="/css/main.css" th:href="@{/css/main.css}" />
    </head>
    <body>
        <h1>Hello Spring Security</h1>
        <p>这个界面没有受保护，你可以进已被保护的界面.</p>
        <div th:fragment="logout"  sec:authorize="isAuthenticated()">
            登录用户: <span sec:authentication="name"></span> |
            用户角色: <span sec:authentication="principal.authorities"></span>
            <div>
                <form action="#" th:action="@{/logout}" method="post">
                    <input type="submit" value="登出" />
```

15.3 Spring Boot Security 案例详解

```html
            </form>
        </div>
    </div>
    <ul>
        <li>点击<a href="/user/index" th:href="@{/user/index}">去/user/index 已被保护的界面</a></li>
    </ul>
</body>
</html>
```

权限不够显示的界面（401.html）代码如下：

```html
<!DOCTYPE html>
<html xmlns="http://www.w3.org/1999/xhtml"
    xmlns:sec="http://www.thymeleaf.org/thymeleaf-extras-springsecurity4">

<body>
    <div >
    <div >
        <h2>权限不够</h2>
    </div>
        <div sec:authorize="isAuthenticated()">
            <p>已有用户登录</p>
            <p>用户: <span sec:authentication="name"></span></p>
            <p>角色: <span sec:authentication="principal.authorities"></span></p>
        </div>
        <div sec:authorize="isAnonymous()">
            <p>未有用户登录</p>
        </div>
        <p>
            拒绝访问!
        </p>
    </div>
</body>
</html>
```

用户首页（/user/index.html）界面，该资源被 Spring Security 保护，只有拥有 "USER" 角色的用户才能够访问，其代码如下：

```html
<!DOCTYPE html>
<html xmlns="http://www.w3.org/1999/xhtml" xmlns:th="http://www.thymeleaf.org">
    <head>
        <title>Hello Spring Security</title>
        <meta charset="utf-8" />
        <link rel="stylesheet" href="/css/main.css" th:href="@{/css/main.css}" />
    </head>
    <body>
```

```html
        <div th:substituteby="index::logout"></div>
        <h1>这个界面是被保护的界面</h1>
        <p><a href="/index" th:href="@{/index}">返回首页</a></p>
        <p><a href="/blogs" th:href="@{/blogs}">管理博客</a></p>
    </body>
</html>
```

启动工程,在浏览器上访问 localhost:8080,会被重定向到 localhost:8080/index 界面,如图 15-1 所示。

▲图 15-1　localhost:8080/index 界面

单击上面界面的"去/user/index 保护的界面"文字,由于"/user/index"界面需要"USER"权限,但还没有登录,会被重定向到登录界面"/login.html",登录界面如图 15-2 所示。

▲图 15-2　登录界面

这时,用具有"USER"角色的用户登录,即用户名为 forezp,密码为 123456。登录成功,界面会被重定向到 http://localhost:8080/user/index 界面,注意该界面是具有"USER"角色的用户才具有访问权限。界面显示如图 15-3 所示。

▲图 15-3　界面 http://localhost:8080/user/index

为了演示"/user/index"界面只有"USER"角色才能访问，新建一个 admin 用户，该用户只有"ADMIN"的角色，没有"USER"角色，所以没有权限访问"/user/index"界面。修改 SecurityConfig 配置类，在这个类新增一个用户 admin，代码如下：

```
@EnableWebSecurity
@Configuration
public class SecurityConfig extends WebSecurityConfigurerAdapter {
…//省略代码
    @Autowired
    public void configureGlobal(AuthenticationManagerBuilder auth) throws Exception {
        auth.userDetailsService(userDetailsService());
    }
    @Bean
    public UserDetailsService userDetailsService() {
        InMemoryUserDetailsManager manager = new InMemoryUserDetailsManager();
        // 在内存中存放用户信息
auth.inMemoryAuthentication().passwordEncoder(new BCryptPasswordEncoder()).withUser("forezp").password(new BCryptPasswordEncoder().encode("123456")).roles("USER");
        auth.inMemoryAuthentication().passwordEncoder(new BCryptPasswordEncoder()).withUser("admin").password(new BCryptPasswordEncoder().encode("123456")).roles("ADMIN");
        return manager;
    }
}
```

InMemoryUserDetailsManager 类是将用户信息存放在程序的内存中的。程序启动后，InMemoryUserDetailsManager 会在内存中创建用户的信息。在上述的案例中创建两个用户，forezp 用户具有"USER"角色，admin 用户具有"ADMIN"角色。用 admin 用户去登录，并访问 http://localhost:8080/user/index，这时会被重定向到权限不足的界面，显示的界面如图 15-4 所示。

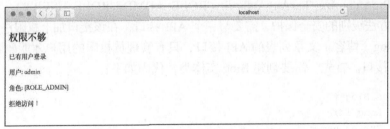

▲图 15-4 "ADMIN"角色没有权限访问/user/index

这时给 admin 用户加上"USER"角色，修改 SecurityConfig 配置类的代码，具体代码如下：

```
auth.inMemoryAuthentication().passwordEncoder(new BCryptPasswordEncoder()).withUser("admin").password(new BCryptPasswordEncoder().encode("123456")).roles("ADMIN","USER");
```

再次用 admin 用户访问 http://localhost:8080/user/index 界面，界面可以正常显示。可见 Spring

Security 对 "/user/index" 资源进行了保护，并且只允许具有 "USER" 角色权限的用户访问。

15.3.4 Spring Security 方法级别上的保护

Spring Security 从 2.0 版本开始，提供了方法级别的安全支持，并提供了 JSR-250 的支持。写一个配置类 SecurityConfig 继承 WebSecurityConfigurerAdapter，并加上相关注解，就可以开启方法级别的保护，代码如下：

```
@EnableWebSecurity
@Configuration
@EnableGlobalMethodSecurity(prePostEnabled = true)
public class SecurityConfig extends WebSecurityConfigurerAdapter {
}
```

在上面的配置代码中，@EnableGlobalMethodSecurity 注解开启了方法级别的保护，括号后面的参数可选，可选的参数如下。

- prePostEnabled：Spring Security 的 Pre 和 Post 注解是否可用，即@PreAuthorize 和 @PostAuthorize 是否可用。
- secureEnabled：Spring Security 的 @Secured 注解是否可用。
- jsr250Enabled：Spring Security 对 JSR-250 的注解是否可用。

一般来说，只会用到 prePostEnabled。因为@PreAuthorize 注解和@PostAuthorize 注解更适合方法级别的安全控制，并且支持 Spring EL 表达式，适合 Spring 开发者。其中，@PreAuthorize 注解会在进入方法前进行权限验证，@PostAuthorize 注解在方法执行后再进行权限验证，后一个注解的应用场景很少。

如何在方法上写权限注解呢？例如有权限点字符串 "ROLE_ADMIN"，在方法上可以写为 @PreAuthorize("hasRole('ADMIN')")，也可以写为@PreAuthorize("hasAuthority('ROLE_ADMIN')")，这二者是等价的。加多个权限点，可以写为@PreAuthorize("hasAnyRole('ADMIN','USER')")，也可以写为@PreAuthorize("hasAnyAuthority('ROLE_ADMIN','ROLE_USER')")。

为了演示方法级别的安全保护，需要写一个 API 接口，在该接口加上权限注解。在本案例中，有一个 Blog（博客）文章列表的 API 接口，只有管理员权限的用户才能删除 Blog，现在来实现该 API 接口。首先，需要创建 Blog 实体类，代码如下：

```
public class Blog {
    private Long id;
    private String name;
    private String content;
    public Blog(Long id, String name, String content) {
        this.id = id;
        this.name = name;
        this.content = content;
    }
    public Long getId() {
```

```java
        return id;
    }
    public void setId(Long id) {
        this.id = id;
    }
    public String getName() {
        return name;
    }
    public void setName(String name) {
        this.name = name;
    }
    public String getContent() {
        return content;
    }
    public void setContent(String content) {
        this.content = content;
    }
}
```

创建 IBlogService 接口类，为了演示方便，没有 DAO 层操作数据库，而是在内存中维护一个 List<Blog> 来模拟数据库操作，包括获取所有的 Blog、根据 id 删除 Blog 的两个方法。接口类代码如下：

```java
public interface IBlogService {
    List<Blog> getBlogs();
    void deleteBlog(long id);
}
```

IBlogService 的实现类 BlogService，在构造函数方法上加入了两个 Blog 对象，并实现了 IBlogService 的两个方法。具体代码如下：

```java
@Service
public class BlogService implements IBlogService {
    private List<Blog> list=new ArrayList<>();
    public BlogService(){
        list.add(new Blog(1L, " spring in action", "good!"));
        list.add(new Blog(2L,"spring boot in action", "nice!"));
    }

    @Override
    public List<Blog> getBlogs() {
        return list;
    }

    @Override
    public void deleteBlog(long id) {
        Iterator iter = list.iterator();
```

```
        while(iter.hasNext()) {
            Blog blog= (Blog) iter.next();
            if (blog.getId()==id){
                iter.remove();
            }
        }
    }
}
```

在 Controller 层上写两个 API 接口，一个获取所有 Blog 的列表（"/blogs"），另一个根据 id 删除 Blog（"/blogs/{id}/deletion"）。后一个 API 接口需要 "ADMIN" 的角色权限，通过注解 @PreAuthorize("hasAuthority('ROLE_ADMIN')") 来实现。在调用删除 Blog 接口之前，会判断该用户是否具有 "ADMIN" 的角色权限。如果有权限，则可以删除；如果没有权限，则显示权限不足的界面。代码如下：

```
@RestController
@RequestMapping("/blogs")
public class BlogController {

    @Autowired
    BlogService blogService;
    @GetMapping
    public ModelAndView list(Model model) {
        List<Blog> list =blogService.getBlogs();
        model.addAttribute("blogsList", list);
        return new ModelAndView("blogs/list", "blogModel", model);
    }
    @PreAuthorize("hasAuthority('ROLE_ADMIN')")
    @GetMapping(value = "/{id}/deletion")
    public ModelAndView delete(@PathVariable("id") Long id, Model model) {
        blogService.deleteBlog(id);
        model.addAttribute("blogsList", blogService.getBlogs());
        return new ModelAndView("blogs/list", "blogModel", model);
    }
}
```

程序启动成功后，在浏览器上访问 http://localhost:8080/blogs，由于该页面受 Spring Security 保护，需要登录。使用用户名为 admin，密码为 123456 登录，该用户名对应的用户具有 "ADMIN" 的角色权限。登录成功后，页面显示 "/blogs/list" 的界面，该界面如图 15-5 所示。

▲图 15-5 /blogs/list 网页

单击"删除"按钮,该删除按钮调用了"/blogs/{id}/deletion"的 API 接口。单击"删除",删除编号为 2 的博客,删除成功后的界面如图 15-6 所示。

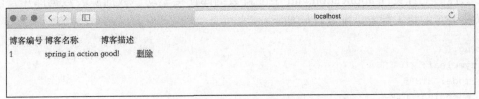

▲图 15-6　/blogs/list 界面删除博客编号为 2 后的界面

为了验证方法级别上的安全验证的有效性,需要用一个没有"ADMIN"角色权限的用户进行删除操作。用户名为 forezp,密码为 123456 的用户只有"USER"的角色权限,没有"ADMIN"的角色权限。用该用户登录,做删除 Blog 的操作,会显示用户权限不足的界面,界面如图 15-7 所示。

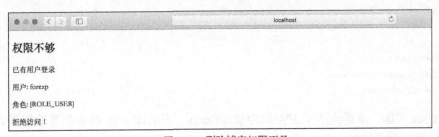

▲图 15-7　删除博客权限不足

可见,在方法级别上的安全验证是通过相关的注解和配置来实现的。本例中的注解写在 Controller 层,如果写在 Service 层也同样生效。对 Spring Security 而言,它只控制方法,不论方法在哪个层级上。

15.3.5　从数据库中读取用户的认证信息

在上述例子中,采用了从内存中配置用户信息,包括用户名、密码、用户的角色权限信息。当用户数量非常多时,这种方式显然是不可行的。本节讲述如何从数据库中读取用户和用户的角色权限信息。本案例中采用的数据库为 MySQL,ORM 框架为 JPA。

在工程的 pom 文件中加上 MySQL 数据库连接的依赖 mysql-connector-java 和 JPA 的起步依赖 spring-boot-starter-data-jpa,代码如下:

```xml
<dependency>
    <groupId>org.springframework.boot</groupId>
    <artifactId>spring-boot-starter-data-jpa</artifactId>
</dependency>
<dependency>
    <groupId>mysql</groupId>
```

```xml
        <artifactId>mysql-connector-java</artifactId>
    </dependency>
```

在工程的配置文件 application.yml 中配置数据库连接驱动、数据源、数据库用户名和密码，以及 JPA 的相关配置，配置代码如下：

```yaml
spring:
  thymeleaf:
    mode: HTML5
    encoding: UTF-8
    cache: false

  datasource:
    driver-class-name: com.mysql.jdbc.Driver
    url: jdbc:mysql://localhost:3306/spring-security?useUnicode=true&characterEncoding=utf8&characterSetResults=utf8&serverTimezone=GMT%2B8
    username: root
    password: 123456

  jpa:
    hibernate:
      ddl-auto: update
    show-sql: true
```

创建 User 实体，该类使用了 JPA 的注解@Entity，表示该 Java 对象会被映射到数据库。id 采用的生成策略为自增加，包含了 username 和 password 两个字段，其中 authorities 为权限点的集合。具体代码如下：

```java
@Entity
public class User implements UserDetails, Serializable {
    @Id
    @GeneratedValue(strategy = GenerationType.IDENTITY)
    private Long id;
    @Column(nullable = false, unique = true)
    private String username;
    @Column
    private String password;
    @ManyToMany(cascade = CascadeType.ALL, fetch = FetchType.EAGER)
    @JoinTable(name = "user_role", joinColumns = @JoinColumn(name = "user_id", referencedColumnName = "id"),
            inverseJoinColumns = @JoinColumn(name = "role_id", referencedColumnName = "id"))
    private List<Role> authorities;
    public User() {
    }
    public Long getId() {
        return id;
```

15.3　Spring Boot Security 案例详解

```java
    }
    public void setId(Long id) {
        this.id = id;
    }
    @Override
    public Collection<? extends GrantedAuthority> getAuthorities() {
        return authorities;
    }
    public void setAuthorities(List<Role> authorities) {
        this.authorities = authorities;
    }
    @Override
    public String getUsername() {
        return username;
    }
    public void setUsername(String username) {
        this.username = username;
    }
    @Override
    public String getPassword() {
        return password;
    }
    public void setPassword(String password) {
        this.password = password;
    }
    @Override
    public boolean isAccountNonExpired() {
        return true;
    }
    @Override
    public boolean isAccountNonLocked() {
        return true;
    }
    @Override
    public boolean isCredentialsNonExpired() {
        return true;
    }
    @Override
    public boolean isEnabled() {
        return true;
    }
}
```

上面的 User 类实现了 UserDetails 接口，该接口是实现 Spring Security 认证信息的核心接口。其中，getUsername 方法为 UserDetails 接口的方法，这个方法不一定返回 username，也可以是其他的用户信息，例如手机号码、邮箱地址等。getAuthorities()方法返回的是该用户设置的权限信息，在本例中，从数据库中读取该用户的所有角色信息，权限信息也可以是用户的其他信息，不一定是角色信息。另外需要读取密码，最后几个方法一般情况下都返回 true，也可以根据自己的需求进行业务判断。UserDetails 接口的代码如下：

```java
public interface UserDetails extends Serializable {
    Collection<? extends GrantedAuthority> getAuthorities();
    String getPassword();
    String getUsername();
    boolean isAccountNonExpired();
    boolean isAccountNonLocked();
    boolean isCredentialsNonExpired();
    boolean isEnabled();
}
```

Role 类实现了 GrantedAuthority 接口，并重写了其 getAuthority 方法。权限点可以为任何字符串，不一定是角色名的字符串，关键是 getAuthority 方法如何实现。本例的权限点是从数据库读取 Role 表的 name 字段。Role 类的代码如下：

```java
@Entity
public class Role implements GrantedAuthority {
    @Id
    @GeneratedValue(strategy = GenerationType.IDENTITY)
    private Long id;
    @Column(nullable = false)
    private String name;
    public Long getId() {
        return id;
    }
    public void setId(Long id) {
        this.id = id;
    }
    @Override
    public String getAuthority() {
        return name;
    }
    public void setName(String name) {
        this.name = name;
    }
    @Override
    public String toString() {
        return name;
    }
}
```

UserDao 继承了 JpaRepository，JpaRepository 默认实现了大多数单表查询的操作。UserDao 中自定义一个根据 username 获取 User 的方法，由于 JPA 已经自动实现了根据 username

字段去查找用户的方法，因此不需要额外的工作。代码如下：

```
public interface UserDao extends JpaRepository<User, Long>{
    User findByUsername(String username);
}
```

Service 层需要实现 UserDetailsService 接口，该接口是根据用户名获取该用户的所有信息，包括用户信息和权限点，代码如下：

```
@Service
public class UserService implements UserDetailsService {
    @Autowired
    private UserDao userRepository;
    @Override
    public UserDetails loadUserByUsername(String username) throws UsernameNotFoundException {
        return userRepository.findByUsername(username);
    }
}
```

最后需要修改 Spring Security 的配置，让 Spring Security 从数据库中获取用户的认证信息，而不是之前从内存中读取，代码如下：

```
@EnableWebSecurity
@Configuration
@EnableGlobalMethodSecurity(prePostEnabled = true)
public class SecurityConfig extends WebSecurityConfigurerAdapter {
    …//省略代码
    @Autowired
    UserDetailsService userDetailsService;
    @Autowired
    public void configureGlobal(AuthenticationManagerBuilder auth) throws Exception {
        auth.userDetailsService(userDetailsService);
    }
}
```

在启动应用程序之前，需要在 MySQL 中建一个数据库，数据库名为 spring-security，建库语句如下：

```
CREATE DATABASE spring-security DEFAULT CHARACTER SET utf8 COLLATE utf8_general_ci
```

启动程序，JPA 会连接数据库，在数据库自动建表，也可以自己在数据库中建表，MySQL 数据库建表脚本如下：

```
DROP TABLE IF EXISTS 'role';
CREATE TABLE 'role' (
  'id' bigint(20) NOT NULL AUTO_INCREMENT,
```

```
  'name' varchar(255) COLLATE utf8_bin NOT NULL,
  PRIMARY KEY ('id')
) ENGINE=InnoDB AUTO_INCREMENT=3 DEFAULT CHARSET=utf8 COLLATE=utf8_bin;
DROP TABLE IF EXISTS 'user';
CREATE TABLE 'user' (
  'id' bigint(20) NOT NULL AUTO_INCREMENT,
  'password' varchar(255) COLLATE utf8_bin DEFAULT NULL,
  'username' varchar(255) COLLATE utf8_bin NOT NULL,
  PRIMARY KEY ('id'),
  UNIQUE KEY 'UK_sb8bbouer5wak8vyiiy4pf2bx' ('username')
) ENGINE=InnoDB AUTO_INCREMENT=3 DEFAULT CHARSET=utf8 COLLATE=utf8_bin;

DROP TABLE IF EXISTS 'user_role';
CREATE TABLE 'user_role' (
  'user_id' bigint(20) NOT NULL,
  'role_id' bigint(20) NOT NULL,
  KEY 'FKa68196081fvovjhkek5m97n3y' ('role_id'),
  KEY 'FK859n2jvi8ivhui0rl0esws6o' ('user_id'),
  CONSTRAINT 'FK859n2jvi8ivhui0rl0esws6o' FOREIGN KEY ('user_id') REFERENCES 'user' (
'id'),
  CONSTRAINT 'FKa68196081fvovjhkek5m97n3y' FOREIGN KEY ('role_id') REFERENCES 'role'
('id')
) ENGINE=InnoDB DEFAULT CHARSET=utf8 COLLATE=utf8_bin;
```

数据库的表建好之后，需要在数据库中初始化用户的信息数据，本案例的初始化用户信息的数据库脚本如下：

```
INSERT INTO user (id, username, password) VALUES (1, 'forezp', '123456');
INSERT INTO user (id, username, password) VALUES (2, 'admin', '123456');
INSERT INTO role (id, name) VALUES (1, 'ROLE_USER');
INSERT INTO role (id, name) VALUES (2, 'ROLE_ADMIN');
INSERT INTO user_role (user_id, role_id) VALUES (1, 1);
INSERT INTO user_role (user_id, role_id) VALUES (2, 1);
INSERT INTO user_role (user_id, role_id) VALUES (2, 2);
```

启动程序之后，在浏览器上访问 http://localhost:8080，你会发现跟之前存在内存中的用户信息的认证效果是一样的。这说明 Spring Security 从数据库中获取了用户信息，并用作认证。

15.4 总结

使用 Spring Security 还是比较简单的，没有想象中那么复杂。首先引入 Spring Security 相关的依赖，然后写一个配置类，该配置类继承了 WebSecurityConfigurerAdapter，并在该配置类上加 @EnableWebSecurity 注解开启 Web Security。还需要配置 AuthenticationManagerBuilder，AuthenticationManagerBuilder 配置了读取用户的认证信息的方式，可以从内存中读取，也可以从数据库中读取，或者用其他的方式。其次，需要配置 HttpSecurity，HttpSecurity 配置了请求的认证规则，即哪些 URI 请求需要认证、哪些不需要，以及需要拥有什么权限才能访问。最后，如果需要开启方法级别的安全配置，需要通过在配置类上加@EnableGlobalMethodSecurity 注解开启，方法级别上的安全控制支持 secureEnabled、jsr250Enabled 和 prePostEnabled 这 3 种方式，用得最多的是 prePostEnabled。其中，prePostEnabled 包括 PreAuthorize 和 PostAuthorize 两种形式，一般只用到 PreAuthorize 这种方式。Spring Security 的思维导图如图 15-8 所示。

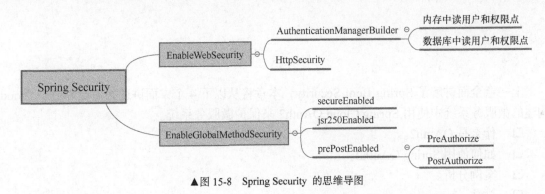

▲图 15-8　Spring Security 的思维导图

　　Spring Security 还有一些其他的特性，本章没有讲述，读者可以参考 Spring Security 的官方文档。

第 16 章　使用 Spring Cloud OAuth2 保护微服务系统

上一章全面讲解了 Spring Boot Security，本章将从以下 4 个方面讲述如何在 Spring Cloud 构建的微服务系统中使用 Spring Cloud OAuth2 来保护微服务系统。
- 什么是 OAuth2。
- 如何使用 Spring OAuth2。
- 案例分析。
- 总结。

16.1　什么是 OAuth2

OAuth2 是一个标准的授权协议。OAuth2 取代了在 2006 年创建的 OAuth1 的工作，OAuth2 对 OAuth1 没有做兼容，即完全废弃了 OAuth1。OAuth2 允许不同的客户端通过认证和授权的形式来访问被其保护起来的资源。在认证和授权的过程中，主要包含以下 3 种角色。
- 服务提供方 Authorization Server。
- 资源持有者 Resource Server。
- 客户端 Client。

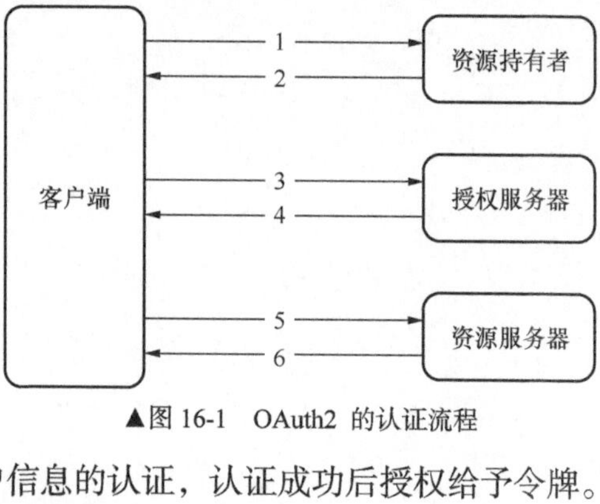

OAuth2 的认证流程如图 16-1 所示，具体如下。
- 用户（资源持有者）打开客户端，客户端询问用户授权。
- 用户同意授权。
- 客户端向授权服务器申请授权。
- 授权服务器对客户端进行认证，也包括用户信息的认证，认证成功后授权给予令牌。
- 客户端获取令牌后，携带令牌向资源服务器请求资源。
- 资源服务器确认令牌正确无误，向客户端释放资源。

▲图 16-1　OAuth2 的认证流程

16.2 如何使用 Spring OAuth2

OAuth2 协议在 Spring Resource 中的实现为 Spring OAuth2。Spring OAuth2 分为两部分，分别是 OAuth2 Provider 和 OAuth2 Client，下面来对二者逐一讲解。

16.2.1 OAuth2 Provider

OAuth2 Provider 负责公开被 OAuth2 保护起来的资源。OAuth2 Provider 需要配置代表用户的 OAuth2 客户端信息，被用户允许的客户端就可以访问被 OAuth2 保护的资源。OAuth2 Provider 通过管理和验证 OAuth2 令牌来控制客户端是否有权限访问被其保护的资源。另外，OAuth 2 Provider 还必须为用户提供认证 API 接口。根据认证 API 接口，用户提供账号和密码等信息，来确认客户端是否可以被 OAuth2 Provider 授权。这样做的好处就是第三方客户端不需要获取用户的账号和密码，通过授权的方式就可以访问被 OAuth2 保护起来的资源。

OAuth2 Provider 的角色被分为 Authorization Service（授权服务）和 Resource Service（资源服务），通常它们不在同一个服务中，可能一个 Authorization Service 对应多个 Resource Service。Spring OAuth2 需配合 Spring Security 一起使用，所有的请求由 Spring MVC 控制器处理，并经过一系列的 Spring Security 过滤器。

在 Spring Security 过滤器链中有以下两个节点，这两个节点是向 Authorization Service 获取验证和授权的。

- 授权节点：默认为/oauth/authorize。
- 获取 Token 节点：默认为/oauth/token。

1. Authorization Server 配置

在配置 Authorization Server 时，需要考虑客户端（Client）从用户获取访问令牌的授权类型（例如授权代码、用户凭据、刷新令牌）。Authorization Server 需要配置客户端的详细信息和令牌服务的实现。

在任何实现了 AuthorizationServerConfigurer 接口的类上加@EnableAuthorizationServer 注解，开启 Authorization Server 的功能，以 Bean 的形式注入 Spring IoC 容器中，并需要实现以下 3 个配置。

- ClientDetailsServiceConfigurer：配置客户端信息。
- AuthorizationServerEndpointsConfigurer：配置授权 Token 的节点和 Token 服务。
- AuthorizationServerSecurityConfigurer：配置 Token 节点的安全策略。

下面来具体讲解这 3 个配置。

（1）ClientDetailsServiceConfigurer

客户端的配置信息既可以放在内存中，也可以放在数据库中，需要配置以下信息。

- clientId：客户端 Id，需要在 Authorization Server 中是唯一的。

- secret：客户端的密码。
- scope：客户端的域。
- authorizedGrantTypes：认证类型。
- authorities：权限信息。

客户端信息可以存储在数据库中，这样就可以通过更改数据库来实时更新客户端信息的数据。Spring OAuth2 已经设计好了数据库的表，且不可变。创建数据库的脚本如下：

```sql
DROP TABLE IF EXISTS 'clientdetails';
CREATE TABLE 'clientdetails' (
  'appId' varchar(128) NOT NULL,
  'resourceIds' varchar(256) DEFAULT NULL,
  'appSecret' varchar(256) DEFAULT NULL,
  'scope' varchar(256) DEFAULT NULL,
  'grantTypes' varchar(256) DEFAULT NULL,
  'redirectUrl' varchar(256) DEFAULT NULL,
  'authorities' varchar(256) DEFAULT NULL,
  'access_token_validity' int(11) DEFAULT NULL,
  'refresh_token_validity' int(11) DEFAULT NULL,
  'additionalInformation' varchar(4096) DEFAULT NULL,
  'autoApproveScopes' varchar(256) DEFAULT NULL,
  PRIMARY KEY ('appId')
) ENGINE=InnoDB DEFAULT CHARSET=utf8;

DROP TABLE IF EXISTS 'oauth_access_token';
CREATE TABLE 'oauth_access_token' (
  'token_id' varchar(256) DEFAULT NULL,
  'token' blob,
  'authentication_id' varchar(128) NOT NULL,
  'user_name' varchar(256) DEFAULT NULL,
  'client_id' varchar(256) DEFAULT NULL,
  'authentication' blob,
  'refresh_token' varchar(256) DEFAULT NULL,
  PRIMARY KEY ('authentication_id')
) ENGINE=InnoDB DEFAULT CHARSET=utf8;

DROP TABLE IF EXISTS 'oauth_approvals';
CREATE TABLE 'oauth_approvals' (
  'userId' varchar(256) DEFAULT NULL,
  'clientId' varchar(256) DEFAULT NULL,
  'scope' varchar(256) DEFAULT NULL,
  'status' varchar(10) DEFAULT NULL,
  'expiresAt' datetime DEFAULT NULL,
  'lastModifiedAt' datetime DEFAULT NULL
) ENGINE=InnoDB DEFAULT CHARSET=utf8;
```

```sql
DROP TABLE IF EXISTS 'oauth_client_details';
CREATE TABLE 'oauth_client_details' (
  'client_id' varchar(256) NOT NULL,
  'resource_ids' varchar(256) DEFAULT NULL,
  'client_secret' varchar(256) DEFAULT NULL,
  'scope' varchar(256) DEFAULT NULL,
  'authorized_grant_types' varchar(256) DEFAULT NULL,
  'web_server_redirect_uri' varchar(256) DEFAULT NULL,
  'authorities' varchar(256) DEFAULT NULL,
  'access_token_validity' int(11) DEFAULT NULL,
  'refresh_token_validity' int(11) DEFAULT NULL,
  'additional_information' varchar(4096) DEFAULT NULL,
  'autoapprove' varchar(256) DEFAULT NULL,
  PRIMARY KEY ('client_id')
) ENGINE=InnoDB DEFAULT CHARSET=utf8;

DROP TABLE IF EXISTS 'oauth_client_token';
CREATE TABLE 'oauth_client_token' (
  'token_id' varchar(256) DEFAULT NULL,
  'token' blob,
  'authentication_id' varchar(128) NOT NULL,
  'user_name' varchar(256) DEFAULT NULL,
  'client_id' varchar(256) DEFAULT NULL,
  PRIMARY KEY ('authentication_id')
) ENGINE=InnoDB DEFAULT CHARSET=utf8;

DROP TABLE IF EXISTS 'oauth_code';
CREATE TABLE 'oauth_code' (
  'code' varchar(256) DEFAULT NULL,
  'authentication' blob
) ENGINE=InnoDB DEFAULT CHARSET=utf8;

DROP TABLE IF EXISTS 'oauth_refresh_token';
CREATE TABLE 'oauth_refresh_token' (
  'token_id' varchar(256) DEFAULT NULL,
  'token' blob,
  'authentication' blob
) ENGINE=InnoDB DEFAULT CHARSET=utf8;
```

（2）AuthorizationServerEndpointsConfigurer

在默认情况下，AuthorizationServerEndpointsConfigurer 配置开启了所有的验证类型，除了密码类型的验证，密码验证只有配置了 authenticationManager 的配置才会开启。AuthorizationServerEndpointsConfigurer 配置由以下 5 项组成。

- authenticationManager：只有配置了该选项，密码认证才会开启。在大多数情况下都是密码验证，所以一般都会配置这个选项。

- userDetailsService：配置获取用户认证信息的接口，和上一章实现的 userDetailsService 类似。
- authorizationCodeServices：配置验证码服务。
- implicitGrantService：配置管理 implict 验证的状态。
- tokenGranter：配置 Token Granter。

另外，需要设置 Token 的管理策略，目前支持以下 3 种。

- InMemoryTokenStore：Token 存储在内存中。
- JdbcTokenStore：Token 存储在数据库中。需要引入 spring-jdbc 的依赖包，并配置数据源，以及初始化 Spring OAuth2 的数据库脚本，即上一节的数据库脚本。
- JwtTokenStore：采用 JWT 形式，这种形式没有做任何的存储，因为 JWT 本身包含了用户验证的所有信息，不需要存储。采用这种形式，需要引入 spring-jwt 的依赖。

（3）AuthorizationServerSecurityConfigurer

如果资源服务和授权服务是在同一个服务中，用默认的配置即可，不需要做其他任何的配置。但是如果资源服务和授权服务不在同一个服务中，则需要做一些额外配置。如果采用 RemoteTokenServices（远程 Token 校验），资源服务器的每次请求所携带的 Token 都需要从授权服务做校验。这时需要配置 "/oauth/check_token" 校验节点的校验策略。

Authorization Server 的配置比较复杂，细节较多，Authorization Server 的配置思维导图如图 16-2 所示。通过在实现了 AuthorizationServerConfigurer 接口的类上加 @EnableAuthorizationServer 注解，开启 Authorization Server 的功能，并注入 IoC 容器中。然后需要配置 ClientDetailsServiceConfigurer、AuthorizationServerSecurityConfigurer 和 AuthorizationServerEndpointsConfigurer，它们有很多可选的配置，需要读者慢慢理解。

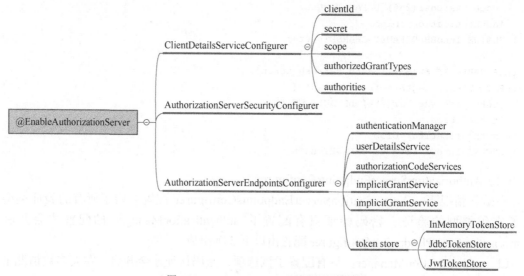

▲图 16-2　Authorzition Server 的配置思维导图

2. Resource Server 的配置

下面讲解 Resource Server 的配置，Resource Server（可以是授权服务器，也可以是其他的资源服务）提供了受 OAuth2 保护的资源，这些资源为 API 接口、Html 页面、Js 文件等。Spring OAuth2 提供了实现此保护功能的 Spring Security 认证过滤器。在加了 @Configuration 注解的配置类上加@EnableResourceServer 注解，开启 Resource Server 的功能，并使用 ResourceServerConfigurer 进行配置（如有必要），需要配置以下的内容。

- tokenServices：定义 Token Service。例如用 ResourceServerTokenservices 类，配置 Token 是如何编码和解码的。如果 Resource Server 和 Authorization Server 在同一个工程上，则不需要配置 tokenServices，如果不在同一个程序就需要配置。也可以用 RemoteTokenServices 类，即 Resource Server 采用远程授权服务器进行 Token 解码，这时也不需要配置此选项，本章案例采用此方式。
- resourceId：配置资源 Id。

16.2.2 OAuth2 Client

OAuth2 Client（客户端）用于访问被 OAuth2 保护起来的资源。客户端需要提供用于存储用户的授权码和访问令牌的机制，需要配置如下两个选项。

- Protected Resource Configuration（受保护资源配置）。
- Client Configuration（客户端配置）。

1. Protected Resource Configuration

使用 OAuth2ProtectedResourceDetails 类型的 Bean 来定义受保护的资源，受保护的资源具有以下属性。

- Id：资源的 Id，它在 Spring OAuth2 协议中没有用到，用于客户端寻找资源，不需要做配置，默认即可。
- clientId：OAuth2 Client 的 Id，和之前 OAuth2 Provider 中配置的一一对应。
- clientSecret：客户端密码，和之前 OAuth2 Provider 中配置的一一对应。
- accessTokenUri：获取 Token 的 API 节点。
- scope：客户端的域。
- clientAuthenticationScheme：有两种客户端验证类型，分别为 Http Basic 和 Form，默认为 Http Basic。
- userAuthorizationUri：如果用户需要授权访问资源，则用户将被重定向到的认证 Url。

2. Cilent Configuration

对于 OAuth2 Client 的配置，可以使用@ EnableOAuth2Client 注解来简化配置，另外还需要配置以下两项。

- 创建一个过滤器 Bean（Bean 的 Id 为 oauth2ClientContextFilter），用来存储当前请求和上下文的请求。在请求期间，如果用户需要进行身份验证，则用户会被重定向到 OAuth2 的认证 Url。
- 在 Request 域内创建 AccessTokenRequest 类型的 Bean。

OAuth2 Client 配置相对简单一些，它的配置选项如图 16-3 所示。

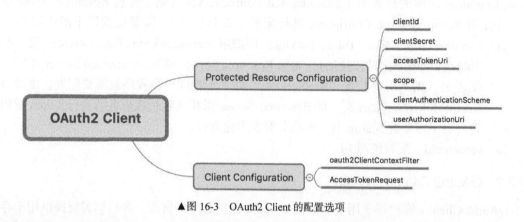

▲图 16-3　OAuth2 Client 的配置选项

16.3 案例分析

首先来看案例的架构设计，在这个案例中有 3 个工程，分别是服务注册中心工程 eureka-server、授权中心 Uaa 工程 auth-service 和资源工程 service-hi，如图 16-4 所示。

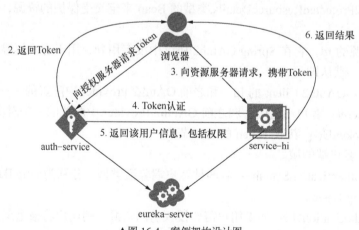

▲图 16-4　案例架构设计图

首先，浏览器向 auth-service 服务器提供客户端信息、用户名和密码，请求获取 Token。auth-service 确认这些信息无误后，根据该用户的信息生成 Token 并返回给浏览器。浏览器在以后的每次请求都需要携带 Token 给资源服务 service-hi，资源服务器获取到请求携带的 Token

后，通过远程调度将 Token 给授权服务 auth-service 确认。auth-service 确认 Token 正确无误后，将该 Token 对应的用户的权限信息返回给资源服务 service-hi。如果该 Token 对应的用户具有访问该 API 接口的权限，就正常返回请求结果，否则返回权限不足的错误提示。

16.3.1　编写 Eureka Server

　　整个项目采用的是 Maven 多 Module 的形式，并制定了项目的 Spring Boot 版本为 2.1.0，Spring Cloud 版本为 Greenwich.RELEASE。

　　在主 Maven 工程下，创建一个 eureka-server 的 module 工程，创建完成后，在 eureka-server 工程的 pom 文件中引入 eureka server 的起步依赖，代码如下：

```xml
<dependency>
    <groupId>org.springframework.cloud</groupId>
    <artifactId>spring-cloud-starter-eureka-server</artifactId>
</dependency>
```

　　在 eureka-server 工程的配置文件 application.yml 中配置 Eureka Server，包括配置了程序的端口号为 8761，host 为 localhost，并配置了不自注册。具体的配置代码如下：

```yaml
server:
  port: 8761
eureka:
  instance:
    hostname: localhost
  client:
    registerWithEureka: false
    fetchRegistry: false
    serviceUrl:
      defaultZone:http://${eureka.instance.hostname}:${server.port}/eureka/
```

　　在程序的启动类 EurekaServerApplication 上加 @EnableEurekaServer 注解，开启 Eureka Server 的功能，代码如下：

```java
@EnableEurekaServer
@SpringBootApplication
public class EurekaServerApplication {
    public static void main(String[] args) {
        SpringApplication.run(EurekaServerApplication.class, args);
    }
}
```

16.3.2　编写 Uaa 授权服务

1. 依赖管理 pom 文件

　　在主 Maven 工程下创建一个 Module 工程，取名为 auth-service，作为 Uaa 服务（授权服务），在 auth-service 工程的 pom 文件里引入工程所需的依赖，代码如下：

```xml
<dependencies>

    <dependency>
        <groupId>org.springframework.cloud</groupId>
        <artifactId>spring-cloud-starter-security</artifactId>
        <version>2.0.0.RELEASE</version>
    </dependency>
    <dependency>
        <groupId>org.springframework.security.oauth.boot</groupId>
        <artifactId>spring-security-oauth2-autoconfigure</artifactId>
        <version>2.0.0.RELEASE</version>
    </dependency>
    <dependency>
        <groupId>org.springframework.boot</groupId>
        <artifactId>spring-boot-starter-data-jpa</artifactId>
    </dependency>
    <dependency>
        <groupId>mysql</groupId>
        <artifactId>mysql-connector-java</artifactId>
    </dependency>
    <dependency>
        <groupId>org.springframework.boot</groupId>
        <artifactId>spring-boot-starter-web</artifactId>
    </dependency>
    <dependency>
        <groupId>org.springframework.cloud</groupId>
        <artifactId>spring-cloud-starter-eureka</artifactId>
    </dependency>
</dependencies>
```

其中，需要引入起步依赖 spring-cloud-starter-security，以及 spring-security-oauth2-autoconfigure 依赖。在工程中使用了 MySQL 数据库，引入了 MySQL 的连接驱动依赖 mysql-connector-java 和 JPA 的起步依赖 spring-boot-starter-data-jpa。在工程中使用了 Web 功能，引入了 Web 的起步依赖 spring-boot-starter-web。这个工程作为 Eureka Client，引入了 Eureka 的起步依赖 spring-cloud-starter-eureka。

2. 配置文件 application.yml

在工程的配置文件 application.yml 做如下配置：

```
spring:
  application:
    name: service-auth
  datasource:
```

```yaml
    driver-class-name: com.mysql.jdbc.Driver
    url: jdbc:mysql://localhost:3306/spring-cloud-auth?useUnicode=true&characterEncoding=utf8&characterSetResults=utf8&serverTimezone=GMT%2B8
    username: root
    password: 123456
  jpa:
    hibernate:
      ddl-auto: update
    show-sql: true
server:
  context-path: /uaa
  port: 5000
eureka:
  client:
    serviceUrl:
      defaultZone: http://localhost:8761/eureka/
```

在上面的配置中，配置了程序名为 service-auth，程序的端口号为 5000，context-path 为 "/uaa"；配置了 MySQL 数据库的相关配置，包括数据源、用户和密码，其中数据库名为 spring-cloud-auth，需要初始化 12.3.1 节的数据库脚本；使用 JPA 作为 ORM 框架，并对 JPA 做了相关的配置；配置了服务注册中心的地址为 http://localhost:8761/eureka/。

3. 配置 Spring Security

由于 auth-service 需要对外暴露检查 Token 的 API 接口，所以 auth-service 也是一个资源服务，需要在工程中引入 Spring Security，并做相关的配置，对 auth-service 资源进行保护。配置代码如下：

```java
@Configuration
@EnableWebSecurity
@EnableGlobalMethodSecurity(prePostEnabled = true)
public class WebSecurityConfig extends WebSecurityConfigurerAdapter {
    @Autowired
    private UserServiceDetail userServiceDetail;
    @Override
    protected void configure(HttpSecurity http) throws Exception {
        http
                .authorizeRequests().anyRequest().authenticated()
                .and()
                .csrf().disable();
    }
    @Override
    protected void configure(AuthenticationManagerBuilder auth) throws Exception {
        auth.userDetailsService(userServiceDetail).passwordEncoder(new BcryptPasswordEncoder());
```

```
    }
    @Override
    @Bean
    public AuthenticationManager authenticationManagerBean() throws Exception {
        return super.authenticationManagerBean();
    }
}
```

WebSecurityConfig 类通过@EnableWebSecurity 注解开启 Web 保护功能，通过@EnableGlobal-MethodSecurity 注解开启在方法上的保护功能。WebSecurityConfig 类继承了 WebSecurity-ConfigurerAdapter 类，并复写了以下 3 个方法来做相关的配置。

- configure(HttpSecurity http)：HttpSecurity 中配置了所有的请求都需要安全验证。
- configure(AuthenticationManagerBuilder auth)：AuthenticationManagerBuilder 中配置了验证的用户信息源和密码加密的策略，并且向 IoC 容器注入了 AuthenticationManager 对象。这需要在 OAuth2 中配置，因为在 OAuth2 中配置了 AuthenticationManager，密码验证才会开启。在本例中，采用的是密码验证。
- authenticationManagerBean()：配置了验证管理的 Bean。

UserServiceDetail 这个类和 13.3.4 节中的 UserService 是一样的，实现了 UserDetailsService 接口，并使用了 BCryptPasswordEncoder 对密码进行加密，代码如下：

```
@Service
public class UserServiceDetail implements UserDetailsService {
    @Autowired
    private UserDao userRepository;
    @Override
    public UserDetails loadUserByUsername(String username) throws UsernameNotFoundException {
        return userRepository.findByUsername(username);
    }
}
```

UserDao 类继承了 JpaRepository，在 UserDao 类中写一个根据用户名获取用户的方法，代码如下：

```
public interface UserDao extends JpaRepository<User, Long>{
    User findByUsername(String username);
}
```

与 13.3.4 节一样，User 类需要实现 UserDetails 接口，Role 类需要实现 GrantedAuthority 接口，这里就不再重复列出这两个类的代码了。

4. 配置 Authorization Server

首先列出配置代码，然后根据代码对每一个配置做详细说明，代码如下：

```java
@SpringBootApplication
@EnableResourceServer
@EnableEurekaClient
public class ServiceAuthApplication {
    @Autowired
    @Qualifier("dataSource")
    private DataSource dataSource;
    public static void main(String[] args) {
        SpringApplication.run(ServiceAuthApplication.class, args);
    }

    @Configuration
    @EnableAuthorizationServer
    protected  class OAuth2AuthorizationConfig extends AuthorizationServerConfigurerAdapter {
        //private TokenStore tokenStore = new InMemoryTokenStore();
        JdbcTokenStore tokenStore=new JdbcTokenStore(dataSource);

        @Autowired
        @Qualifier("authenticationManagerBean")
        private AuthenticationManager authenticationManager;

        @Autowired
        private UserServiceDetail userServiceDetail;
        @Override
        public void configure(ClientDetailsServiceConfigurer clients) throws Exception {
           clients.inMemory()
                .withClient("browser")
                .authorizedGrantTypes("refresh_token", "password")
                .scopes("ui")
                .and()
                .withClient("service-hi")
                .secret("123456")
                .authorizedGrantTypes("client_credentials", "refresh_token","password")
                .scopes("server");
            }
    @Override
    public void configure(AuthorizationServerEndpointsConfigurer endpoints) throws Exception {
            endpoints
                .tokenStore(tokenStore)
                .authenticationManager(authenticationManager)
                .userDetailsService(userServiceDetail);
        }
    @Override
    public void configure(AuthorizationServerSecurityConfigurer oauthServer) throws Exception {
```

```
        oauthServer
          .tokenKeyAccess("permitAll()")
          .checkTokenAccess("isAuthenticated()")
          .allowFormAuthenticationForClients()
          .passwordEncoder(NoOpPasswordEncoder.getInstance());
    }
}
```

在程序启动类 ServiceAuthApplication 加上@EnableEurekaClient 注解，开启 Eureka Client 的功能，加上@EnableResourceServer 注解，开启 Resource Server。程序需要对外暴露获取 Token 的 API 接口和验证 Token 的 API 接口，所以该程序也是一个资源服务。

OAuth2AuthorizationConfig 类继承 AuthorizationServerConfigurerAdapter，并在这个类上加上注解@EnableAuthorizationServer，开启授权服务的功能。作为授权服务需要配置 3 个选项，分别为 ClientDetailsServiceConfigurer、AuthorizationServerEndpointsConfigurer 和 AuthorizationServerSecurityConfigurer。

其中，ClientDetailsServiceConfigurer 配置了客户端的一些基本信息，clients.inMemory() 方法配置了将客户端的信息存储在内存中，.withClient("browser")方法创建了一个 clientId 为 browser 的客户端，authorizedGrantTypes("refresh_token", "password")方法配置了验证类型为 refresh_token 和 password，.scopes("ui")方法配置了客户端域为 "ui"。接着创建了另一个 client，它的 Id 为 "service-hi"。

AuthorizationServerEndpointsConfigurer 需要配置 tokenStore、authenticationManager 和 userServiceDetail。其中，tokenStore（Token 的存储方式）采用的方式是将 Token 存储在内存中，即使用 InMemoryTokenStore。如果资源服务和授权服务是同一个服务，用 InMemoryTokenStore 是最好的选择。如果资源服务和授权服务不是同一个服务，则不用 InMemoryTokenStore 进行存储 Token。因为当授权服务出现故障，需要重启服务，之前存在内存中 Token 全部丢失，导致资源服务的 Token 全部失效。另一种方式是用 JdbcTokenStore，即使用数据库去存储，使用 JdbcTokenStore 存储需要引入连接数据库依赖，如本例中的 MySQL 连接器、JPA，并且需要初始化 16.2.1 节的数据库脚本。authenticationManager 需要配置 AuthenticationManager 这个 Bean，这个 Bean 来源于 WebSecurityConfigurerAdapter 中的配置，只有配置了这个 Bean 才会开启密码类型的验证。最后配置了 userDetailsService，用来读取验证用户的信息。

AuthorizationServerSecurityConfigurer 配置了获取 Token 的策略，在本案例中对获取 Token 请求不进行拦截，只需要验证获取 Token 的验证信息，这些信息准确无误，就返回 Token。另外配置了检查 Token 的策略。

5. 暴露 Remote Token Services 接口

本案例采用 RemoteTokenServices 这种方式对 Token 进行验证。如果其他资源服务需要验证 Token，则需要远程调用授权服务暴露的验证 Token 的 API 接口。本案例中验证 Token 的 API 接口的代码如下：

```
@RestController
@RequestMapping("/users")
public class UserController {

    @RequestMapping(value = "/current", method = RequestMethod.GET)
    public Principal getUser(Principal principal) {
        return principal;
    }
}
```

6. 获取 Token

启动 auth-service 服务,在终端上用 Curl 命令模拟请求获取 Token,Curl 命令如下:

```
curl -i -X POST -d "username=fzp&password=123456&grant_type=password&client_id=service-hi&client_secret=123456" http://localhost:5000/uaa/oauth/token
```

返回结果如下:

```
{"access_token":"50c2476f-34fd-4c44-a608-6aa7021c1cb9","token_type":"bearer","refresh_token":"37b8baaf-6365-4efc-8eef-397a1039f56d","expires_in":43199,"scope":"server"}
```

也可以用 postman 或者 ajax 请求获取 Token。获取 Token 的 API 接口使用了基本认证(Http Basic Authentication)。基本认证是一种用来允许 Web 浏览器或其他客户端程序在请求时提供用户名和口令形式的身份凭证来验证客户端的。用户名和口令形式的身份凭证是在用户名后追加一个冒号,然后串接上口令,将拼接后的字符串用 Base64 算法编码得到的。如本案例中客户端的用户名为 service-hi,口令为 123456,将它们组合为 service-hi:123456,进行 Base64 加密,得到"c2VydmljZS1oaToxMjM0NTY="。

使用 ajax 方式进行请求获取 Token 的代码如下:

```
$.ajax({
    url: 'localhost:5000/uaa/oauth/token',
    datatype: 'json',
    type: 'post',
    headers: {'Authorization': 'Basic c2VydmljZS1oaToxMjM0NTY='},
    async: false,
    data: {
        username: fzp,
        password: 123456,
        grant_type: 'password'
    },
    success: function (data) {
    },
    error: function () {
    }
});
```

那么如何使用得到的 Token 呢？在用户访问受保护的资源时，在请求的 Header 中加上参数名为 "Authorization"，参数值为 "Bearer {Token}" 的参数。

16.3.3　编写 service-hi 资源服务

1. 项目依赖

在主 Maven 工程下，创建一个 Module 工程，取名为 service-hi，这个工程作为资源服务。在 service-hi 工程的 pom 文件引入项目所需的依赖，代码如下：

```xml
<dependencies>
    <dependency>
        <groupId>org.springframework.cloud</groupId>
        <artifactId>spring-cloud-starter-eureka</artifactId>
    </dependency>
    <dependency>
        <groupId>org.springframework.boot</groupId>
        <artifactId>spring-boot-starter-web</artifactId>
    </dependency>
    <dependency>
        <groupId>org.springframework.cloud</groupId>
        <artifactId>spring-cloud-starter-feign</artifactId>
    </dependency>
    <dependency>
        <groupId>org.springframework.cloud</groupId>
        <artifactId>spring-cloud-starter-security</artifactId>
        <version>2.0.0.RELEASE</version>
    </dependency>
    <dependency>
        <groupId>org.springframework.security.oauth.boot</groupId>
        <artifactId>spring-security-oauth2-autoconfigure</artifactId>
        <version>2.0.0.RELEASE</version>
    </dependency>
    <dependency>
        <groupId>org.springframework.boot</groupId>
        <artifactId>spring-boot-starter-data-jpa</artifactId>
    </dependency>
    <dependency>
        <groupId>mysql</groupId>
        <artifactId>mysql-connector-java</artifactId>
    </dependency>
</dependencies>
```

在工程中用到了 MySQL 数据库，采用了 JPA 的 ORM 框架来操作数据库，所以需要在工程的 pom 文件引入 JPA 的起步依赖 spring-boot-starter-data-jpa 和 MySQL 数据库连接器依赖

mysql-connector-java。作为 Eureka Client，需要在工程的 pom 文件引入 Eureka 的起步依赖 spring-cloud-starter-eureka。作为 Web 服务器，需要在工程的 pom 文件引入 Web 的起步依赖 spring-boot-starter-web。另外使用 Feign 作为远程调度框架，需要在工程的 pom 文件引入 Feign 的起步依赖 spring-cloud-starter-feign。最后作为资源服务器，需要在工程的 pom 文件引入 Security 的起步依赖 spring-cloud-starter-security 和依赖 spring-security-oauth2-autoconfigure。

2. 配置文件 application.yml

在工程的配置文件 application.yml 做程序的相关配置，具体配置如下：

```yml
eureka:
  client:
    serviceUrl:
      defaultZone: http://localhost:8761/eureka/
server:
  port: 8762
spring:
  application:
    name: service-hi
  datasource:
    driver-class-name: com.mysql.jdbc.Driver
    url: jdbc:mysql://localhost:3306/spring-cloud-auth?useUnicode=true&characterEncoding=utf8&characterSetResults=utf8&serverTimezone=GMT%2B8
    username: root
    password: 123456

  jpa:
    hibernate:
      ddl-auto: update
    show-sql: true

security:
  oauth2:
    resource:
      user-info-uri: http://localhost:5000/uaa/users/current
    client:
      clientId: service-hi
      clientSecret: 123456
      accessTokenUri: http://localhost:5000/uaa/oauth/token
      grant-type: client_credentials,password
      scope: server
```

在上面的配置文件中，配置了程序名为 service-hi，端口为 8762，服务注册中心的地址为 http://localhost:8761/eureka/，配置了数据库的连接驱动、数据库连接地址、数据库用户名和密码，以及 JPA 的相关配置。然后配置了 security.oauth2.resource，指定了 user-info-uri 的地址，用于获取当前 Token 的用户信息，配置了 security.oauth2.client 的相关信息，以及 clientId、clientSecret 等信息，这些配置需要和在 Uaa 服务中配置的一一对应。

3. 配置 Resource Server

service-hi 工程作为 Resource Server（资源服务），需要配置 Resource Server 的相关配置，配置代码如下：

```
@Configuration
@EnableResourceServer
@EnableGlobalMethodSecurity(prePostEnabled = true)
public class ResourceServerConfigurer extends ResourceServerConfigurerAdapter {

    @Override
    public void configure(HttpSecurity http) throws Exception {

        http.authorizeRequests()
                .antMatchers("/user/registry").permitAll()
                .anyRequest().authenticated();
    }
}
```

在 ResourceServerConfigurer 类上加 @EnableResourceServer 注解，开启 Resource Server 的功能，加 @EnableGlobalMethodSecurity 注解，开启方法级别的保护。ResourceServerConfigurer 类继承 ResourceServerConfigurerAdapter 类，并重写 configure(HttpSecurity http)方法，通过 ant 表达式，配置哪些请求需要验证，哪些请求不需要验证。如本案例中 "/user/register" 的接口不需要验证，其他所有的请求都需要验证。

4. 配置 OAuth2 Client

OAuth2 Client 用来访问被 OAuth2 保护的资源。service-hi 作为 OAuth2 Client，它的配置代码如下：

```
@EnableOAuth2Client
@EnableConfigurationProperties
@Configuration
public class OAuth2ClientConfig {

  @Bean
  @ConfigurationProperties(prefix = "security.oauth2.client")
  public ClientCredentialsResourceDetails clientCredentialsResourceDetails() {
     return new ClientCredentialsResourceDetails();
  }
  @Bean
  public RequestInterceptor oauth2FeignRequestInterceptor(){
```

```
        return new OAuth2FeignRequestInterceptor(new DefaultOAuth2ClientContext(), clie
ntCredentialsResourceDetails());
    }

    @Bean
    public OAuth2RestTemplate clientCredentialsRestTemplate() {
        return new OAuth2RestTemplate(clientCredentialsResourceDetails());
    }
}
```

在 16.2 节讲述了如何配置 OAuth2 Client，简单来说，需要配置 3 个选项：一是配置受保护的资源的信息，即 ClientCredentialsResourceDetails；二是配置一个过滤器，存储当前请求和上下文；三是在 Request 域内创建 AccessTokenRequest 类型的 Bean。

现在通过上述代码来具体说明，在 OAuth2ClientConfig 类上加@EnableOAuth2Client 注解，开启 OAuth2 Client 的功能；并配置了一个 ClientCredentialsResourceDetails 类型的 Bean，该 Bean 是通过读取配置文件中前缀为 security.oauth2.client 的配置来获取 Bean 的配置属性的；注入一个 OAuth2FeignRequestInterceptor 类型过滤器的 Bean；最后注入了一个用于向 Uaa 服务请求的 OAuth2RestTemplate 类型的 Bean。

到目前为止，授权服务、资源服务和 OAuth2 客户端都已经搭建完毕，现在写一个注册 API 接口来做测试。

5. 编写用户注册接口

首先编写一个 User 类，在本案例总共采用了 JPA 作为 ORM 框架，需要在 User 类加上 JPA 的注解，同 Uaa 服务的 User 类一样，代码如下：

```
@Entity
public class User  {
    @Id
    @GeneratedValue(strategy = GenerationType.IDENTITY)
    private Long id;

    @Column(nullable = false,  unique = true)
    private String username;

    @Column
    private String password;
…//省略代码
}
```

数据操作类 UserDao 继承了 JpaRepository，UserDao 具备了基本的操作数据库单表的基本方法，代码如下：

```
public interface UserDao extends JpaRepository<User, Long> {
}
```

Service 层的 UserServiceImpl 类包含一个创建用户逻辑的方法,其中用到 BCryptPasswordEncoder 类来加密密码,代码如下:

```
@Service
public class UserServiceImpl implements UserService {
    private static final BCryptPasswordEncoder encoder = new BCryptPasswordEncoder();

    @Autowired
    private UserDao userDao;
    @Override
    public User create(User user) {
        String hash = encoder.encode(user.getPassword());
        user.setPassword(hash);
        User u=userDao.save(user);
        return u;
    }
}
```

编写 UserController 类,在类中有一个注册的 API 接口,代码如下:

```
@RestController
@RequestMapping("/user")
public class UserController {
    @Autowired
    private UserServiceImpl userService;
    @RequestMapping(value = "/registry",method = RequestMethod.POST)
    public User createUser( @RequestParam("username") String username
    , @RequestParam("password") String password) {
        return userService.create(username,password);
    }
}
```

编写一个测试类 HiController,其中有 3 个接口:第一个 API 接口 "/hi",不需要任何权限,只需要验证 Header 中的 Token 正确与否,Token 正确即可访问;第二个 API 接口 "/hello",需要 "ROLE_ADMIN" 权限;第三个接口 "/getPrinciple",用户获取当前 Token 用户信息。代码如下:

```
@RestController
public class HiController {
    Logger logger= LoggerFactory.getLogger(HiController.class);
    @Value("${server.port}")
String port;

    @RequestMapping("/hi")
    public String home() {
        return "hi :"+",i am from port:" +port;
```

```java
    }
    @PreAuthorize("hasAuthority('ROLE_ADMIN')")
    @RequestMapping("/hello")
    public String hello (){
        return "hello you!";
    }
    @GetMapping("/getPrinciple")
    public OAuth2Authentication getPrinciple(OAuth2Authentication oAuth2Authentication
, Principal principal,
                        Authentication authentication){

    logger.info(oAuth2Authentication.getUserAuthentication().getAuthorities().toString());
        logger.info(oAuth2Authentication.toString());
        logger.info("principal.toString()"+principal.toString());
        logger.info("principal.getName()"+principal.getName());    logger.info("auth
entication:"+authentication.getAuthorities().toString());
        return oAuth2Authentication;
    }
}
```

下面来演示整个流程。

（1）通过 Curl 命令模拟请求，调用注册的 API 接口，注册一个用户，Curl 命令如下：

```
curl -d "username=miya&password=123456" "localhost:8762/user/registry"
```

注册成功，返回结果如下：

```
{"id":4,"username":"miya","password":"$2a$10$BYslYRseJmfdBl.SKtOD2e13XcZ69e.j4CUbpS.H
xKufaTKGtpEQG","authorities":null,"enabled":true,"accountNonExpired":true,"accountNon
Locked":true,"credentialsNonExpired":true}
```

（2）通过 Curl 命令模拟请求，调用获取 Token 的 API 接口，Curl 命令如下：

```
curl -i -X POST -d "username=miya&password=123456&grant_type=password&client_id=servi
ce-hi&client_secret=123456" http://localhost:5000/uaa/oauth/token
```

获取 Token 成功，返回结果如下：

```
{"access_token":"baea9ed0-1970-4fd4-b616-fde2a75a41ee","token_type":"bearer","refresh
_token":"3b7a4a89-b5b8-43c3-bb3d-5a38171caf5b","expires_in":43182,"scope":"server"}
```

（3）通过 Curl 命令模拟请求，访问不需要权限点的接口 "/hi"，Curl 命令如下：

```
curl -l -H "Authorization:Bearer baea9ed0-1970-4fd4-b616-fde2a75a41ee" -X GET "localh
ost:8762/hi"
```

返回结果如下：

```
hi :i am from port:8762
```

（4）通过 Curl 命令模拟请求，访问需要有"ROLE_ADMIN"权限点的 API 接口"/hello"，Curl 命令如下：

```
curl -l -H "Authorization:Bearer baea9ed0-1970-4fd4-b616-fde2a75a41ee" -X GET "localhost:8762/hello"
```

由于该用户没有"ROLE_ADMIN"权限点，所以没有权限访问该 API 接口，返回结果如下：

```
{"error":"access_denied","error_description":"不允许访问"}
```

（5）在数据库中给予该用户"ROLE_ADMIN"权限，在数据库中执行以下脚本：

```
INSERT INTO 'role' VALUES ('1', 'ROLE_USER'), ('2', 'ROLE_ADMIN');
INSERT INTO 'user_role' VALUES('4', '2');
```

（6）给予该用户"ROLE_ADMIN 权限"后，重新访问 API 接口"/hello"，Curl 命令如下：

```
curl -l -H "Authorization:Bearer baea9ed0-1970-4fd4-b616-fde2a75a41ee" -X GET "localhost:8762/hello"
```

获取的返回结果如下：

```
hello you!
```

从上面的请求返回的结果可知，给该用户加上"ROLE_ADMIN"权限后，该请求能够获取正常的返回结果。由此可见，被 Spring Cloud OAuth2 保护的资源服务，是需要验证请求的用户信息和该用户所具有的权限的，验证通过，则返回正确结果，否则返回"不允许访问"的结果。

16.4 总结

本章案例的架构有改进之处，例如在资源服务器加一个登录接口，该接口不受 Spring Security 保护。登录成功后，service-hi 远程调用 auth-service 获取 Token 返回给浏览器，浏览器以后所有的请求都需要携带该 Token。

这个架构存在的缺陷就是每次请求都需要资源服务内部远程调度 auth-service 服务来验证 Token 的正确性，以及该 Token 对应的用户所具有的权限，额外多了一次内部请求。如果在高并发的情况下，auth-service 需要集群部署，并且需要做缓存处理。本案例中没有做以上这些优化工作。下一章将讲述如何使用 Spring Security OAuth2 以 JWT 的形式来保护 Spring Cloud 构建的微服务系统。

第 17 章 使用 Spring Security OAuth2 和 JWT 保护微服务系统

上一章讲述了如何通过 Spring Security OAuth2 来保护 Spring Cloud 架构的微服务系统。上一章的系统有一个缺陷，即每次请求都需要经过 Uaa 服务去验证当前 Token 的合法性，并且需要查询该 Token 对应的用户的权限。在高并发场景下，会存在性能瓶颈，改善的方法是将 Uaa 服务集群部署并加上缓存。本章针对上一章的系统的缺陷，采用 Spring Security OAuth2 和 JWT 的方式，避免每次请求都需要远程调度 Uaa 服务。采用 Spring Security OAuth2 和 JWT 的方式，Uaa 服务只验证一次，返回 JWT。返回的 JWT 包含了用户的所有信息，包括权限信息。

本章主要从以下 3 个方面来讲解。
- JWT 详解。
- Spring Security OAuth2 和 JWT 保护微服务系统案例详解。
- 总结。

17.1 JWT 简介

本节将主要从以下 4 个方面讲解 JWT。
- 什么是 JWT。
- JWT 的应用场景。
- JWT 的结构。
- 如何使用 JWT。

17.1.1 什么是 JWT

JSON Web Token（JWT）是一种开放的标准（RFC 7519），JWT 定义了一种紧凑且自包含的标准，该标准旨在将各个主体的信息包装为 JSON 对象。主体信息是通过数字签名进行加密和验证的。常使用 HMAC 算法或 RSA（公钥/私钥的非对称性加密）算法对 JWT 进行签名，安全性很高。下面进一步解释它的特点。
- 紧凑性（compact）：由于是加密后的字符串，JWT 数据体积非常小，可通过 POST

请求参数或 HTTP 请求头发送。另外，数据体积小意味着传输速度很快。
- 自包含（self-contained）：JWT 包含了主体的所有信息，所以避免了每个请求都需要向 Uaa 服务验证身份，降低了服务器的负载。

17.1.2 JWT 的结构

JWT 由 3 个部分组成，分别以"."分隔，组成部分如下。
- Header（头）。
- Payload（有效载荷）。
- Signature（签名）。

因此，JWT 的通常格式如下：

```
xxxxx.yyyyy.zzzzz
```

下面依次来讲解这 3 个组成部分。

（1）Header

Header 通常由两部分组成：令牌的类型（即 JWT）和使用的算法类型，如 HMAC、SHA256 和 RSA。例如：

```
{
  "alg": "HS256",
  "typ": "JWT"
}
```

将 Header 用 Base64 编码作为 JWT 的第一部分。

（2）Payload

这是 JWT 的第二部分，包含了用户的一些信息和 Claim（声明、权利）。有 3 种类型的 Claim：保留、公开和私人。一个典型的 Payload 如下：

```
{
  "sub": "1234567890",
  "name": "John Doe",
  "admin": true
}
```

将 Payload 进行 Base64 编码作为 JWT 的第二部分。

（3）Signature

要创建签名部分，需要将 Base64 编码后的 Header、Payload 和密钥进行签名，一个典型的格式如下：

```
HMACSHA256(
  base64UrlEncode(header) + "." +
  base64UrlEncode(payload),
  secret)
```

17.1.3 JWT 的应用场景

什么时候应该使用 JWT 呢？JWT 的使用场景如下。

- 认证：这是使用 JWT 最常见的场景。一旦用户登录成功获取 JWT 后，后续的每个请求将携带该 JWT。该 JWT 包含了用户信息、权限点等信息，根据该 JWT 包含的信息，资源服务可以控制该 JWT 可以访问的资源范围。因为 JWT 的开销很小，并且能够在不同的域中使用，单点登录是一个广泛使用 JWT 的场景。
- 信息交换：JWT 是在各方之间安全传输信息的一种方式，JWT 使用签名加密，安全性很高。另外，当使用 Header 和 Payload 计算签名时，还可以验证内容是否被篡改。

17.1.4 如何使用 JWT

下面来看最常见的应用场景，即认证，如图 17-1 所示。客户端通过提供用户名、密码向服务器请求获取 JWT，服务器判断用户名和密码正确无误之后，将用户信息和权限点经过加密以 JWT 的形式返回给客户端。在以后的每次请求中，获取到该 JWT 的客户端都需要携带该 JWT，这样做的好处就是以后的请求都不需要通过 Uaa 服务来判断该请求的用户以及该用户的权限。在微服务系统中，可以利用 JWT 实现单点登录。

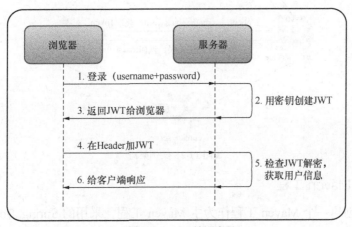

▲图 17-1　JWT 认证流程

17.2　案例分析

17.2.1　案例架构设计

在本案例中有 3 个工程，分别为 eureka-server、auth-service 和 user-service。其中 auth-service 和 user-service 向 eureka-server 注册服务。auth-service 负责授权，授权需要用户提供客户端的 clientId 和 password，以及授权用户的 username 和 password。这些信息准备无误之后，auth-service

返回 JWT，该 JWT 包含了用户的基本信息和权限点信息，并通过 RSA 加密。user-service 作为资源服务，它的资源已经被保护起来了，需要相应的权限才能访问。user-service 服务得到用户请求的 JWT 后，先通过公钥解密 JWT，得到该 JWT 对应的用户的信息和用户的权限信息，再判断该用户是否有权限访问该资源。

其中，在 user-service 服务的登录 API 接口（登录 API 接口不受保护）中，当用户名和密码验证正确后，通过远程调用向 auth-service 获取 JWT，并返回 JWT 给用户。用户获取到 JWT 之后，以后的每次请求都需要在请求头中传递该 JWT，从而资源服务能够根据 JWT 来进行权限验证。架构如图 17-2 所示。

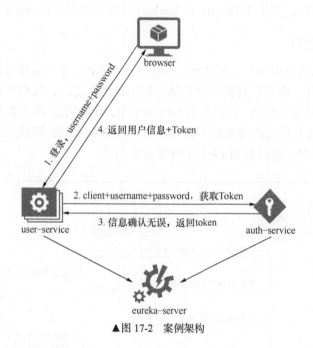

▲图 17-2　案例架构

17.2.2　编写主 Maven 工程

使用 IDEA 创建一个 Maven 工程作为主 Maven 工程，采用的 Spring Boot 版本为 2.1.0，Spring Cloud 版本为 Greenwich，JDK 版本为 1.8，在依赖管理引入的 spring-security-jwt 的版本为 1.0.9，spring-security-oauth2 的版本为 2.3.4，工程的 pom 文件的代码如下：

```xml
<?xml version="1.0" encoding="UTF-8"?>
<project xmlns="http://maven.apache.org/POM/4.0.0"
         xmlns:xsi="http://www.w3.org/2001/XMLSchema-instance"
         xsi:schemaLocation="http://maven.apache.org/POM/4.0.0 http://maven.apache.org/xsd/maven-4.0.0.xsd">
    <modelVersion>4.0.0</modelVersion>

    <groupId>com.forezp</groupId>
```

```xml
    <artifactId>cloud-oauth2-jwt</artifactId>
    <version>1.0-SNAPSHOT</version>
    <packaging>pom</packaging>
    <parent>
        <groupId>org.springframework.boot</groupId>
        <artifactId>spring-boot-starter-parent</artifactId>
        <version>2.1.0.RELEASE</version>
        <relativePath/> <!-- lookup parent from repository -->
    </parent>
    <properties>
        <project.build.sourceEncoding>UTF-8</project.build.sourceEncoding>
        <project.reporting.outputEncoding>UTF-8</project.reporting.outputEncoding>
        <java.version>1.8</java.version>
        <spring-cloud.version>Greenwich.RELEASE</spring-cloud.version>
    </properties>

    <dependencies>
        <dependency>
            <groupId>org.springframework.boot</groupId>
            <artifactId>spring-boot-starter-test</artifactId>
            <scope>test</scope>
        </dependency>
    </dependencies>

    <dependencyManagement>
        <dependencies>
            <dependency>
                <groupId>org.springframework.cloud</groupId>
                <artifactId>spring-cloud-dependencies</artifactId>
                <version>${spring-cloud.version}</version>
                <type>pom</type>
                <scope>import</scope>
            </dependency>
            <dependency>
                <groupId>org.springframework.security</groupId>
                <artifactId>spring-security-jwt</artifactId>
                <version>1.0.9.RELEASE</version>
            </dependency>
            <dependency>
                <groupId>org.springframework.security.oauth</groupId>
                <artifactId>spring-security-oauth2</artifactId>
                <version>2.3.4.RELEASE</version>
            </dependency>
        </dependencies>
    </dependencyManagement>
</project>
```

17.2.3 编写 Eureka Server

在主 Maven 工程下，创建一个 eureka-server 的 Module 工程，作为服务注册中心的工程。在工程的 pom 文件引入相应的依赖，包括继承了主 Maven 工程的 pom 文件，并引入 Eureka Server 的起步依赖，代码如下：

```xml
<parent>
    <groupId>com.forezp</groupId>
    <artifactId>cloud-oauth2-jwt</artifactId>
    <version>1.0-SNAPSHOT</version>
</parent>
<dependencies>
    <dependency>
        <groupId>org.springframework.cloud</groupId>
        <artifactId>spring-cloud-starter-netflix-eureka-server</artifactId>
    </dependency>
</dependencies>
```

在工程的配置文件 application.yml 中，配置程序的端口号为 8761，并配置不自注册，配置代码如下：

```yaml
server:
  port: 8761
eureka:
  client:
    register-with-eureka: false
    fetch-registry: false
    serviceUrl:
      defaultZone: http://localhost:${server.port}/eureka/
```

在程序的启动类 EurekaServerApplication 上加 @SpringBootApplication 注解，开启 Eureka Server 功能，代码如下：

```java
@SpringBootApplication
@EnableEurekaServer
public class EurekaServerApplication {
    public static void main(String[] args) {
        SpringApplication.run(EurekaServerApplication.class, args);
    }
}
```

只需要以上几步，Eureka Server 工程就搭建完毕了。

17.2.4 编写 Uaa 授权服务

1. 引入依赖

在主 Maven 工程下新建一个 Module 工程，取名为 uaa-service。工程的 pom 文件继承了主

Maven 工程的 pom 文件，并引入工程所需的依赖，包括连接数据库的依赖 mysql-connector-java 和 JPA 的起步依赖 spring-boot-starter-data-jpa、Web 的起步依赖 spring-boot-starter-web、Eureka 客户端的起步依赖 spring-cloud-starter-eureka，以及 Spring Cloud OAuth2 相关依赖，包含了 Spring Security OAuth2 和 Spring Security JWT 依赖，代码如下：

```xml
<dependencies>
        <dependency>
            <groupId>org.springframework.boot</groupId>
            <artifactId>spring-boot-starter-web</artifactId>
        </dependency>
        <dependency>
          <groupId>org.springframework.security</groupId>
            <artifactId>spring-security-jwt</artifactId>
        </dependency>
        <dependency>
            <groupId>org.springframework.security.oauth</groupId>
            <artifactId>spring-security-oauth2</artifactId>
        </dependency>
        <dependency>
            <groupId>org.springframework.cloud</groupId>
            <artifactId>spring-cloud-starter-netflix-eureka-client</artifactId>
        </dependency>
        <dependency>
            <groupId>org.springframework.boot</groupId>
            <artifactId>spring-boot-starter-data-jpa</artifactId>
        </dependency>
        <dependency>
            <groupId>mysql</groupId>
            <artifactId>mysql-connector-java</artifactId>
        </dependency>
 </dependencies>
```

2. 配置文件

在程序的配置文件 aplication.yml 中配置程序的名称为 uaa-service，端口号为 9999，以及连接数据库驱动、JPA 的配置和服务的注册地址，代码如下：

```yml
spring:
  application:
    name: uaa-service
  datasource:
    driver-class-name: com.mysql.jdbc.Driver
    url: jdbc:mysql://localhost:3306/spring-cloud-auth?useUnicode=true&characterEncoding=utf8&characterSetResults=utf8
    username: root
```

```
      password: 123456
  jpa:
    hibernate:
      ddl-auto: update
    show-sql: true
server:
  port: 9999
eureka:
  client:
    serviceUrl:
      defaultZone: http://localhost:8761/eureka/
```

3. 配置 Spring Security

uaa-service 服务对外提供获取 JWT 的 API 接口，uaa-service 服务是一个授权服务器，同时也是资源服务器，需要配置该服务的 Spring Security，配置代码如下：

```
@Configuration
@EnableWebSecurity
class WebSecurityConfig extends WebSecurityConfigurerAdapter {

    @Override
    @Bean
    public AuthenticationManager authenticationManagerBean() throws Exception {
        return super.authenticationManagerBean();
    }
    @Override
    protected void configure(HttpSecurity http) throws Exception {
        http
                .csrf().disable()
                    .exceptionHandling()
                    .authenticationEntryPoint((request, response, authException)      -> resp
onse.sendError(HttpServletResponse.SC_UNAUTHORIZED))
                .and()
                    .authorizeRequests()
                    .antMatchers("/**").authenticated()
                .and()
                    .httpBasic();
    }

    @Autowired
    UserServiceDetail userServiceDetail;
    @Override
    protected void configure(AuthenticationManagerBuilder auth) throws Exception {
        auth.userDetailsService(userServiceDetail)
                .passwordEncoder(new BCryptPasswordEncoder());
```

}
}
```

在上面的配置类中，通过@EnableWebSecurity 注解开启 Web 资源的保护功能。在 configure（HttpSecurity http）方法中配置所有的请求都需要验证，如果请求验证不通过，则重定位到 401 的界面。在 configure(AuthenticationManagerBuilder auth)方法中配置验证的用户信息源、密码加密的策略。向 IoC 容器注入 AuthenticationManager 对象的 Bean，该 Bean 在 OAuth2 的配置中使用，因为只有在 OAuth2 中配置了 AuthenticationManager，密码类型的验证才会开启。在本案例中，采用的是密码类型的验证。

采用 BCryptPasswordEncoder 对密码进行加密，在创建用户时，密码加密也必须使用这个类。

使用了 UserServiceDetail 这个类，这个类与 13.3.4 节中的 UserService 类是一样的，实现了 UserDetailsService 接口，代码如下：

```
@Service
public class UserServiceDetail implements UserDetailsService {
    @Autowired
    private UserDao userRepository;
    @Override
    public UserDetails loadUserByUsername(String username) throws UsernameNotFoundException {
        return userRepository.findByUsername(username);
    }
}
```

UserDao 继承 JpaRepository，有一个根据用户名获取用户的方法，代码如下：

```
public interface UserDao extends JpaRepository<User, Long>{
    User findByUsername(String username);
}
```

与之前章节一样，User 对象需要实现 UserDetails 接口，Role 对象需要实现 GrantedAuthority 接口，在这里就不重复列出这两个类的代码了，请读者查看 15.3.5 节。

4. 配置 Authorization Server

在 OAuth2Config 这个类中配置 AuthorizationServer，代码如下：

```
@Configuration
@EnableAuthorizationServer
public class OAuth2Config extends AuthorizationServerConfigurerAdapter {
    @Override
    public void configure(ClientDetailsServiceConfigurer clients) throws Exception {
        clients.inMemory()
                .withClient("user-service")
                .secret("123456")
```
```

```
                .scopes("service")
                .authorizedGrantTypes("refresh_token", "password")
                .accessTokenValiditySeconds(3600);
    }

    @Override
    public void configure(AuthorizationServerEndpointsConfigurer endpoints) throws Exception {
        endpoints.tokenStore(tokenStore()).tokenEnhancer(jwtTokenEnhancer()).authenticationManager(authenticationManager);
    }
    @Override
    public void configure(AuthorizationServerSecurityConfigurer oauthServer) throws Exception {
        oauthServer
                .tokenKeyAccess("permitAll()")
                .checkTokenAccess("isAuthenticated()").allowFormAuthenticationForClients().passwordEncoder(NoOpPasswordEncoder.getInstance());
    }
    @Autowired
    @Qualifier("authenticationManagerBean")
    private AuthenticationManager authenticationManager;

    @Bean
    public TokenStore tokenStore() {
        return new JwtTokenStore(jwtTokenEnhancer());
    }

    @Bean
    protected JwtAccessTokenConverter jwtTokenEnhancer() {
        KeyStoreKeyFactory keyStoreKeyFactory = new KeyStoreKeyFactory(new ClassPathResource("fzp-jwt.jks"), "fzp123".toCharArray());
        JwtAccessTokenConverter converter = new JwtAccessTokenConverter();
        converter.setKeyPair(keyStoreKeyFactory.getKeyPair("fzp-jwt"));
        return converter;
    }
}
```

在上面的配置代码中，OAuth2Config 类继承了 AuthorizationServerConfigurerAdapter 类，并在 OAuth2Config 类加上@EnableAuthorizationServer 注解，开启 Authorization Server 的功能。作为 Authorization Server 需要配置两个选项，即 ClientDetailsServiceConfigurer 和 AuthorizationServerEndpointsConfigurer。

其中，ClientDetailsServiceConfigurer 配置了客户端的一些基本信息，clients.inMemory()方法是将客户端的信息存储在内存中，.withClient("user-service")方法创建了一个 ClientId 为 "user-service" 的客户端，.authorizedGrantTypes("refresh_token", "password")方法配置类验证类型为 refresh_token

和 password，.scopes("service ")方法配置了客户端域为 "service"，.accessTokenValiditySeconds(3600) 方法配置了 Token 的过期时间为 3600 秒。

AuthorizationServerEndpointsConfigurer 配置了 tokenStore 和 authenticationManager。其中 tokenStore 使用 JwtTokenStore，JwtTokenStore 并没有做任何存储，tokenStore 需要一个 JwtAccessTokenConverter 对象，该对象用于 Token 转换。本案例中使用了非对称性加密 RSA 对 JWT 进行加密。

authenticationManager 需要配置 AuthenticationManager 这个 Bean，这个 Bean 来源于 WebSecurityConfigurerAdapter 的配置，只有配置了这个 Bean 才会开启密码类型的验证。

AuthorizationServerSecurityConfigurer 配置了 Token 获取安全策略，获取 Token 的接口对外暴露，不验证安全，其他接口需要验证安全。另外，只有配置了 allowFormAuthenticationForClients，客户端才能请求获取 Token 接口。

5. 生成 jks 文件

在 AuthorizationServerEndpointsConfigurer 的配置中，配置 JwtTokenStore 时需要使用 jks 文件作为 Token 加密的密钥。那么 jks 文件是怎样生成的呢？在本案例中，jks 文件是使用 Java keytool 生成的，在生成 jks 文件之前需要保证 Jdk 已经安装。打开计算机终端，输入以下命令：

```
keytool -genkeypair -alias fzp-jwt -validity 3650 -keyalg RSA -dname "CN=jwt,OU=jtw,O=jtw,L=zurich,S=zurich,C=CH" -keypass fzp123 -keystore fzp-jwt.jks -storepass fzp123
```

在上面的命令中，-alias 选项为别名，-keypass 和-storepass 为密码选项，-validity 为配置 jks 文件的过期时间（单位：天）。

获取的 jks 文件作为私钥，只允许 Uaa 服务持有，并用作加密 JWT。那么 user-service 这样的资源服务，是如何解密 JWT 的呢？这时就需要使用 jks 文件的公钥。获取 jks 文件的公钥命令如下：

```
keytool -list -rfc --keystore fzp-jwt.jks | openssl x509 -inform pem -pubkey
```

在计算机终端输入上面的命令，提示需要密码，本例的密码为 "fzp123"，输入即可，显示的公钥信息如下：

```
-----BEGIN PUBLIC KEY-----
MIIBIjANBgkqhkiG9w0BAQEFAAOCAQ8AMIIBCgKCAQEAgRvxhIKCnrjIoT3mxfqd
hx+Dq8bgVVlSdfjVopD5a05FDuqpKrV3IQNAkntzmz5UUzd4VJf8MBIwk+F0aJYq
J89nEiBrrSrJxcOuZ1yFnvKh4VGXJwU4uGnf8kCvxmpZ5eegzUa+EI1qINm6ariV
jjQk8es0VglbvT6IoIyPtEv8flad5iHtkSUgVq43Gbo0oexdi/nxV+gXX81wiYJ4
c5/mom0ehV3f19/evLMECe7E6T3t5WTcuD1TzteA0jr5PFVdXHDnyy6BsXT72mnB
90YxY2LEGPrU5cJcruiJ6UpXQFVtkPh5yZu0HWbfQ4dEMDxAsKMiXBC0LFdqd86f
8wIDAQAB
-----END PUBLIC KEY-----
```

新建一个 public.cert 文件，将上面的公钥信息复制到 public.cert 文件中并保存。并将 public.cert

文件放在资源服务的工程的 Resource 目录下。到目前为止，Uaa 授权服务已经搭建完毕。

需要注意的是，Maven 在项目编译时，可能会将 jks 文件编译，导致 jks 文件乱码，最后不可用。需要在工程的 pom 文件中添加以下内容：

```xml
<plugin>
    <groupId>org.apache.maven.plugins</groupId>
        <artifactId>maven-resources-plugin</artifactId>
        <configuration>
            <nonFilteredFileExtensions>
                <nonFilteredFileExtension>cert</nonFilteredFileExtension>
                <nonFilteredFileExtension>jks</nonFilteredFileExtension>
            </nonFilteredFileExtensions>
        </configuration>
</plugin>
```

17.2.5　编写 user-service 资源服务

1. 依赖管理 pom 文件

user-service 工程的 pom 文件继承了主 Maven 工程的 pom 文件。在 user-service 工程的 pom 文件中引入 Web 功能的起步依赖 spring-boot-starter-web、JWT 的依赖 spring-security-jwt、OAuth2 的依赖 spring-security-oauth2、数据库连接依赖 mysql-connector-java、JPA 的起步依赖 spring-boot-starter-data-jpa、Eureka 的起步依赖 spring-cloud-starter-eureka 和声明式调用 Feign 和 Hystrix 的起步依赖。user-service 工程的 pom 文件代码如下：

```xml
<parent>
        <groupId>com.forezp</groupId>
        <artifactId>cloud-oauth2-jwt</artifactId>
        <version>1.0-SNAPSHOT</version>
</parent>
<dependencies>
        <dependency>
            <groupId>org.springframework.boot</groupId>
            <artifactId>spring-boot-starter-web</artifactId>
        </dependency>
        <dependency>
        <groupId>org.springframework.security</groupId>
        <artifactId>spring-security-jwt</artifactId>
    </dependency>
    <dependency>
            <groupId>org.springframework.security.oauth</groupId>
            <artifactId>spring-security-oauth2</artifactId>
    </dependency>
        <dependency>
```

```xml
        <groupId>org.springframework.boot</groupId>
        <artifactId>spring-boot-starter-data-jpa</artifactId>
    </dependency>

    <dependency>
        <groupId>mysql</groupId>
        <artifactId>mysql-connector-java</artifactId>
    </dependency>

    <dependency>
        <groupId>org.springframework.cloud</groupId>
        <artifactId>spring-cloud-starter-eureka</artifactId>
    </dependency>

    <dependency>
        <groupId>org.springframework.cloud</groupId>
        <artifactId>spring-cloud-starter-hystrix</artifactId>
    </dependency>
    <dependency>
        <groupId>org.springframework.cloud</groupId>
        <artifactId>spring-cloud-starter-feign</artifactId>
    </dependency>
</dependencies>
```

2. 配置文件 application.yml

在工程的配置文件 application.yml 中，配置程序名为 user-service，端口号为 9090，服务的注册地址为 http://localhost:8761/eureka/，以及连接的数据库的地址、用户名、密码和 JPA 的相关配置。另外，需要配置 feign.hystrix.enable 为 true，即开启 Feign 的 Hystrix 功能。完整的配置代码如下：

```yml
server.port: 9090

eureka:
  client:
    serviceUrl:
      defaultZone: http://localhost:8761/eureka/
spring:
  application:
    name: user-service
  datasource:
    driver-class-name: com.mysql.jdbc.Driver
    url: jdbc:mysql://localhost:3306/spring-cloud-auth?useUnicode=true&characterEncoding=utf8&characterSetResults=utf8
    username: root
```

```yaml
    password: 123456
  jpa:
    hibernate:
      ddl-auto: update
    show-sql: true
feign:
  hystrix:
    enabled: true
```

3. 配置 Resource Server

在配置 Resource Server 之前,需要注入 JwtTokenStore 类型的 Bean。建一个 JwtConfig 类,加上 @Configuration 注解,开启配置文件的功能。JwtTokenStore 类型的 Bean 需要配置一个 JwtAccessTokenConverter 类型的 Bean,该 Bean 用作 JWT 转换器。JwtAccessTokenConverter 需要设置 VerifierKey,VerifierKey 为公钥,存放在 Resource 目录下的 public.cert 文件中。JwtConfig 类的代码如下:

```java
@Configuration
public class JwtConfig {
    @Autowired
    JwtAccessTokenConverter jwtAccessTokenConverter;

    @Bean
    @Qualifier("tokenStore")
    public TokenStore tokenStore() {
        return new JwtTokenStore(jwtAccessTokenConverter);
    }

    @Bean
    protected JwtAccessTokenConverter jwtTokenEnhancer() {
        JwtAccessTokenConverter converter =  new JwtAccessTokenConverter();
        Resource resource = new ClassPathResource("public.cert");
        String publicKey ;
        try {
           publicKey = new String(FileCopyUtils.copyToByteArray(resource.getInputStream()));
        } catch (IOException e) {
           throw new RuntimeException(e);
        }
        converter.setVerifierKey(publicKey);
        return converter;
    }
}
```

然后配置 Resource Server,新建一个 ResourceServerConfig 的类,该类继承了 ResourceServerConfigurerAdapter 类,在 ResourceServerConfig 类上加@EnableResourceServer 注解,开启 Resource Server 功能。作为 Resource Server,需要配置 HttpSecurity 和 ResourceServerSecurity-

Configurer 这两个选项。HttpSecurity 配置了哪些请求需要验证，哪些请求不需要验证。在本案例中，"/user/login"（登录）和"/user/register"（注册）两个 API 接口不需要验证，其他请求都需要验证。ResourceServerSecurityConfigurer 需要配置 tokenStore，tokenStore 为之前注入 IoC 容器中的 tokenStore。代码如下：

```java
@Configuration
@EnableResourceServer
public class ResourceServerConfig extends ResourceServerConfigurerAdapter{
    @Autowired
    TokenStore tokenStore;
    @Override
    public void configure(HttpSecurity http) throws Exception {
        http
                .csrf().disable()
                .authorizeRequests()
                .antMatchers("/user/login","/user/register").permitAll()
                .antMatchers("/**").authenticated();
    }
    @Override
    public void configure(ResourceServerSecurityConfigurer resources) throws Exception {
        resources.tokenStore(tokenStore);
    }
}
```

4. 配置 Spring Security

新建一个配置类 GlobalMethodSecurityConfig，在此类中通过@EnableGlobalMethodSecurity (prePostEnabled = true)注解开启方法级别的安全验证，代码如下：

```java
@Configuration
@EnableGlobalMethodSecurity(prePostEnabled = true)
public class GlobalMethodSecurityConfig {
}
```

5. 编写用户注册接口

这里用到了 User 和 Role 两个实体类，这两个类的代码和 13.3.4 节是一样的，在此不再重复。Dao 层的 UserDao 类继承了 JpaRepository 类，并有一个根据用户名获取用户的方法，代码如下：

```java
public interface UserDao extends JpaRepository<User, Long> {
    User findByUsername(String username);
}
```

Service 层的 UserService 写一个插入用户的方法，代码如下：

```java
@Service
public class UserServiceDetail {
```

```java
@Autowired
private UserDao userRepository;
public User insertUser(String username,String  password){
   User user=new User();
   user.setUsername(username);
   user.setPassword(BPwdEncoderUtil.BCryptPassword(password));
   return userRepository.save(user);
 }
}
```

在 UserServiceDetail 类中使用到了工具类 BPwdEncoderUtil，其中 BCryptPasswordEncoder 是 Spring Security 的加密类，BPwdEncoderUtil 类的代码如下：

```java
public class BPwdEncoderUtil {
   private static final BCryptPasswordEncoder encoder = new BCryptPasswordEncoder();
   public static String  BCryptPassword(String password){
      return encoder.encode(password);
   }
   public static boolean matches(CharSequence rawPassword, String encodedPassword){
      return encoder.matches(rawPassword,encodedPassword);
   }
}
```

在 Web 层，在 UserController 中写一个注册的 API 接口 "/user/register"，代码如下：

```java
@RestController
@RequestMapping("/user")
public class UserController {
   @Autowired
   UserServiceDetail userServiceDetail;
   @PostMapping("/register")
   public User postUser(@RequestParam("username") String username ,@RequestParam("password") String password){
       …//参数判断，省略
       return userServiceDetail.insertUser(username,password);
   }
```

启动所有的工程，使用 Curl 注册一个账号，代码如下：

```
curl -X POST -d "username=miyaa&password=123456" "localhost:9090/user/register"
```

返回结果为：

```
{"id":6,"username":"miyya","password":"$2a$10$d.ETlomhatNDxO4Olhx9C.qa6dviEEVeAZ9RsUHbqYWp4jnPCdVYK","authorities":null,"enabled":true,"accountNonExpired":true,"accountNonLocked":true,"credentialsNonExpired":true}
```

6. 编写用户登录接口

在 Service 层中，在 UserServiceDetail 中添加一个 login（登录）方法，代码如下：

```
@Service
public class UserServiceDetail {
    @Autowired
    private UserDao userRepository;
    @Autowired
AuthServiceClient client;
    public UserLoginDTO login(String username,String password){
        User user=userRepository.findByUsername(username);
        if (null == user) {
          throw new UserLoginException("error username");
        }
        if(!BPwdEncoderUtil.matches(password,user.getPassword())){
           throw new UserLoginException("error password");
        }
           JWT jwt=client.getToken("Basic dXNlcilzZXJ2aWNlOjEyMzQ1Ng== ","password",
username,password);
           if(jwt==null){
           throw new UserLoginException("error internal");
        }
        UserLoginDTO userLoginDTO=new UserLoginDTO();
        userLoginDTO.setJwt(jwt);
        userLoginDTO.setUser(user);
        return userLoginDTO;
    }
}
```

其中,AuthServiceClient 为 Feign 的客户端,所以需要程序的启动类 UserServiceApplication 通过@EnableFeignClients 开启 Feign 客户端的功能,代码如下:

```
@EnableFeignClients
@SpringBootApplication
@EnableEurekaClient
public class UserServiceApplication {
    public static void main(String[] args) {
        SpringApplication.run(UserServiceApplication.class, args);
    }
}
```

AuthServiceClient 通过向 uaa-service 服务远程调用 "/oauth/token" API 接口,获取 JWT。在 "/oauth/token" API 接口中需要在请求头传入 Authorization 信息,并需要传请求参数认证类型 grant_type、用户名 username 和密码 password,代码如下:

```
@FeignClient(value = "uaa-service",fallback =AuthServiceHystrix.class )
public interface AuthServiceClient {

    @PostMapping(value = "/oauth/token")
```

```
    JWT getToken(@RequestHeader(value = "Authorization") String authorization, @Reques
tParam("grant_type") String type,
            @RequestParam("username") String username, @RequestParam("password")
String password);

}
```

其中，AuthServiceHystrix 为 AuthServiceClient 的熔断器，代码如下：

```
@Component
public class AuthServiceHystrix implements AuthServiceClient {
    @Override
    public JWT getToken(String authorization, String type, String username, String
password) {
        return null;
    }
}
```

JWT 为一个 JavaBean，它包含了 access_token、token_type 和 refresh_token 等信息，代码如下：

```
public class JWT {
    private String access_token;
    private String token_type;
    private String refresh_token;
    private int expires_in;
    private String scope;
    private String jti;
    …//省略了 getter、setter
}
```

UserLoginDTO 包含了一个 User 和一个 JWT 对象，用于返回数据的实体：

```
public class UserLoginDTO {
    private JWT jwt;
    private User user;
    …//省略了 getter、setter
}
```

登录异常类 UserLoginException，继承自 RuntimeException，定义了一个构造方法，代码如下：

```
public class UserLoginException extends RuntimeException{
    public UserLoginException(String message) {
        super(message);
    }
}
```

异常统一处理类为 ExceptionHandle 类，在该类中加上@ControllerAdvice 注解表明该类是一个异常统一处理类。通过@ExceptionHandler 注解配置了统一处理 UserLoginException 类的异常方法，统一返回了异常的 message 信息，代码如下：

```
@ControllerAdvice
@ResponseBody
public class ExceptionHandle {
    @ExceptionHandler(UserLoginException.class)
    public ResponseEntity<String> handleException(Exception e) {
        return new ResponseEntity(e.getMessage(), HttpStatus.OK);
    }
}
```

在 Web 层的 UserController 类写一个登录的 API 接口 "/user/login"，代码如下：

```
@RestController
@RequestMapping("/user")
public class UserController {
    @Autowired
    UserServiceDetail userServiceDetail;
    @PostMapping("/login")
    public UserLoginDTO login(@RequestParam("username") String username, @RequestParam("password") String password){
        ….//参数判断，省略
        return userServiceDetail.login(username,password);
    }
}
```

在 "/user/login" API 接口中，需要的请求参数为用户名和密码。首先会根据用户名查询数据库，获取用户，如果用户存在，判断密码是否正确。如果密码正确，通过 Feign 客户端远程调用 uaa-service，获取 JWT，获取成功，将用户和 JWT 封装成 UserLoginDTO 对象返回。现在使用 Curl 调用登录 API 接口，执行命令如下：

```
curl user-service:123456@localhost:9999/oauth/token -d grant_type=password -d username=miyaa -d password=123456
```

命令执行成功后，返回了 User 信息和 JWT 的信息，由于 JWT 信息太长，在这里就不展示了。

7. 测试

编写一个 "/foo" 的 API 接口，该 API 接口需要 "Role_ADMIN" 权限才能访问，代码如下：

```
@RestController
@RequestMapping("/foo")
public class WebController {
    @RequestMapping(method = RequestMethod.GET)
    @PreAuthorize("hasAuthority('ROLE_ADMIN')")
```

```
    public String getFoo() {
        return "i'm foo, " + UUID.randomUUID().toString();
    }
}
```

以 username 为 "miyaa"，密码为 "123456" 登录，登录成功后返回了 JWT 对象，JWT 中有一个 access_token 的字符串。将该 Token 放在请求头重中进行请求，代码如下：

```
curl -l -H "Authorization:Bearer {access_token} " -X GET "localhost:9090/foo"
```

返回结果如下：

```
{"error":"access_denied","error_description":"不允许访问"}
```

从上面的返回信息可知，该用户没有权限访问该 API 接口。这是正常的，因为新注册的 "miyaa" 这个用户并没有 "Role_ADMIN" 权限。为了方便演示，现在给 "miyaa" 这个用户赋予 "Role_ADMIN" 的权限，直接在数据库中插入以下数据，数据库脚本如下：

```
INSERT INTO 'role' VALUES ('1', 'ROLE_USER'), ('2', 'ROLE_ADMIN');
INSERT INTO 'user_role' VALUES('6', '2');
```

插入数据后，重新登录并获取 access_token，重新请求 "/foo" API 接口，返回结果如下：

```
i'm foo, 84db63b5-bdd1-4326-855c-5d19ce0d5b89
```

可见，当给 "miyaa" 这个用户赋予 "Role_ADMIN" 权限之后，该用户具有访问 "/foo" API 接口的权限。

17.3 总结

在本案例中，用户通过登录接口来获取授权服务的 Token。用户获取 Token 成功后，在以后每次访问资源服务的请求中都需要携带该 Token。资源服务通过公钥解密 Token，解密成功后可以获取用户信息和权限信息，从而判断该 Token 所对应的用户是谁，具有什么权限。

这个架构的优点在于，一次获取 Token，多次使用，不再每次询问 Uaa 服务该 Token 所对应的用户信息和用户的权限信息。这个架构也有缺点，例如一旦用户的权限发生了改变，该 Token 中存储的权限信息并没有改变，需要重新登录获取新的 Token。就算重新获取了 Token，如果原来的 Token 没有过期，仍然是可以使用的，所以需要根据具体的业务场景来设置 Token 的过期时间。一种改进方式是将登录成功后获取的 Token 缓存在网关上，如果用户的权限更改，将网关上缓存的 Token 删除。当请求经过网关，判断请求的 Token 在缓存中是否存在，如果缓存中不存在该 Token，则提示用户重新登录。

第 18 章 使用 Spring Cloud 构建微服务综合案例

本章利用一个使用 Spring Cloud 构建微服务的综合案例对前面所有章节的内容进行整合和总结，这个案例也是我在实际工作中对 Spring Cloud 构建微服务内容的一个提炼。希望通过本章内容，为读者提供一整套使用 Spring Cloud 构建微服务的解决方案。

18.1 案例介绍

18.1.1 工程结构

本章采用 Maven 多 Module 工程的结构，一共有 10 个 Module 工程。其中有 9 个 Module 工程为微服务工程，这 9 个微服务工程构成了一个完整的微服务系统。微服务系统包含 7 个微服务系统的基础服务，提供了一整套微服务治理的功能，它们分别是配置中心 config-server、注册中心 eureka-server、授权中心 Uaa 服务 uaa-service、Turbine 聚合监控服务 monitor-service、聚合监控服务 admin-service、路由网关服务 gateway-service、日志服务 log-service。另外还包含了两个资源服务 user-service 和 blog-service，对外暴露 API 接口。除此之外，还有一个链路工程，使用 Jar 包的形式启动；一个 common 的 Module 工程，为资源服务提供基本的工具类。最后，在工程的目录下还有 3 个文件夹，sql 文件夹存放项目的 sql 文件，logs 文件夹存放项目的工程日志，respo 文件夹目录存放项目的配置文件。完整的项目结构如图 18-1 所示。

▲图 18-1 完整的项目结构

18.1.2 使用的技术栈

本案例使用到的技术栈如表 18-1 所示。其中，Spring Cloud Netflix 包括 Eureka、Hystrix、Hystrix Dashboard、Turbine、Ribbon 和 Zuul 组件，微服务系统提供了基本的服务治理功能。

Spring Cloud OAuth2 包括 Spring OAuth2 和 Spring Boot Security，为微服务系统提供了一套安全解决方案。Spring Cloud Sleuth 为微服务下系统提供了链路追踪的能力。Turbine 聚合了 Hystrix Dashboard，为微服务系统服务的熔断器提供了监控。Spring Boot Admin 是一个非常优秀的监控组件，为微服务提供一系列的监控能力。Feign 声明式调用组件，为微服务提供远程调度功能。本项目采用的数据库为 MySQL 数据库，采用的 ORM 框架为 Spring Data JPA。本项目的 API 接口文档采用了 Swagger2 框架生成在线 API 接口文档，API 接口采用 RESTful 风格。

表 18-1   案例中使用到的技术栈

使用的技术栈	技术栈说明
Eureka	服务注册和发现
Spring Cloud Config	分布式服务配置中心
Spring Cloud OAuth2	包括 Spring OAuth2 和 Spring Boot Security，为微服务提供一整套的安全解决方案
Feign	声明式服务调用，用于消费服务
Ribbon	负载均衡
Hystrix	熔断器
Hystrix Dashboard	熔断器仪表盘，用于监控熔断器的状况
Turbine	聚合多个 Hystrix Dashboard
Spring Cloud Sleuth	集成 Zipkin，用于服务链路追踪
Spring Boot Admin	聚合监控微服务的状况
Zuul	服务网关，用于服务智能路由、负载均衡
Spring Data JPA	数据库采用 MySQL，实体对象持久化采用 JPA
Swagger	API 接口文档组件
RESTful API	本案例的接口采用 RESTful 风格
RabbitMQ	消息服务器，用于发送日志消息

18.1.3 工程架构

本案例一共有 10 个微服务，每个服务各司其职，相互协作，构成了一个完整的微服务系统，工程的架构图如图 18-2 所示。

在这个系统中，所有的服务都向服务注册中心 eureka-server 进行服务注册。eureka-server 作为服务注册中心主要有两个好处，一是所有的服务都向服务注册中心注册，能够方便查看每个服务的状况、服务是否可用，以及每个服务有哪些服务实例；二是服务注册中心维护了一份服务注册列表，每个服务实例都能够获取服务注册列表，获取的注册列表可用于 Ribbon 的负载均衡，也可以用于 Zuul 的智能路由。

config-server 作为配置中心，所有服务的配置文件由 config-server 统一管理，config-server 可以从远程 Git 仓库读取，也可以从本地仓库读取。如果将配置文件放在远程仓库，配合 Spring Cloud Bus，可以在不人工重启服务的情况下，进行全局服务的配置刷新。

18.1 案例介绍

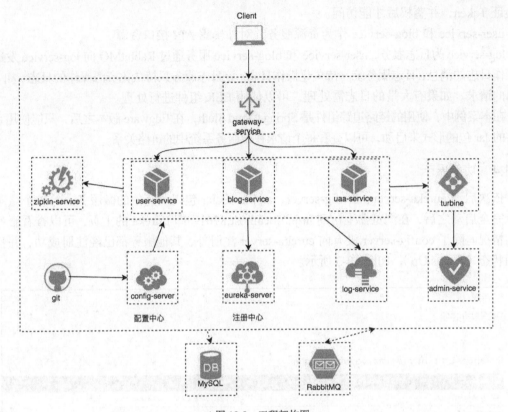

▲图 18-2 工程架构图

　　gateway-service 为网关服务，使用的是 Zuul 组件（也可以用 Gateway 组件），Zuul 组件可以实现智能路由、负载均衡的功能。gateway-service 作为一个边界服务，对外统一暴露 API 接口，其他的服务 API 接口只提供给内部服务调用，不提供给外界直接调用，这就很方便实现统一鉴权、安全验证的功能。有些读者可能会有疑惑，为什么在自己的电脑上运行微服务系统时可以直接访问内部微服务的 API 接口呢？这需要设置网络环境，例如配置防火墙，只允许外部请求访问微服务系统的 gateway-service 服务端口，其他的端口不对外开放。另外，可以通过 Docker 部署微服务，由于 Docker 采用沙盒原理，可以实现只允许内部服务调用，同时只暴露 gateway-service 服务的端口给外部调用。

　　turbine-service 聚合了 user-serice 和 blog-service 的 Hystrix Dashboard，可以查看这两个服务熔断器的监控状况。

　　admin-service 是一个 Spring Boot Admin Server 工程，提供了非常强大的服务监控功能，可以查看每个向 eureka-server 注册的服务的健康状态、日志、注册时间线等，并能够集成 Turbine。

　　uaa-service 集成了 Spring Cloud OAuth2，由这个服务统一授权，并返回 Token。其他的应用服务，例如 user-service 和 blog-service 作为资源服务，它们的 API 接口资源是受保护的，需要验证 Token，并鉴权后才能访问。

user-service 和 blog-service 作为资源服务，对外暴露 API 接口资源。

log-service 为日志服务，user-service 和 blog-service 服务通过 RabbitMQ 向 log-service 发送业务操作日志的消息，日志服务统一持久化操作日志。该日志服务只持久化资源操作的日志，如 API 接口的请求。如果有大量的日志需处理，可以使用 ELK 组件进行处理。

在本案例中，使用的链路追踪组件是 Spring Cloud Sluth，在 Edgware 版本之后，只能使用官方提供的 Jar 包的形式来启动，可以查看每个请求在微服务系统中的链路关系。

18.1.4　功能展示

依次启动 eureka-server、config-server、zipkin 的 Jar 包以及其他的微服务。等整个微服务系统完全启动之后，在浏览器上访问 http://localhost:8761，即 Eureka 的主页，可以查看服务注册的情况。除了 config-server 没有向 eureka-server 注册外，其他服务都已经注册成功，并且是可用状态（Status Up），如图 18-3 所示。

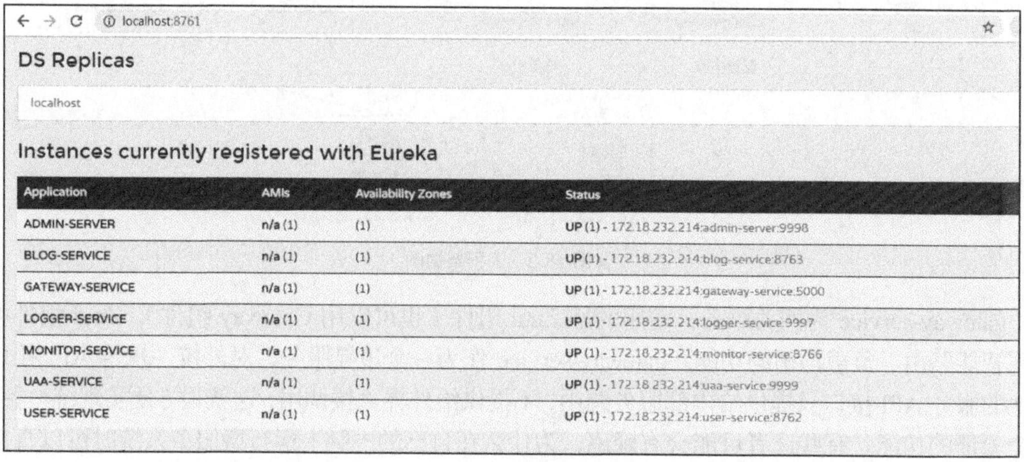

▲图 18-3　Eureka 主页

整个系统的 API 接口采用 RESTful 风格。REST 全称是 Representational State Transfer（表述状态转移），由 Roy Fielding 在其博士论文中首次提出。REST 本身没有创造新的技术、组件或服务，REST 的理念就是在现有的技术之上，更好地使用现有的 Web 规范。REST 能够很好地展现资源，每个资源都由 URI/ID 唯一标识，根据唯一标识，客户端可以更好地使用资源。

API 接口文档采用 Swagger2 框架生成在线文档。user-service 工程和 blog-service 工程中集成了 Swagger2，集成 Swagger2 只需要引入依赖，并做相关的配置，然后在具体的 Controller 上写注解，就可以实现 Swagger2 的在线文档功能。访问 user-service 的 Swagger2 主页 http://localhost:8762/swagger-ui.html，如图 18-4 所示，该界面显示了 user-service 的 UserController 的"/user/login"接口。

18.1 案例介绍

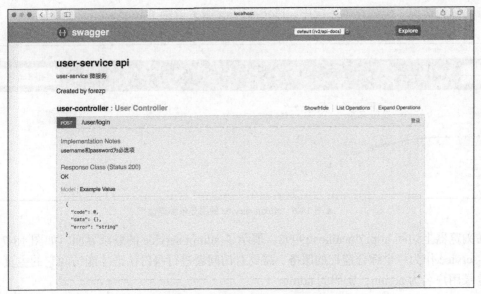

▲图 18-4　user-service 的 Swagger2 主页

访问 zipkin-service 的主页面 http://localhost:9411/，界面显示如图 18-5 所示。zipkin-service 工程集成了 Spring Cloud Sleuth 组件，该页面显示了服务的链路调用情况。可以根据不同的条件去搜索服务的链路调用情况，例如服务名、请求时长、调用时间等。

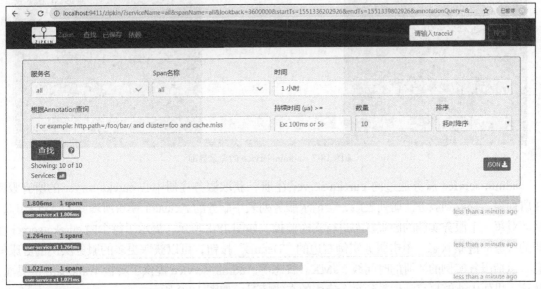

▲图 18-5　zipkin-service 主页

图 18-6 展示了服务的依赖情况。Spring Cloud Sleuth 通过服务的相互调用情况来判断服务

的依赖情况。在服务数量众多的情况下，服务的依赖比较复杂，通过这个界面可以很清楚地查看服务的依赖情况。例如在本系统中，blog-service 服务依赖了 user-service 服务。

▲图 18-6　zipkin-service 的服务依赖界面

在浏览器上访问 http://localhost:9998，展示了 admin-service 的登录界面，如图 18-7 所示。admin-service 作为一个综合监控的服务，需要对访问者进行身份认证才能访问它的主页，本案例的登录用户名为 admin，密码为 admin。

▲图 18-7　admin-service 的登录界面

admin-service 服务通过向 eureka-server 注册，获取服务注册中心 eureka-server 的所有服务注册列表。获取到服务注册列表后，会请求服务列表中服务的 Actuator 模块所暴露的 API 接口，从而对每一个服务实例的健康状态进行实时监控。如图 18-8 所示，展示了每个向 eureka-server 注册的服务的健康状态。单击服务实例右边的 "Details" 按钮，可以获取更多的服务实例的健康信息，包括服务实例的注册的时间线、JMX、日志等。admin-service 提供了看板 Wallboard 的界面，从这个界面中能够更直观地看到每个应用的在线情况，如图 18-9 所示。

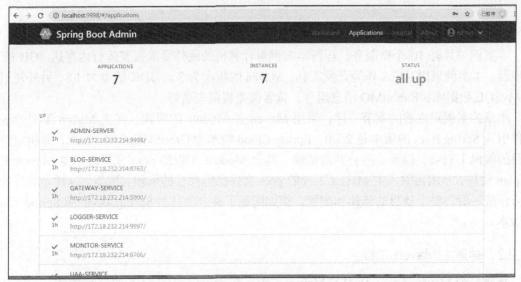

▲图 18-8　服务的注册状态

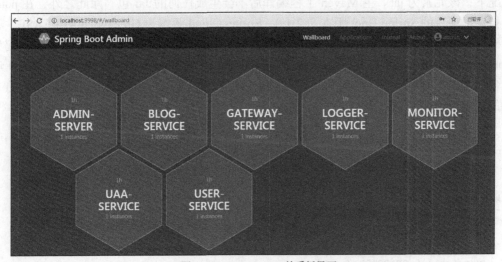

▲图 18-9　admin-service 的看板界面

18.2　案例详解

本案例是 Spring Cloud 构建微服务的综合样板案例，读者可以通过学习本案例来全面了解 Spring Cloud。本案例是作者在实际工作的一个总结，对实际开发有较高的参考价值，可以直接拿来应用，进行项目的开发。本案例的代码量较大，所以不会对所有的代码进行讲解，一是篇幅有限，二是很多代码与之前章节中的代码重复。读者可以下载源码，一边看源码，一边看本章内容来理解。有关源码下载，请到本书前言中关注我的公众号获取。

18.2.1 准备工作

本案例一共有 10 个微服务，运行本案例对计算机的硬件要求需要运行内存达 8GB 的 i5 处理器。本案例采用 IDEA 作为开发工具，Maven 的版本为 3.x，JDK 版本为 1.8。另外使用到了 MySQL 数据库、RabbitMQ 消息组件，读者需要提前安装好。

本章的案例跟之前的章节一样，采用 Maven 多 Module 的形式。在主 Maven 工程的 pom 文件引入 Spring Boot 的版本是 2.1.0、Spring Cloud 版本为 Greenwich.RELEASE，并指定整个项目的编码 UTF-8，以及一些公共的依赖。其余 Module 工程的 pom 文件继承主 Maven 工程的 pom 文件，不用再引入主 Maven 工程的 pom 文件已经存在的依赖和配置。这样做的好处就是方便统一管理整个项目的依赖和配置，例如配置了整个项目的 Spring Boot 和 Spring Cloud 的版本。

18.2.2 构建主 Maven 工程

新建一个 Maven 工程，作为主 Maven 工程，其 pom 文件的 packaging 元素为 pom，在默认情况下，该元素为 jar。主 Maven 工程编译后不会生成任何的 Jar 包。除此之外，在 pom 文件中指定了项目的 Spring Boot 版本为 2.1.0，Spring Cloud 版本为 Greenwich.RELEASE，项目的编码为 UTF-8。另外在 pom 文件中加上了整个项目的公共依赖、Spring Boot 测试的起步依赖 spring-boot-starter-test 和 Jolokia 的依赖 jolokia-core。其中，Jolokia 是一个利用 JSON 通过 Http 实现 JMX 远程管理的开源组件。在主 Maven 工程下有 10 个 Module 工程，完整的 pom 文件的代码如下：

```xml
<?xml version="1.0" encoding="UTF-8"?>
<project xmlns="http://maven.apache.org/POM/4.0.0"
     xmlns:xsi="http://www.w3.org/2001/XMLSchema-instance"
     xsi:schemaLocation="http://maven.apache.org/POM/4.0.0 http://maven.apache.org
/xsd/maven-4.0.0.xsd">
   <modelVersion>4.0.0</modelVersion>
   <groupId>com.forezp</groupId>
   <artifactId>SpringCloudInAction</artifactId>
   <version>1.0-SNAPSHOT</version>
   <packaging>pom</packaging>
   <modules>
      …//省略代码
   </modules>
   <parent>
      <groupId>org.springframework.boot</groupId>
      <artifactId>spring-boot-starter-parent</artifactId>
      <version>2.1.0.RELEASE</version>
      <relativePath/> <!-- lookup parent from repository -->
   </parent>
   <properties>
```

```xml
            <project.build.sourceEncoding>UTF-8</project.build.sourceEncoding>
            <project.reporting.outputEncoding>UTF-8</project.reporting.outputEncoding>
            <java.version>1.8</java.version>
            <spring-cloud.version>Greenwich.RELEASE</spring-cloud.version>
    </properties>
    <dependencies>
        <dependency>
            <groupId>org.springframework.boot</groupId>
            <artifactId>spring-boot-starter-test</artifactId>
            <scope>test</scope>
        </dependency>
        <dependency>
            <groupId>org.jolokia</groupId>
            <artifactId>jolokia-core</artifactId>
        </dependency>
    </dependencies>
    <dependencyManagement>
        <dependencies>
            <dependency>
                <groupId>org.springframework.cloud</groupId>
                <artifactId>spring-cloud-dependencies</artifactId>
                <version>${spring-cloud.version}</version>
                <type>pom</type>
                <scope>import</scope>
            </dependency>
            <dependency>
                <groupId>org.springframework.security</groupId>
                <artifactId>spring-security-jwt</artifactId>
                <version>1.0.9.RELEASE</version>
            </dependency>
            <dependency>
                <groupId>org.springframework.security.oauth</groupId>
                <artifactId>spring-security-oauth2</artifactId>
                <version>2.3.4.RELEASE</version>
            </dependency>
        </dependencies>
    </dependencyManagement>
</project>
```

18.2.3 构建 eureka-server 工程

eureka-server 作为服务注册中心，在 5.2 节已经详细讲解过，主要分为以下 3 个步骤。

（1）其 pom 文件继承了主 Maven 的 pom 文件，并且引入 Eureka Server 的起步依赖 spring-cloud-starter-eureka-server 、Web 的起步依赖 spring-boot-starter-web 。

（2）在其配置文件 application.yml 指定 eureka-server 的端口号为 8761，并不自注册，即配置 eureka.client.register-with-eureka 和 eureka.client.fetch-registry 为 false。配置文件 application.yml

代码如下:

```yaml
eureka:
  client:
    register-with-eureka: false
    fetch-registry: false
    serviceUrl:
      defaultZone: http://localhost:${server.port}/eureka/
```

（3）在程序的启动类 EurekaServerApplication 加上 @EnableEurekaServer 注解，开启 EurekaServer 的功能。

经过上述 3 步，eureka-server 就搭建好了。

Eureka Client 向 eureka-server 注册，也同样需要 3 步。一是在工程的依赖管理文件 pom 引入 spring-cloud-starter-eureka 的起步依赖，二是在配置文件 application.yml 配置服务注册中心的 Uri，三是在程序的入口类加上 @EnableEurekaClient，开启 Eureka Client 的功能。

18.2.4　构建 config-server 工程

本案例的所有服务的配置文件都放在 config-server 工程中统一管理。config-server 可以从本地仓库读取配置文件，也可以从远程 Git 仓库读取，本案例从本地仓库读取。

实现过程也很简单，需要完成以下的 3 个步骤。

（1）工程的 pom 文件继承了主 Maven 的 pom 文件，然后引入起步依赖 spring-cloud-config-server。

（2）在工程的配置文件 application.yml 中配置程序的端口号为 8769，程序名为 config-server；配置 spring.cloud.profiles.active 为 native，指定 config-server 从本地仓库读取配置文件。spring.cloud.config.server.native.search-locations 为 classpath:/shared，即指定 config-server 从本地 Resources/shared 目录下读取配置文件，这时就可以将其他服务的配置文件放在 Resources/shared 的目录下。

（3）在程序的启动 Aplication 类上加上注解 @EnableConfigServer，开启 ConfigServer 的功能。

需要注意的是，其他服务的配置文件的命名格式是{applicationName}-{activeProfile}.yml。例如，user-service 服务的 applicationName 为 user-service，它的 activeProfile 为 pro，那么在配置服务中的配置文件命名为 user-service-pro.yml 或者 user-service-pro.properties。另外，所有的服务可以共享一个公共的配置文件，在 Resources/shared 中创建一个 application.yml 配置文件，作为所有服务共享的配置文件。

作为 Config Client 从 config-server 读取配置文件，需要在工程的 pom 文件中引入 config 的起步依赖 spring-cloud-starter-config，并在 application.yml 做相关配置。现在以 user-service 服务为例来讲解，它的配置文件 application.yml 代码如下：

```yaml
spring:
  application:
```

```yaml
      name: user-service
    cloud:
      config:
        uri: http://localhost:8769
        fail-fast: true
    profiles:
      active: pro
```

该配置文件指定了程序名为 user-service，activeProfile 为 pro，从 Uri 为 http://localhost:8769 的 Config Server 读取服务的配置文件，配置文件名为 user-service-pro.yml。并且设置了 fail-fast 属性为 true，即如果读取配置文件不成功，实行快速失败的策略。

18.2.5 构建 Zipkin 工程

在微服务系统中，服务的调用链路关系会很复杂。这时需要在项目中集成 Spring Cloud Sleuth，方便查看服务的链路调用关系。Spring Cloud Sleuth 很容易地集成 Zipkin，Zipkin 分为 Zipkin Server 和 Zipkin Client。

Spring Cloud 在 Edgware 版本之后，只提供 Jar 包的形式启动 Zipkin Server，所以需要在官方下载 Zipkin Server 的最新 Jar 包，或在本案例提供的源码中下载。可以执行以下脚本从官网直接下载：

```
curl -sSL https://zipkin.io/quickstart.sh | bash -s
```

本案例使用 Rabbitmq 来传递链路数据，启动命令如下：

```
RABBIT_ADDRESSES=localhost  java -jar zipkin.jar
```

在本案例中，user-service 和 blog-service 作为 Zipkin Client，那么如何实现一个 Zipkin Client 呢？只需要两步，一是在工程的 pom 文件中引入 Zipkin 的起步依赖 pring-cloud-starter-zipkin 和 Sleuth 的起步依赖 spring-cloud-starter-sleuth，代码如下：

```xml
<dependency>
  <groupId>org.springframework.cloud</groupId>
  <artifactId>spring-cloud-starter-sleuth</artifactId>
</dependency>
<dependency>
    <groupId>org.springframework.cloud</groupId>
    <artifactId>spring-cloud-starter-zipkin</artifactId>
</dependency>
```

二是需要在配置文件 application.yml 中指定 Zipkin Server 的 Url，本案例的 Zipkin Server 的 Url 为 http://localhost:9411，并启动 Sleuth 的 Web 收集链路数据功能，收集的比例为 100%。

```yaml
spring:
  zipkin:
```

```
      base-url: http://localhost:9411/
    sleuth:
      web:
        client:
          enabled: true
      sampler:
        probability: 1.0
```

18.2.6 构建 monitoring-service 工程

monitoring-service 工程集成了 Turbine 组件,用于聚合多个 Hystrix Dashboard。Hystrix Dashboard 是监控 Hystrix 熔断器状况的组件。在本案例中,user-service 和 blog-service 集成了 Hystrix Dashboard,monitoring-service 的功能就是将这两个工程 Hystrix Dashboard 聚合在一起。

如何在 monitoring-service 工程中集成 Turbine 呢?

首先,需要在 monitoring-service 工程的 pom 文件中引入 Turbine 的起步依赖 spring-cloud-starter-turbine,代码如下:

```
<dependency>
    <groupId>org.springframework.cloud</groupId>
    <artifactId>spring-cloud-starter-turbine</artifactId>
</dependency>
```

然后需要在程序的入口类 MonitorServiceApplication 加上注解 @EnableTurbine,开启 Turbine 的功能。

最后在工程的配置文件 application.yml(本案例的配置文件存放在 config-server 的 Resources/shared 目录下,本工程在 config-server 中对应的配置文件为 monitoring-service-pro,其他服务也类似,就不再说明)上做相关的配置。配置 turbine.aggregator.clusterConfig 为默认,即聚合监控的集群配置为 default。turbine.appConfig 选项配置了聚合 Hystrix Dashboard 的服务名,本案例中聚合了 user-service 和 account-service 服务。在 clusterConfig 为默认的情况下,turbine.clusterNameExpression 也填写默认的即可。配置文件 application.yml 的代码如下:

```
turbine:
  app-config: blog-service,user-service
  aggregator:
    clusterConfig: default
  clusterNameExpression: new String("default")
  combine-host: true
  instanceUrlSuffix:
      default: actuator/hystrix.stream
```

下面来讲解如何在微服务中使用集成 Hystrix 和 Hystrix Dashboard。在本案例中,user-service 和 blog-service 集成了这两个组件,现以 user-service 为例来讲解。

Hystrix 提供了熔断器功能,主要用于服务与服务之间的调用,它有快速失败、服务降级的功能。某个服务出现故障时，Hystrix 能够让调用这个服务的其他服务快速失败，防止了线程阻塞导致的线程资源耗尽情况，也防止了微服务系统中的"雪崩"效应的产生。所以，Hystrix 在微服务系统中具有非常重要的作用。

Hystrix Dashboard 为监控 Hystrix 熔断器状况的组件，能够实时查看熔断器的状况，例如熔断器是否开启、关闭等。

本案例中使用的服务的调用框架为 Feign，Feign 默认集成了 Hystrix。在 Dalston 版本中，Feign 的 Hystrix 是默认不开启的，需要在工程的配置文件 application.properties 加上 feign.hystrix.enable=true 的配置。

下面以具体代码来详细讲解。首先在工程的 pom 文件中引入依赖，包括 Feign、Hystrix-Dashboard 和 Hystrix 的起步依赖，代码如下：

```xml
<dependency>
    <groupId>org.springframework.cloud</groupId>
    <artifactId>spring-cloud-starter-openfeign</artifactId>
</dependency>
<dependency>
    <groupId>org.springframework.cloud</groupId>
    <artifactId>spring-cloud-starter-hystrix-dashboard</artifactId>
</dependency>
<dependency>
    <groupId>org.springframework.cloud</groupId>
    <artifactId>spring-cloud-starter-hystrix</artifactId>
</dependency>
```

然后在程序的启动类 UserServiceApplication 加上@EnableFeignClients、@EnableHystrix-Dashboard 和@EnableHystrix，分别开启了 FeignClients、HystrixDashboard 和 Hystrix 的功能。

最后需要在工程的配置文件 application.yml 中加上 Feign，开启 Hystrix 的配置，配置代码如下：

```yaml
feign:
  hystrix:
    enabled: true
```

在 user-service 服务中需要调用 uaa-service 的服务来获取 JWT。在 AuthServiceClient 接口上通过@FeignClient 注解来声明一个 FeignClient，注解的 value 为服务名（如本案例的 uaa-service），fallback 为熔断器的熔断处理类（如本案例的 AuthServiceHystrix 类）。代码如下：

```java
@FeignClient(value = "uaa-service",fallback =AuthServiceHystrix.class )
public interface AuthServiceClient {

    @PostMapping(value = "/oauth/token")
    JWT getToken(@RequestHeader(value = "Authorization") String authorization, @RequestParam("grant_type") String type,
```

```
        @RequestParam("username") String username, @RequestParam("password")
    String password);
}
```

AuthServiceHystrix 类需要实现 AuthServiceClient 接口，并且将该类以 Bean 的形式注入 Spring IoC 容器中，代码如下：

```
@Component
public class AuthServiceHystrix implements AuthServiceClient {
    @Override
    public JWT getToken(String authorization, String type, String username,
    String password) {
        System.out.println("--------opps getToken hystrix---------");
        return null;
    }
}
```

这样，一个具有 Feign 功能、熔断器功能和熔断器仪表盘（Hystrix Dashboard）功能的客户端就搭建好了。

18.2.7　构建 uaa-service 工程

在本案例中，采用 Spring Cloud OAuth2 来进行权限和安全的认证。关于如何使用 Spring Cloud OAuth2 进行鉴权和认证，在第 16 章和第 17 章中已经详细介绍过，这里不再重复。

案例中有 3 个角色，一是客户端，例如浏览器；二是资源服务器，例如 user-service 和 blog-service，它们的某些资源是被保护起来的，需要认证通过才能访问；三是授权服务，例如 uaa-service，它负责给用户颁发 JWT。案例中 uaa-service 模块的架构图和流程如图 18-10 所示。

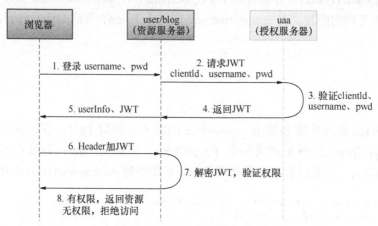

▲图 18-10　uaa-service 模块的架构图

（1）首先，浏览器请求 user-service 的登录接口（登录接口不设置权限认证），将用户名和密码传给 user-service。user-service 根据用户名查询数据库获取用户信息，并进行密码的判断。

18.2 案例详解

（2）用户密码判断准确无误后，通过 Feign 远程调用 uaa-service 获取 Token，需要传 clientId（和 uaa 服务设置一致的 clientId）、用户名、密码。

（3）uaa-service 接收到请求之后，会判断请求传的参数 clientId、用户名和密码的正确性。

（4）判断上一步请求参数准备无误后，uaa-service 根据配置的策略返回 JWT 给 user-service。JWT 是通过 RSA 加密的，它包含了用户名、权限信息和过期时间等。

（5）user-service 获取到 JWT 之后，连同用户信息一起返回给浏览器。

（6）当浏览器需要访问有权限认证的资源服务时，需要在请求的 Header 中加参数名"Authorization"和参数值为"Beare {Token}"。

（7）资源服务器通过用 Spring MVC 的拦截器对请求进行拦截，将 Header 中的 Token 取出，用公钥解密 Token，解密之后能够得到该 Token 包含的用户信息和权限信息，从而进行权限认证。

（8）当该 Token 对应的用户有权限访问该资源，资源服务器会返回该资源；若没有权限，则返回没有权限访问该资源。

在实际开发中，读者可能会遇到这样的需求，例如某个请求如何才能根据 Token 来获取当前的用户。这在第 17 章中没有讲述，特在此补充。在项目中，我封装了一个当前请求获取用户、权限、Token 的一个 UserUtils 类，部分代码如下：

```java
public class UserUtils {
    /**
     * 获取当前请求的用户
     * @return
     */
    public static String getCurrentPrinciple() {
        return (String) SecurityContextHolder.getContext().getAuthentication().getPrincipal();
    }

    /**
     * 获取当前请求的 token
     * @return
     */
    public static String getCurrentToken() {
        return HttpUtils.getHeaders(HttpUtils.getHttpServletRequest()).get(AUTHORIZATION);
    }

    /**
     * 获取当前请求的权限信息
     * @return
     */
    public static List<SimpleGrantedAuthority> getCurrentAuthorities() {
        return (List<SimpleGrantedAuthority>) SecurityContextHolder.getContext().getAuthentication().getAuthorities();
```

```
    }
}
```

18.2.8 构建 gateway-service 工程

gateway-service 作为路由网关工程，集成了 Spring Cloud Zuul 组件。Spring Cloud Zuul 有路由转发、过滤、鉴权的功能。本案例只使用到了路由转发的功能。

在工程中实现 Zuul 的路由转发功能，需要以下 3 个步骤。

（1）在工程的 pom 文件引入 Zuul 的起步依赖 spring-cloud-starter-netflix-zuul，代码如下：

```
<dependency>
    <groupId>org.springframework.cloud</groupId>
    <artifactId>spring-cloud-starter-netflix-zuul</artifactId>
</dependency>
```

（2）在程序的启动类 GatewayServiceApplication 加上@EnableZuulProxy，开启 Zuul 的代理功能。

（3）在程序的配置文件 application.yml 中做相关的配置，配置代码如下：

```yaml
zuul:
  host:
    connect-timeout-millis: 20000
    socket-timeout-millis: 20000
  routes:
    user-service:
      path: /userapi/**
      serviceId: user-service
      sensitiveHeaders:
    blog-service:
      path: /blogapi/**
      serviceId: blog-service
      sensitiveHeaders:
server:
  port: 5000
```

在上述的配置文件 application.yml 中配置了程序的端口号为 5000；配置 zuul.host.connect-timeout-millis 为 20000 毫秒，即 Zuul 连接的超时时间为 20 秒；配置 zuul.host.socket-timeout-millis 为 20000 毫秒，即 socket 的连接超时时间为 20 秒。另外配置了以 "serapi/**" 开头的请求都转发到 user-service，以 "/blogapi/**" 开头的请求都转发到 blog-service，最后配置 sensitiveHeaders 为空。

读者可能会有疑问，sensitiveHeaders 这个配置是做什么的呢？sensitiveHeaders 直接翻译为敏感的头部信息。那为什么要将 sensitiveHeaders 设置为空呢？带着这些疑问，我查阅了源码，源码在 ZuulProperties 类，我截取了 sensitiveHeaders 的如下部分源码：

```
/**
*List of sensitive headers that are not passed to downstream requests.
*/
private Set<String> sensitiveHeaders = new LinkedHashSet<>(
            Arrays.asList("Cookie", "Set-Cookie", "Authorization"));
```

sensitiveHeaders 为 LinkedHashSet 集合，里面默认存储了"Cookie""Set-Cookie"和"Authorization"。由上面的注释可知，敏感头部是不被通过的，即 Zuul 将请求路由转发到其他服务时，会将敏感头部信息去掉。在本案例中，在 Header 中加入的 Token 是以"Authorization"作为 key，以"Bearer {token}"为 value 的方式加入的。如果 sensitiveHeaders 采用默认配置，Zuul 会将 Header 的"Authorization"值去掉，然后将请求转发给其他服务。到达其他服务的请求由于 Zuul 将 Header 中的 Token 去掉了，所以无法鉴权该请求，该请求会被驳回，提示无权限访问该资源。

18.2.9　构建 admin-service 工程

admin-service 工程集成了 Spring Boot Admin Server，该工程需要向 Eureka Server 注册，获取 Eureka Server 的注册列表信息。获取注册列表信息后，Spring Boot Admin Server 会请求注册列表信息中服务 Actuator 的 API 接口，从而获取这些服务的监控信息。所以，所有向 Eureka Server 注册的其他服务需要加上 Actuator 起步依赖 spring-boot-starter-actuator，Spring Boot 版本为 1.5x。Actuator 开启了安全验证，在本案例中将安全验证关闭，也就是将 management.security.enabled 设置为 false。

另外，在项目中使用了 JMX-bean 的管理功能，需要引入 Jolokia 的依赖。如果需要进行日志管理，要在工程的 Resources 目录下加上 logback-spring.xml 的配置，配置代码如下：

```
<?xml version="1.0" encoding="UTF-8"?>
<configuration>
    <include resource="org/springframework/boot/logging/logback/base.xml"/>
    <jmxConfigurator/>
</configuration>
```

Spring Boot Admin Server 支持安全登录，需要引入 Spring Security 的起步依赖 spring-boot-starter-security。然后需要在工程做 WebSecurity 的配置，这些配置在第 14 章已经详细讲解过，就不再重复。

关于 Spring Boot Admin，在第 14 章已经做了完整的案例讲解，读者可以参考第 14 章。另外也可以到 GitHub 中搜索"spring-boot-admin"，参考官方文档。

18.2.10　构建 user-service 工程

在本案例中，user-service 作为资源服务，直接对外提供 API 接口资源，user-service 具有以下角色或者能力。

- 作为 Eureka Client，向 eureka-server 服务注册中心注册。
- 作为 Config Client，从 config-server 读取配置文件。
- 作为 Zipkin Client，上传链路追踪数据给 Zipkin Server。
- 作为 Spring Boot Admin Client，Spring Boot Admin Server 会定期检查 user-service 的健康状态。
- 作为资源服务器，user-service 的大部分资源需要鉴权，才能访问。
- user-service 用 Feign 作为声明式调用框架，并启动了 Hystrix 熔断器，集成了 Hystrix Dashboard 组件。
- 集成了在线 API 文档框架 Swagger2，采用 RESTful 风格的 API 设计。
- 用 MySQL 作为数据库，并用 JPA 作为 ORM 框架。

大部分的基础服务，包括 eureka-server、config-server、admin-service、zipkin-service、monitor-service、uaa-service、gateway-service，最终都是要为资源服务（例如 user-service）提供服务治理的能力。这些能力包括服务注册、分布式配置、监控、链路追踪、负载均衡、熔断、路由转发、权限认证等，构成了一个完善的服务治理系统。而资源服务对外直接提供资源，例如 API 资源、静态资源等。

在 user-service 中，一共有 3 个 API 接口，包括"/user/registry"（注册）、"/user/login"（登录）、"/user/{username}"（根据用户名获取用户信息），整体的 API 接口设计采用 RESTful 风格。下面以登录接口为例来做详细说明。

新建一个 UserController 的类，在该类上加@RestController 注解，开启 RestController 功能，加上@RequestMapping("/user")注解，配置了 UserController 类整体的 Url 映射为"/user"。在 UserController 类里面有一个登录的接口 "/user/login"。在接口的方法上加@ApiOperation，该注解为 Swagger2 生成 API 文档的注解，其中 value 为 API 接口的名称，notes 为 API 接口的说明。在接口的方法上加@PostMapping("/login")注解，表明该接口为 Post 类型的请求，Url 映射为"/login"。@RequestParam 注解为 API 接口所需的参数的注解，在"/user/login"需要传 username 和 password 两个参数。登录接口的具体代码如下：

```
@RestController
@RequestMapping("/user")
public class UserController {
    @ApiOperation(value = "登录", notes = "username 和 password 为必选项")
    @PostMapping("/login")
    public RespDTO login(@RequestParam String username , @RequestParam String password){
        ….//参数判断，省略
      return   userService.login(username,password);
    }
}
```

其中，UserService 为具体登录的逻辑，首先用 UserDao 根据 username 获取用户。如果用户不存在，抛出异常，则提示用户不存在；如果用户存在，校验密码的正确性。如果密码正确，通过 AuthServiceClient 远程调用 uaa-service，获取 JWT，获取 JWT 成功后，将 JWT 封装在 LoginDTO 中。

```java
@Service
public class UserService {
    @Autowired
    UserDao userDao;
    @Autowired
    AuthServiceClient authServiceClient;
    public RespDTO login(String username , String password){
        User user= userDao.findByUsername(username);
        if(null==user){
            throw new CommonException(ErrorCode.USER_NOT_FOUND);
        }
        if(!BPwdEncoderUtils.matches(password,user.getPassword())){
            throw new CommonException(ErrorCode.USER_PASSWORD_ERROR);
        }
         JWT jwt = authServiceClient.getToken("Basic dWFhLXNlcnZpY2U6MTIzNDU2", "password", username, password);
        // 获得用户菜单
        if(null==jwt){
            throw new CommonException(ErrorCode.GET_TOKEN_FAIL);
        }
        LoginDTO loginDTO=new LoginDTO();
        loginDTO.setUser(user);
        loginDTO.setToken(jwt.getAccess_token());
        return RespDTO.onSuc(loginDTO);
    }
}
```

RespDTO 为 API 接口返回数据的统一封装类。CommonException 为自定义的 Runtime 类异常，CommonException 会被异常处理器 CommonExceptionHandler 统一处理，异常统一处理的代码如下：

```java
@ControllerAdvice
@ResponseBody
public class CommonExceptionHandler {
    @ExceptionHandler(CommonException.class)
    public ResponseEntity<RespDTO> handleException(Exception e) {
        RespDTO resp = new RespDTO();
        CommonException taiChiException = (CommonException) e;
        resp.code = taiChiException.getCode();
        resp.error = e.getMessage();
        return new ResponseEntity(resp, HttpStatus.OK);
```

        }
    }

18.2.11 构建 blog-service 工程

blog-service 的功能和 user-service 的功能类似，作为资源服务，对外暴露 API 接口。在本案例中，一共有 3 个 API 接口，分别为 "/blog"（发布微博）、"/blog/{username}"（获取某个用户的所有微博）、"/blog/{id}/detail"（获取某条微博的详细信息，包括发布者的详细信息）。现在以获取某条微博的详细信息的 API 接口为例来进行案例详解。其中，这个 API 接口的 Controller 层的代码如下：

```java
@RestController
@RequestMapping("/blog")
public class BlogController {
    @Autowired
    BlogService blogService;

    @ApiOperation(value = "获取博文的详细信息", notes = "获取博文的详细信息")
    @PreAuthorize("hasAuthority('ROLE_USER')")
    @GetMapping("/{id}/detail")
    public RespDTO getBlogDetail(@PathVariable Long id){
            return RespDTO.onSuc(blogService.findBlogDetail(id));
        }
}
```

在 Service 层中，首先根据 id 去数据库查询 Blog，如果该 id 对应的 Blog 存在，就通过远程调度 user-service，获取 Blog 发布者的详细信息，代码如下：

```java
public BlogDetailDTO findBlogDetail(Long id) {
        Blog blog = blogDao.findOne(id);
        if (null == blog) {
            throw new CommonException(ErrorCode.BLOG_IS_NOT_EXIST);
        }
        RespDTO<User> respDTO = userServiceClient.
        getUser(UserUtils.getCurrentToken(), blog.getUsername());
        if (respDTO==null) {
            throw new CommonException(ErrorCode.RPC_ERROR);
        }
        BlogDetailDTO blogDetailDTO = new BlogDetailDTO();
        blogDetailDTO.setBlog(blog);
        blogDetailDTO.setUser(respDTO.data);
        return blogDetailDTO;
    }
```

18.2.12 构建 log-service 工程

log-service 为日志收集的服务，该服务只收集一些比较重要的日志，并进行持久化，持久化的数据库为 MySQL。日志服务架构如图 18-11 所示。

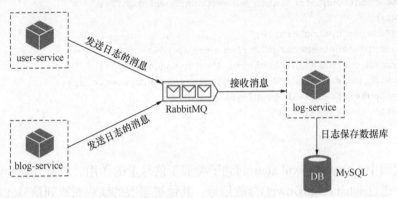

▲图 18-11　日志架构图

在日志服务的架构中，user-service 和 blog-service 发送日志消息给 RabbitMQ 服务器。log-service 通过监听 RabbitMQ 服务器获取日志信息，并通过 JPA 保存日志信息到 MySQL 数据库中。user-service 和 blog-service 通过在 Controller 上的方法加自定义注解@SysLogger，然后通过 AOP 拦截该注解，进行日志信息的提取。提出的信息包括 Controller 方法的方法名、参数、操作人、IP 等。最后，将提取的日志信息发送到 RabbitMQ 服务器。下面进行详细的代码讲解。

在 log-service 的 pom 文件引入 RabbitMQ 的起步依赖 spring-boot-starter-amqp，代码如下：

```
<dependency>
    <groupId>org.springframework.boot</groupId>
    <artifactId>spring-boot-starter-amqp</artifactId>
</dependency>
```

在 log-service 工程的配置文件 application.yml 中做 RabbitMQ 的配置，包括配置了主机 Host、端口、RabbitMQ 的用户名和密码，开启 PublisherConfirm 机制，VritualHost 为默认的根目录，代码如下：

```
spring:
  rabbitmq:
    host: localhost
    port: 5672
    username: guest
    password: guest
    publisher-confirms: true
    virtual-host: /
```

在 log-service 工程写一个 Receiver 类，该类用于接收 RabbitMQ 服务器的消息，并将消息交给 SysLogService 进行数据库的持久化，代码如下：

```
@Component
public class Receiver {
    private CountDownLatch latch = new CountDownLatch(1);
    @Autowired
    SysLogService sysLogService;
    public void receiveMessage(String message) {
        System.out.println("Received <" + message + ">");
        SysLog  syslog= JSON.parseObject(message,SysLog.class);
        sysLogService.saveLogger(sysLog);
        latch.countDown();
    }
}
```

在上述代码中，CountDownLatch 起到了类似于信号量的作用。只有其他的线程完成了一系列的操作，通过 latch.countDown() 释放信号，其他被阻塞的线程获取到信号才能被唤醒。在接收消息时，是通过 FastJson 进行数据序列化操作的。

然后将 Receiver 类注册到 MessageListenerAdapter 中，注册的方法是将 Receiver 类和 Receiver 类中接收消息的方法名传到 MessageListenerAdapter 构造器中，代码如下：

```
@Bean
MessageListenerAdapter listenerAdapter(Receiver receiver) {
    return new MessageListenerAdapter(receiver, "receiveMessage");
}
```

在 Service 层，通过 SysLogDAO 将消息保存在 MySQL 数据库中，代码如下：

```
@Service
public class SysLogService {
    @Autowired
    SysLogDAO sysLogDAO;
    public void saveLogger(SysLog sysLog){
        sysLogDAO.save(sysLog);
    }
}
```

log-service 接收消息、消息序列化、保存消息到数据库中代码都已经实现。下面来看看 user-service 和 blog-service 是如何发送消息的。

首先，和 log-service 一样，在工程的 pom 文件中引入 RabbitMQ 的起步依赖，然后在工程的配置 application.yml 中做 RabbitMQ 相关的配置，最后通过 AmqpTemplate 来发送日志代码如下：

```
@Service
public class LoggerService {
```

```
    @Autowired
    private AmqpTemplate rabbitTemplate;
    public void log(SysLog sysLog){
        rabbitTemplate.convertAndSend(RabbitConfig.queueName, JSON.toJSONString(sysLog));
    }
}
```

那么如何调用发送日志到 LoggerService 呢？在本案例中用 AOP 的方式进行实现。通过自定义注解@SysLogger，然后写一个 AOP 切面，拦截被@SysLogger 注解修饰的方法，提取方法中的信息，再通过 LoggerService 发送，这样做的好处就是业务代码和发送日志的代码进行了松耦合。@SysLogger 注解的代码如下：

```
@Target(ElementType.METHOD)
@Retention(RetentionPolicy.RUNTIME)
@Documented
public @interface SysLogger {
    String value() default "";
}
```

写一个 SysLoggerAspect 类，类上方加上@Aspect 注解，开启切面。通过@Pointcut()注解来声明一个切点，切点为 SysLogger 注解。通过@Before()注解，表明在进入切点之前进行拦截。在切点的方法里是具体的处理逻辑，包括获取方法名、方法的参数、当前请求的 IP 地址、用户名、当前请求的时间信息。最后将这些信息封装在一个 SysLog 的实体类中，交给 LoggerService 进行处理。具体的代码如下：

```
@Aspect
@Component
public class SysLoggerAspect {
    @Autowired
    private LoggerService loggerService;
    @Pointcut("@annotation(com.forezp.annotation.SysLogger)")
    public void loggerPointCut() {
    }
    @Before("loggerPointCut()")
    public void saveSysLog(JoinPoint joinPoint) {
        MethodSignature signature = (MethodSignature) joinPoint.getSignature();
        Method method = signature.getMethod();
        SysLog sysLog = new SysLog();
        SysLogger sysLogger = method.getAnnotation(SysLogger.class);
        if(sysLogger != null){
            //注解上的描述
            sysLog.setOperation(sysLogger.value());
        }
        //请求的方法名
        String className = joinPoint.getTarget().getClass().getName();
```

```
            String methodName = signature.getName();
            sysLog.setMethod(className + "." + methodName + "()");
            //请求的参数
            Object[] args = joinPoint.getArgs();
            String params="";
            for(Object o:args){
                params+=JSON.toJSONString(o);
            }
            if(!StringUtils.isEmpty(params)) {
                sysLog.setParams(params);
            }
            //设置IP地址
            sysLog.setIp(HttpUtils.getIpAddress());
            //用户名
            String username = UserUtils.getCurrentPrinciple();
            if(!StringUtils.isEmpty(username)) {
                sysLog.setUsername(username);
            }
            sysLog.setCreateDate(new Date());
            //保存系统日志
            loggerService.log(sysLog);
        }
    }
```

那么如何使用 @SysLogger 注解呢？只需要在方法上加上@SysLogger 注解即可。例如在登录的方法上加上注解@SysLogger("login")，当有用户请求登录 API 接口时，在执行登录方法之前，会进入 SysLoggerAspect 类的切点进行一系列的逻辑处理。最后由 LoggerService 向 RabbitMQ 服务器发送消息，由 log-service 接收消息，进行持久化。登录 API 接口的代码如下：

```
@ApiOperation(value = "登录", notes = "username 和 password 为必选项")
    @PostMapping("/login")
    @SysLogger("login")
    public RespDTO login(@RequestParam String username , @RequestParam String password){
        …//参数判断，省略
        return   userService.login(username,password);
    }
```

18.3 启动源码工程

安装环境，包括 JDK 1.8、Maven 3.x、RabbitMQ、MySQL、开发工具 IDEA。在 MySQL 数据库中，初始化工程 sql 文件夹下有 sys-user.sql、sys-log.sql 和 sys-blog.sql 这 3 个数据库脚本。

修改 user-service、uaa-service、blog-service 和 log-service 的配置文件，包括 MySQL 数据

库和 RabbitMQ 的连接配置信息。

依次启动 eureka-server、config-server 和 zipkin，再启动其他的服务。

18.4 项目演示

首先新注册一个用户，使用 Curl 进行请求，代码如下：

```
curl -X POST --header 'Content-Type: application/json' --header 'Accept: application/json' -d '{
   "password": "123456",
   "username": "miya"
}' 'http://localhost:5000/userapi/user/registry'
```

注册成功，返回该用户信息如下：

```
{"id":14,"username":"miya","password":"$2a$10$EphEfhPLiZAb7suZNcsyeOk9uUj/Dh8vSve0ihIm/2xe8xJs2r4Vy"}
```

使用 Curl 调用登录接口，在该接口中，如果用户名和密码正确，会远程调用 uaa-service 服务获取 JWT。

```
curl -X POST --header 'Content-Type: application/json' --header 'Accept: application/json' 'http://localhost:5000/userapi/user/login?username=miya&password=123456'
```

登录成功，返回信息如下，其中由于 Token 字段的值太长，就没有展示出来。

```
{
  "code": 0,
  "error": "",
  "data": {
    "user": {
      "id": 14,
      "username": "miya",
      "password": "$2a$10$EphEfhPLiZAb7suZNcsyeOk9uUj/Dh8vSve0ihIm/2xe8xJs2r4Vy"
    },
    "token": "{Token}"
  }
}
```

使用 Curl 调用根据用户名获取用户的 API 接口，代码如下：

```
curl -X POST --header 'Content-Type: application/json' --header 'Accept: application/json' --header 'Authorization: Bearer {Token}' 'http://localhost:5000/userapi/user/miya'
```

因为该 API 接口需要 "ROLE_USER" 的权限，而 "miya" 这个用户是没有这个权限的，所以返回的结果如下：

```
{
  "error": "access_denied",
  "error_description": "不允许访问"
}
```

这时手动数据库插入数据，给"miya"用户"ROLE_USER"的权限，插入数据的脚本如下：

```
INSERT INTO 'user_role' VALUES ('14', '1');
```

重新登录"miya"用户，获取 Token，然后再次请求，就可以得到用户信息了。其他接口类似，就不再演示了。

打开 sys-log 数据库，可以发现刚才调用的登录接口所产生的日志已经存储起来了。

18.5 总结

在本案例中，包括了用 Spring Cloud 构建微服务的一系列基本组件和框架，为读者提供了一个完整的案例。本案例是作者对自己工作和学习的一个总结，读者可以参考甚至直接应用于实际的项目开发中。特别是 Spring Cloud OAuth2 这个模块，作者花费了大量的时间和精力去学习和整理。作者的写作宗旨就是将复杂的问题简单化，力求使整个项目的结构和层次清晰，从而帮助更多的人。希望这个案例能够真正让读者有所收获！